普通高等学校国家级规划教材

金属塑性加工原理

（第二版）

彭大暑　主编
张新明　主审

中南大学出版社
www.csupress.com.cn

内容简介

本书根据教育部颁布的材料科学与工程学科教学大纲要求,系统地阐述了金属塑性加工的基本理论及其新发展。全书内容分为上、下两篇,上篇为金属塑性加工力学原理,内容包括:应力分析与应变分析、金属塑性变形的物性方程、金属塑性加工变形力的工程法、滑移线理论及应用、功平衡法和上限法及应用、金属塑性有限元简介;下篇为金属塑性加工物理冶金原理,内容包括:金属塑性加工的宏观规律、金属塑性加工的摩擦与润滑、金属的塑性和变形抗力、塑性变形过程的组织性能变化与温度－速度条件。

本书可供高等学校材料科学与工程学科及相近学科的大学生作为教材或参考书,也可供从事材料加工研究或生产的工程技术人员参考。

前　言

　　根据国家教育部1998年专业调整以及高等学校材料工程学科新的教育计划要求,"金属塑性加工原理"被定为材料工程学科重点专业基础课程之一。

　　根据新教学大纲要求,我们组织长期从事该课程教学的部分教师重新编写了《金属塑性加工原理》教材。本教材系统地阐述了金属塑性加工的基本理论,较好地反映了塑性加工理论的新发展,主要包括:塑性力学基础(应力应变分析和本构方程)、金属塑性变形宏观规律(流动和不均匀变形)、接触摩擦与工艺润滑、金属塑性变形微观机制、塑性加工的温度－速度条件与组织性能变化规律、塑性加工变形力的计算方法(工程法、滑移线理论、功平衡法和上限法)等几部分内容。为便于教学和自学,每章后均附有思考题和习题。

　　本教材编者参考了近期国内外出版的金属塑性加工原理等方面的有关文献,并根据长期从事塑性加工原理教学和科研工作的体会与经验,在体系上作了新的调整,对一点应力状态的主应力计算、应力应变分析的相似性与差异性、塑性加工中摩擦力的有效利用、滑移线理论中汉盖应力方程的导出等问题的阐述反映了编者自己的教学成果与见解。

　　本教材可供高等学校材料工程及相近学科的大学生作为教学用书或参考书,教学课时数约80学时;也可供从事材料加工领域研究开发或生产的工程技术人员参考。

　　本教材由彭大暑教授主编。全书分9章:第1、2章由周亮副教授编写,第3、4章由张胜华教授编写,第5、6章由刘楚明教授编写,第7章由王孟君副教授编写,第8章由林高用副教授编写,绪言和第9章由彭大暑教授撰写。全书由张新明教授、傅祖铸教授和娄燕雄教授审定。

　　本教材根据国家教育部"21世纪高等教育教学改革工程"本科教育教改立项项目"材料科学与工程类人才培养方案的综合改革与实践"(编号:1282B10042)的改革精神进行了认真的审定,并在此项目的推动和资助下出版。此外,在编写和出版过程中,得到了中南大学材料科学与工程学院和中南大学出版社的大力支持。在此深表感谢!

　　由于编者水平有限,加之编写时间仓促,书中难免有错误和疏漏之处,敬请广大读者批评指正。

彭大暑

2004 年 1 月

第二版前言

根据国家教育部规划教材要求，自2004年第一版出版以来，整整10年过去了，中南大学材料科学与工程一级学科本科教学一直选定本书为国家级精品课程"金属塑性加工原理"的必修课教材，同时本书也受到中南、华东、西南和西北地区十多所兄弟高校的欢迎，选为材料科学与工程、材料加工与工程、材料成型及控制等专业本科生及相近学科硕士研究生用教材。

遵照国家"十二五"普通高等教育本科专业教材规划精神，与"材料科学与工程"国家一级重点学科和"材料加工工程"国家二级重点学科的建设要求，为了满足国家级精品课程建设和教学的需求，本次修订对本书进行了系统修改：对第一版中出现的错误进行了修正，更换了一些图表，删除了一些过繁的叙述；对几处理论导出过程进行了一定的充实；编排上作了一些调整；增补了一些新的内容，如金属动态回复和动态再结晶的基础知识与最新成果，粉体材料与各向异性材料的屈服准则等；还添加了金属塑性变形有限元法一章，介绍了有限元法求解金属塑性加工问题的基本思路和常用有限元模拟软件的特点等；书末增加了习题参考答案等。

本书的第二版仍由彭大暑教授主编。全书的内容和结构基本与第一版相同，增添了塑性有限元简介一章。全书分上、下两篇，计划约120学时（标 * 号的内容为选学内容）。上篇为金属塑性加工力学原理，其中第1、2章由周亮副教授编写，第3章由王孟君教授编写，第4章由林高用教授编写，第5、6章由彭大暑教授编写。下篇为金属塑性加工物理冶金原理，其中第7、8章由张胜华教授编写，第9、10章由刘楚明教授编写。绪言、思考题、习题及参考答案、索引及参考文献等由彭大暑教授编写。修订后由中南大学材料科学与工程学科首席教授张新明博士审定。

本书修订意见的采集由彭大暑教授完成，内容修改、统稿、校对等工作主要由彭大暑、林高用和许秀芝完成，周亮、王孟君、张胜华、刘楚明等老师对各自编写章节的修改提出了许多意见和建议，陈志永老师、唐建国老师和魏建胜博士也提供了宝贵的建议，在此表示衷心感谢！

本书的修订与再版，得到了教育部"高等学校本科教学质量与教学改革工程"项目"专业综合改革试点——材料科学与工程专业"（教高函【2012】2号）的资助，以及中南大学材料科学与工程学院与中南大学出版社的大力支持，对此深表感谢！

鉴于作者学术水平所限，修订后的书中难免仍有错误和疏漏之处，敬请读者批评指正。

编　者
2014年元旦于岳麓山

目　录

下篇　金属塑性加工物理冶金原理

绪　论

一、金属塑性加工及其分类

金属塑性加工是使金属在外力（通常是压力）作用下，产生塑性变形，获得所需形状、尺寸和组织、性能制品的一种基本的金属加工技术，以往常称压力加工。

金属塑性加工的种类很多，根据加工时工件的受力和变形方式，基本的塑性加工方法有锻造、轧制、挤压、拉拔、拉深、弯曲、剪切等几类（见表 0 - 1）。其中锻造、轧制和挤压是依靠压力作用使金属产生塑性变形；拉拔和拉深是依靠拉力作用使金属产生塑性变形；弯曲是依靠弯矩作用使金属产生弯曲变形；剪切是依靠剪切力作用使金属产生剪切变形或剪断。锻造、挤压和一部分轧制多半在热态下进行加工；拉拔、冲压和一部分轧制，以及弯曲和剪切通常是在室温下进行的。

1. 锻造

依靠锻压机的锻锤锤击工件产生压缩变形的一种加工方法，有自由锻和模锻两种方式。自由锻不需专用模具，靠平锤和平砧间工件的压缩变形，使工件镦粗或拔长，其加工精度低，生产率也不高，主要用于轴类、曲柄和连杆等单件的小批生产。模锻通过上、下锻模模腔约束工件的变形，可加工形状复杂和尺寸精度较高的零件，适于大批量的生产，生产率也较高，是机械零件制造业实现少切削或无切削加工的重要途径。

2. 轧制

轧件通过两个或两个以上旋转轧辊时产生压缩变形，其横断面面积减小与形状改变，而纵向长度增加的一种加工方法。根据轧辊与轧件的运动关系，轧制有纵轧、横轧和斜轧三种方式。

（1）纵轧　两轧辊旋转方向相反，轧件的纵轴线与轧辊轴线垂直。金属不论在热态或冷态都可以进行纵轧，是生产矩形断面的板、带、箔材，以及断面复杂的型材常用的金属材料加工方法，具有很高的生产率，能加工长度很大和质量较高的产品。纵轧是钢铁和有色金属板、带、箔材以及型钢的主要加工方法。

（2）横轧　两轧辊旋转方向相同，轧件的纵轴线与轧辊轴线平衡，轧件获得绕纵轴的旋转运动。该法可加工旋转体工件，如变断面轴、丝杆、周期断面型材以及钢球等。

（3）斜轧　两轧辊旋转方向相同，轧件轴线与轧辊轴线成一定倾斜角度，轧件在轧制过程中，除有绕其轴线旋转运动外，还有前进运动，是生产无缝钢管的基本方法。

表 0-1　金属塑性加工按工件的受力和变形方式分类

基本受力方式	分类与名称		图例
压力加工（压力变形）	压力（锻造）	自由锻造	镦粗
			拔长
		模锻	
	压力（轧制）	纵轧	
		横轧	
		斜轧	
	压力（挤压）	正挤压	
		反挤压	
	拉力	拉拔	
		冲压（拉深）	
		拉形	
		弯曲	
		剪切	

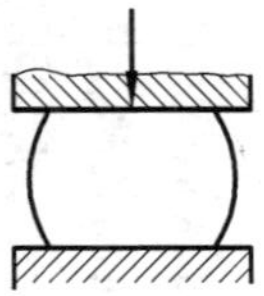

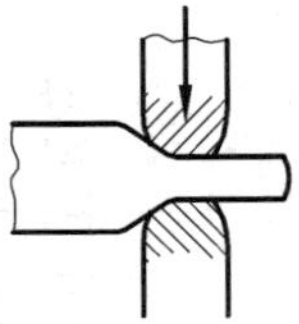

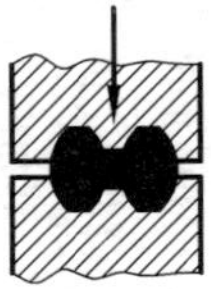

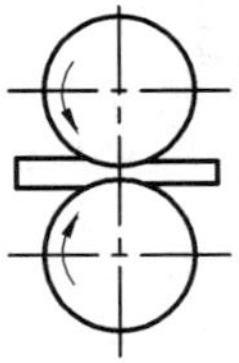

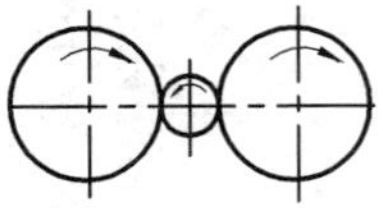

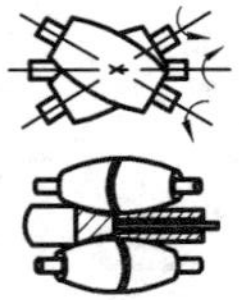

（表中各项均配有对应工艺示意图）

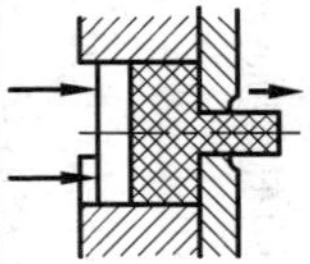

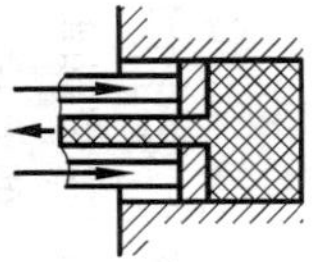

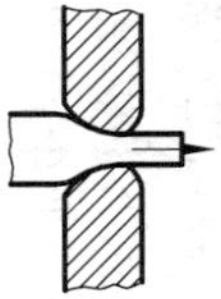

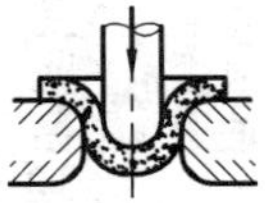

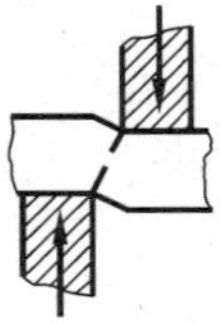

续表 0-1

组合方式	组合加工变形方式				
名　称	锻造－纵轧 辊锻	锻造－横轧 楔横轧	锻造（扩径）－横轧 辗轧	轧制－弯曲 辊弯	冲压（拉深）－轧制 旋压
图　例					

3. 挤压

使装入挤压筒内的坯料,在挤压筒后端挤压轴的推力作用下,从挤压筒前端模孔流出,从而获得断面与挤压模孔形状、尺寸相同的产品的一种加工方法。挤压有正挤压和反挤压两种基本方式。正挤压时挤压轴的运动方向与从模孔中挤出的金属流动方向一致;反挤压时,挤压轴的运动方向与从模孔中挤出的金属流动方向相反。挤压法可加工各种复杂断面实心型材、棒材、空心型材和管材,是有色金属型材、管材的主要生产方法。

4. 拉拔

靠拉拔机的钳口夹住穿过拉拔模孔的金属坯料,从模孔中拉出,从而获得断面与模孔形状、尺寸相同的产品的一种加工方法。拉拔一般在冷态下进行,可拉拔断面尺寸很小的线材和管材,如直径为 0.015mm 的金属丝、直径为 0.25mm 的毛细管。拉拔制品的尺寸精度高,表面光洁度极高,金属的强度高(因冷加工硬化强烈)。可生产各种断面的线材、管材和型材,广泛应用于电线、电缆、金属网线和各种管材生产上。

5. 冲压

依靠冲头将金属板料顶入凹模中产生拉延变形,从而获得各种杯形件、桶形件和壳体的一种加工方法。冲压一般在室温下进行,其产品主要用于各种壳体零件,如飞机蒙皮、汽车覆盖件、子弹壳、仪表零件及日用器皿等。

6. 弯曲

在弯矩作用下,使坯料发生弯曲变形或使板料或管、棒材得到矫直的一种加工方法。

7. 剪切

坯料在剪切力的作用下产生剪切,使板材受到冲裁,以及将板料和型材切断的一种常用加工方法。

为了扩大加工产品品种,提高生产率,随着科学技术的进步,相继研究开发了多种由基本加工方式组合而成的新型塑性加工方法,如轧制与铸造相结合的连铸连轧法、锻造与轧制相结合的辊锻法、轧制与弯曲相结合的辊弯成形法、轧制与剪切相结合的搓轧法(异步轧制法)、拉深与轧制相结合的旋压法等等。

二、塑性加工的特点及在国民经济中的地位

金属塑性加工与金属铸造、切削、焊接等加工方法相比,有以下特点:

(1)金属塑性加工是在金属整体性得到保持的前提下,依靠塑性变形使物质发生转移来实现工件形状和尺寸的变化,不会产生切屑,因而材料的利用率高得多。

(2)在塑性加工过程中,除尺寸和形状发生改变外,金属的组织、性能也能得到改善和提高,尤其对于铸造坯料,经过塑性加工将使其结构致密、粗晶破碎细化和均匀,从而使其性能提高。此外,塑性流动所产生的流线也能使其流线方向的力学性能得到增强。

(3)塑性加工过程便于实现生产过程的连续化、自动化,适于大批量生产,如轧制、拉拔加工等,因而生产效率高。

(4)塑性加工产品的尺寸精度和表面质量较高。

(5)设备较庞大,能耗较高。

金属塑性加工由于具有上述特点,不仅原材料消耗少、生产效率高、产品质量稳定,而且还能有效地改善金属的组织和性能。这些技术上和经济上的独到之处和优势,使其成为金属加工中极其重要的手段之一,因而在国民经济中占有十分重要的地位。如在金属材料生产中,除了少部分采用铸造方法直接制成零件外,钢总产量的90%以上和有色金属总产量的70%以上,均需经过塑性加工成材,以满足机械制造、交通运输、电力电讯、化工、建材、仪器仪表、航空航天、国防军工、民用五金和家用电器等领域的需要;而且塑性加工本身也是上述许多领域直接制造零件而经常采用的重要加工方法,如汽车制造、船舶制造、航空航天、民用五金等行业的许多零件都须经塑性加工制造。因此,金属塑性加工原理与技术在国民经济中占有十分重要的地位。

三、塑性加工理论的发展概况

金属塑性加工的历史悠久,早在两千多年前的青铜器时期,我国劳动人民就已经发现铜具有塑性变形的能力,并掌握了锤击金属以制造兵器和工具的技术。近代科学技术已经赋予塑性加工技术以崭新的内容和涵义。但是,作为这一技术的理论基础——金属塑性加工理论,直到20世纪40年代才逐渐发展成一门独立的应用学科。

金属塑性加工理论由金属塑性加工力学、金属塑性加工物理冶金学、塑性加工摩擦学三大部分组成。

金属塑性加工力学(也称力学冶金)是随着塑性力学(也称塑性理论)在金属塑性加工中的应用而发展起来的一个分支。塑性力学的形成可追溯到1864年法国工程师屈雷斯卡(H. Tresca)首次提出最大剪力屈服准则。最早将塑性力学应用于金属塑性加工的是德国学者卡尔曼(Von. Karman),他在1925年用初等解析法建立了求解轧制压力分布的应力平衡微分方程;此后不久,萨克斯(G. Sachs)和齐别尔(E. Siebel)在研究拉拔时提出了类似的求解方法——平截面法(Slab法),即通常所谓的工程法或主应力法。此后,人们对塑性加工过程的应力、应变和变形力的求解逐步建立了许多理论求解方法,如20世纪中期建立的滑移线法是研究平面变形问题的一种重要解析方法,50年代发展起来的变形功平衡法,特别是极值法

(含上限法和下限法)在70年代后得到了广泛应用。随着电子计算机及计算技术的发展,数值计算方法(如塑性有限元法)得到了飞跃发展,近年来得到了普遍应用。同时建立了理论解析与实验相结合的方法,如视塑性法、云纹法和光塑性法等。

金属塑性加工物理冶金学是运用物理冶金原理对塑性变形过程中金属组织性能变化规律进行研究而形成的一个分支。自20世纪30年代位错(位错是金属晶体中的一种线缺陷)理论的提出,用位错理论科学地解释了金属塑性变形过程的许多现象,如滑移、孪晶、加工硬化、回复、再结晶和金属的断裂等,使人们对金属塑性变形的微观机理有了科学的认识。同时,研究表明,金属塑性和断裂过程的物理本质和金属塑性的状态属性,不仅取决于金属材料的本身,而且决定于材料所处的状态(如温度、速度条件和力学状态条件等)。从而加深了对塑性变形过程材料塑性及变形抗力变化规律的认识,了解了不同金属材料的组织结构和性能变化与塑性变形条件的关系;为合理选择塑性加工工艺条件,保证塑性加工的顺利进行,并通过变形手段来改善组织结构,获得所需使用性能的金属材料提供了理论依据;同时,为改进和开发新的塑性加工工艺,提高产品质量指明了方向,开辟了新的途径。

塑性加工中接触表面间的相对运动必然引起摩擦。在摩擦过程中运动表面间将发生一系列物理、化学和力学变化,这些变化对金属塑性变形过程和产品质量将产生重要的影响。研究塑性加工过程的摩擦、润滑和磨损现象、特点及其规律是金属塑性加工摩擦学的重要任务。关于摩擦的研究可追溯到1508年意大利的达·芬奇摩擦第一定律(摩擦力与法向载荷成正比)和第二定律(摩擦系数与接触面积无关)的提出。1699年法国的阿蒙顿首先提出了摩擦系数的概念,1780年库仑提出第三摩擦定律(摩擦系数与速度无关),并建立了阿蒙顿－库仑摩擦定律(常摩擦系数定律)。这一定律认为摩擦力来源于表面凸凹不平的机械啮合作用。它为一般机械副间的摩擦奠定了理论基础,故也称机械摩擦定律。但塑性加工过程的摩擦比一般机械副间的摩擦要复杂得多,除了上述常摩擦系数定律外,还需考虑接触表面间的粘着摩擦情况,即所谓"常摩擦力定律"。关于润滑理论的研究则比摩擦理论要晚得多,只是随着近代加工技术的发展才进行了多方面的研究。

四、本课程的任务

金属塑性加工原理是材料科学与工程专业的基础理论课程,目的在于科学、系统地阐明各种塑性加工方法的共同基础和规律,为合理制定塑性加工工艺、加工合格产品奠定理论基础。因此,本课程的基本任务是:

(1)学习塑性力学的基础知识,掌握应力应变分析、塑性变形物性方程(塑性条件方程和应力应变关系方程)等变形力学知识,为塑性加工过程中变形体的应力、应变分析,以及变形力的解析计算奠定力学基础。

(2)学习金属塑性变形的物理冶金知识,掌握塑性变形时金属流动和变形不均匀分布的宏观规律,分析影响金属塑性流动和变形不均匀的内在和外部因素,以便合理确定坯料尺寸和变形参数;掌握金属材料塑性变形的微观机理,以及塑性变形过程中金属组织和性能(主要是塑性和变形抗力)变化的规律,为合理确定塑性加工的温度、速度等热力学条件,以及为获得最佳塑性状态和塑性加工制品组织和性能奠定材料物理基础。

(3)学习塑性加工过程摩擦与工艺润滑基本知识,掌握塑性加工过程中摩擦的基本特点与规律,以及摩擦对塑性加工过程的影响与作用;掌握塑性加工工艺润滑的基本理论,为合理选择润滑剂以及确定润滑工艺奠定物理化学基础。

(4)学习塑性加工变形力学问题的基本解析方法,以便确定变形体中的应力应变分布规律和所需变形力与变形功,为合理选择加工设备和设计与校核工、模具提供力学依据。

金属塑性加工原理是一门专业基础课论课程,在学习过程中要建立起科学的物理概念,掌握塑性变形的基本规律和变形力学分析方法,注意理论紧密联系实际,以提高分析和解决塑性加工实际问题的能力,为后续专业课程的学习和技术应用与研发打下牢固的基础。

上篇

金属塑性加工力学原理

第1章 应力分析与应变分析

1.1 应力与点的应力状态

1.1.1 外力

力是物体之间的相互作用。力有大小、方向、作用点三要素。力的作用之一是力图改变物体的运动状态(速度大小,运动方向);作用之二是改变物体的形状,使物体发生形变。本章主要阐述金属塑性成形力学基础的有关规律。

金属塑性加工是利用其塑性,在外力作用下发生塑性变形以制备具有一定外形尺寸及组织性能制品的材料加工技术。外力是产生塑性成形的外因,塑性是许可材料发生塑性变形的内因,二者缺一不可。

外力可分表面力和体积力两类。表面力即作用于工件表面的外力,有集中载荷和分布载荷之分,即成形设备和工模具施加的各种机械力(P),如压力、拉力、弯曲力、扭矩等等,它们迫使材料发生塑性变形,同时工件的组织与性能也随之变化;此外还有工模具的约束反力(N)和接触摩擦力(T)。体积力是指作用于工件各质点上的外力,如重力、高速成形与爆破成形时的惯性力、电磁成形时的电磁力等。一般的塑性成形中,体积力的作用远远小于表面力,因此往往忽略不计。但在加速度很高的场合下,体积力不可忽略,如高速锤锻时,工件所受到的惯性力向上,因而将形状复杂的模腔安装在上锤,有利材料充满型腔,使工件外形完整。

作用在工件上的外力,按理论力学上的静力平衡关系进行分析,即使是体积力,如惯性力,也是先转化为"等效力",然后按静力平衡关系进行求解。

1.1.2 内力

内力是物体系统内部的相互作用力。但这里所指的内力是在外力(如机械力、惯性力、磁力以及冷热不均引起的膨胀力等)作用下,诱发在物体系统内部质点之间的相互作用力,它抗衡外力作用,保持物体整体性,并力图使物体回复到变形前的状态。这完全不同于无任何外力作用时,物体内部粒子(原子或分子等)之间的固有结合力(粒子平衡态时相互间的吸引力与排斥力),这种结合力使各粒点的位置保持稳定,维系物体的几何形状。

物体中的内力通常用截面法确定,即用一个假想截面将物体分开,截取其中任意一分离体作为研究对象,然后利用力平衡条件求解所取分离体截面上的内力(见图 1-1)。设该截面上作用有内力 ΔS,截面的外法线为 n,于是 ΔS 在坐标系中可分解成三个分量,即

$\Delta S = \Delta S_x \cdot i + \Delta S_y \cdot j + \Delta S_z \cdot k (i,j, k$ 为直角坐标的单位向量)

这一方法为材料力学广泛采用,推动了分析力学的深入与发展。

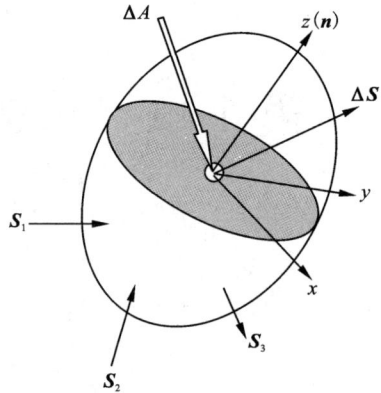

图 1-1　采用截面法确定内力

1.1.3　应力

应力是作用于单位面积上的内力(集度),其定义式为

$$\sigma_{ij} = \lim_{\Delta A \to 0} \frac{\Delta S_j}{\Delta A_i} = \frac{\mathrm{d}S_j}{\mathrm{d}A_i} \qquad (i,j = x,y,z) \qquad (1-1)$$

式中,ΔS_j 表示在 j 方向的内力;ΔA_i 表示在外法线 i 方向的受力面积(见图 1-1)。

由于内力和面积方位均为向量,所以应力 σ_{ij} 具有两个下标变量:第一个下标(i)表示应力分量作用平面外法线的方位;第二个下标(j)表示该应力分量的作用方向[见图 1-2(a)]。

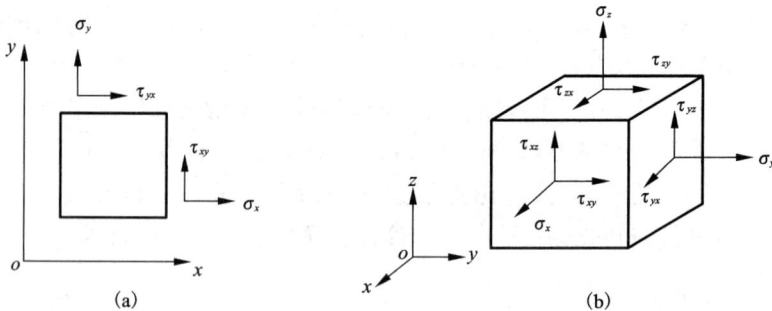

图 1-2　作用于平行六面体面上的应力分量

(a)平面上的应力分量;(b)单元体(正六面体)的应力分量

如果受力面与施力方向相互正交则称正应力分量,正应力的符号以拉伸为正,压缩为负。由于正应力分量的两个下标相同,通常用一个下标表示,如将 σ_{xx} 简写成 σ_x 等。

如果受力面与施力方向平行则称切应力分量,如图 1-2(a),(b)所示的 τ_{xy} 和 τ_{yx} 等。切应力分量符号规定如下:首先约定截面外法线向外的面为正,反之为负;其次约定:正面上指向坐标轴正向的切应力为正值,反之为负;负面上指向坐标轴负方向的切应力也为正值,反之亦负。可见切应力分量的两个下标同号时为正,异号时为负。

由于单元体处于平衡状态中,故绕单元体中心轴的合力矩为零,即存在 $\tau_{xy} = \tau_{yx}$, $\tau_{yz} = \tau_{zy}$ 和 $\tau_{zx} = \tau_{xz}$ 的互等关系,称切应力互等定律。

1.1.4　点的应力状态

一、点应力状态的描述

由上述应力定义可知,应力不仅与内力的作用方向有关,而且也与作用平面所处方位相关。但是过一点有无穷多个方位的截面,那么各截面上应力分量的内在联系是什么?也就是说一点的应力状态的确定性是什么?该如何描述?

现考察变形体内过任意点 O 的坐标系 (x,y,z) 中某微小斜截面上应力的情况(见图 1-3),该斜截面与直角坐标面构成一四面体,三坐标轴的截距分别为 $\mathrm{d}x$、$\mathrm{d}y$ 和 $\mathrm{d}z$。

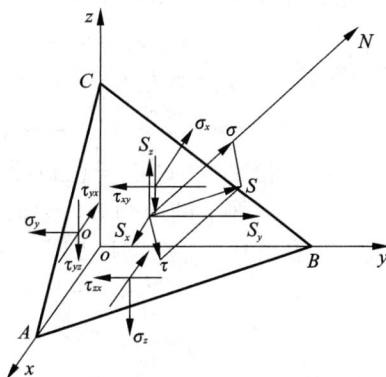

图 1-3　斜截面上的应力分量作用的一般情况

设斜截面面积 $\triangle ABC = \mathrm{d}A$,令斜面外法线 $\boldsymbol{n}$ 的方向余弦分别为

$$\left.\begin{aligned} \cos(\boldsymbol{n},x) &= l_x \\ \cos(\boldsymbol{n},y) &= l_y \\ \cos(\boldsymbol{n},z) &= l_z \end{aligned}\right\} \tag{1-2}$$

则三个坐标面的面积分别为 $\triangle BOC = \mathrm{d}A \cdot l_x$, $\triangle COA = \mathrm{d}A \cdot l_y$, $\triangle AOB = \mathrm{d}A \cdot l_z$,设斜面上的全应力为 $\boldsymbol{S}$,其三个坐标分量为 S_x, S_y, S_z。$\boldsymbol{S}$ 在 $\boldsymbol{n}$ 上的分量为正应力 $\boldsymbol{\sigma}_n$,在作用面上的分量为切应力 $\boldsymbol{\tau}_n$。列四面体的力平衡方程,即 $\sum x = 0$,$\sum y = 0$,$\sum z = 0$,有

$$S_x \mathrm{d}A = \sigma_x l_x \mathrm{d}A + \tau_{yx} l_y \mathrm{d}A + \tau_{zx} l_z \mathrm{d}A$$

$$S_y \mathrm{d}A = \tau_{xy} l_x \mathrm{d}A + \sigma_y l_y \mathrm{d}A + \tau_{zy} l_z \mathrm{d}A$$

$$S_z \mathrm{d}A = \tau_{xz} l_x \mathrm{d}A + \tau_{yz} l_y \mathrm{d}A + \sigma_z l_z \mathrm{d}A$$

经简化得

$$S_x = \sigma_x l_x + \tau_{yx} l_y + \tau_{zx} l_z$$
$$S_y = \tau_{xy} l_x + \sigma_y l_y + \tau_{zy} l_z \qquad (1-3)$$
$$S_z = \tau_{xz} l_x + \tau_{yz} l_y + \sigma_z l_z$$

或写成矩阵形式为

$$\begin{pmatrix} S_x \\ S_y \\ S_z \end{pmatrix} = \begin{pmatrix} \sigma_x & \tau_{yx} & \tau_{zx} \\ \tau_{xy} & \sigma_y & \tau_{zy} \\ \tau_{xz} & \tau_{yz} & \sigma_z \end{pmatrix} \begin{pmatrix} l_x \\ l_y \\ l_z \end{pmatrix} \qquad (1-4)$$

再用求和约定简记成

$$S_j = \sigma_{ij} l_i \quad (i,j = x,y,z) \qquad (1-5)$$

式中,若 $i = j$,σ_{ij} 表示正应力;$i \neq j$ 时,σ_{ij} 为剪切应力。于是

$$S = \sqrt{S_x^2 + S_y^2 + S_z^2} = \sqrt{S_i S_i} \quad (i = x,y,z) \qquad (1-6)$$
$$\sigma_n = S_x l_x + S_y l_y + S_z l_z = \sigma_{ij} l_i l_j \quad (i,j = x,y,z) \qquad (1-7)$$
$$\tau_n = \sqrt{S^2 - \sigma_n^2} \qquad (1-8)$$

从上面可以看出,过 O 点任意斜面上的应力情况取决于 σ_{ij} 以及方向余弦 l_i。只要知道三个坐标面上的应力 σ_{ij},则该点任意斜面上的应力均可唯一确定。因此一点的应力状态可用 σ_{ij} 来描述,即

$$\sigma_{ij} = \begin{vmatrix} \sigma_x & \tau_{yx} & \tau_{zx} \\ \tau_{xy} & \sigma_y & \tau_{zy} \\ \tau_{xz} & \tau_{yz} & \sigma_z \end{vmatrix}$$

——表示 x 方向
——表示 y 方向
——表示 z 方向

表示 x 平面　表示 y 平面　表示 z 平面

σ_{ij} 中,行(j)表示应力作用方向,列(i)表示应力作用面外法线指向。(σ_{ij})称作应力张量。数学上证明(σ_{ij})为一个二阶对称张量。

可见,一点的应力张量需九个分量描述,但根据切应力互等定律,仅有六个独立参数。

假设四面体的斜面正好是物体的外表面,则参照式(1-5)便得到应力边界条件的表达式,即表面上外部单位分布力(p_j)与物体内部应力张量的关系式为:

$$p_j = \sigma_{ij} \cdot l_j (i,j = x,y,z)$$

＊二、应力张量的转角坐标变换

若原坐标系为 $0xyz$,已知其应力张量为 σ_{ij},同原点转角后的新坐标系为 $0x'y'z'$,其应力张量用 $\sigma_{i'j'}$ 表示。新坐标系各轴相对旧坐标系的方向余弦值表示如表 $1-1$。

注:＊——本节为选学内容,后同。

表 1 - 1　新旧坐标系间的方向余弦表

旧系坐标轴 新系坐标轴	x	y	z
x'	$l_{x'x}$	$l_{x'y}$	$l_{x'z}$
y'	$l_{y'x}$	$l_{y'y}$	$l_{y'z}$
z'	$l_{z'x}$	$l_{z'y}$	$l_{z'z}$

则由式(1 - 5),可得以 x' 轴为外法线的斜截面上的应力分量为

$$S_{i'j} = \sigma_{ij} \cdot l_{i'i} \qquad (i,j = x,y,z) \qquad\qquad (a)$$

于是,以 x' 轴为外法线的斜截面上的正应力和切应力分量分别为

$$\sigma_{x'} = l'^2_{x'x} \cdot \sigma_x + l^2_{x'y} \cdot \sigma_y + l^2_{x'z} \cdot \sigma_z + 2(l_{x'y} \cdot l_{x'z} \cdot \tau_{yz}$$
$$+ l_{x'z} \cdot l_{x'x} \cdot \tau_{zx} + l_{x'x} \cdot l_{x'y} \cdot \tau_{xy})$$

$$\tau_{x'y'} = l_{x'x} \cdot l_{y'x} \cdot \sigma_x + l_{x'y} \cdot l_{y'y} \cdot \sigma_y + l_{x'z} \cdot l_{y'z} \cdot \sigma_z + (l_{x'y} \cdot l_{y'z} + l_{x'z} \cdot l_{y'y})\tau_{yz}$$
$$+ (l_{x'z} \cdot l_{y'x} + l_{x'x} \cdot l_{y'z})\tau_{zx} + (l_{x'x} \cdot l_{y'y} + l_{x'y} \cdot l_{y'x})\tau_{xy}$$

新坐标系的正应力($i' = j'$)与切应力($i' \neq j'$)分量的矩阵形式分别为

$$\sigma_{x'x'} = [l_{x'x}, l_{x'y}, l_{x'z}] \begin{Bmatrix} S_{x'x} \\ S_{x'y} \\ S_{x'z} \end{Bmatrix} \qquad (i' = j', \text{正应力分量}) \qquad (b)$$

$$\tau_{x'y'} = [l_{y'x}, l_{y'y}, l_{y'z}] \begin{Bmatrix} S_{x'x} \\ S_{x'y} \\ S_{x'z} \end{Bmatrix} \qquad (i' \neq j', \text{切应力分量}) \qquad (c)$$

综合所有截面上的应力分量关系式和利用矩阵关系,便可得到转角后新坐标系 $0x'y'z'$ 系中的应力张量变换公式

$$[\sigma_{i'j'}] = [l_{i'j}][\sigma_{ij}][l_{i'j}]^T \qquad (i, j = x, y, z)$$

式中

$[l_{i'j}]^T$ 为 $[l_{i'j}]$ 的倒易矩阵,即元素行列位置互换所构成的一新矩阵式。

1.2　点应力状态的分析

从上节分析可知,过一点任意斜面上的应力情况取决于 σ_{ij} 与 l_i。当 σ_{ij} 给定后,则该斜截面的应力分量仅与斜面的方向余弦有关。若截面方位改变的话,点应力状态中将出现一些特殊截面以及特殊应力分量。

1.2.1　主应力与应力张量不变量

一、应力特征方程与应力张量不变量

主应力是指作用面上无切应力时所对应的正应力,该作用面称作主平面,法线方向为主轴或主方向。

设主应力为 σ,当 $\boldsymbol{n}$ 为主方向时,有 $S_x = \sigma l_x$,$S_y = \sigma l_y$,$S_z = \sigma l_z$,代入式(1-3),经整理,有

$$\left.\begin{array}{l} (\sigma_x - \sigma)l_x + \tau_{yx}l_y + \tau_{zx}l_z = 0 \\ \tau_{xy}l_x + (\sigma_y - \sigma)l_y + \tau_{zy}l_z = 0 \\ \tau_{xz}l_x + \tau_{yz}l_y + (\sigma_z - \sigma)l_z = 0 \end{array}\right\} \qquad (1-9)$$

由几何关系 $l_x^2 + l_y^2 + l_z^2 = 1$ 求解 l_x, l_y, l_z 的非零解,必有系数行列式值为零,最终可得

$$\sigma^3 - I_1\sigma^2 - I_2\sigma - I_3 = 0 \qquad (1-10)$$

式(1-10)称为应力特征方程,其中 I_1, I_2, I_3 称作应力张量的第一、二、三不变量。

$$\left.\begin{array}{l} I_1 = \sigma_x + \sigma_y + \sigma_z \\[2mm] -I_2 = \begin{vmatrix} \sigma_x & \tau_{yx} \\ \tau_{xy} & \sigma_y \end{vmatrix} + \begin{vmatrix} \sigma_y & \tau_{zy} \\ \tau_{yz} & \sigma_z \end{vmatrix} + \begin{vmatrix} \sigma_z & \tau_{xz} \\ \tau_{zx} & \sigma_x \end{vmatrix} \\[4mm] I_3 = \begin{vmatrix} \sigma_x & \tau_{yx} & \tau_{zx} \\ \tau_{xy} & \sigma_y & \tau_{zy} \\ \tau_{xz} & \tau_{yz} & \sigma_z \end{vmatrix} \end{array}\right\} \qquad (1-11)$$

可以证明,式(1-10)有三个不同的实根(设为 $\sigma_1, \sigma_2, \sigma_3$)且它们是相互正交的,习惯上约定 $\sigma_1 \geqslant \sigma_2 \geqslant \sigma_3$。

以上分析表明,σ_{ij} 一定时,主应力与 I_1, I_2, I_3 的大小就完全确定。因此,一点的应力状态也可用主应力来表示。由此可见,当坐标轴选为应力主轴时,σ_{ij} 的表现形式最为简洁。同样,I_1, I_2, I_3 的形式也很简单。由此可见不论坐标系怎样变化,一点的主应力与应力张量不变量保持恒定,均可作为点的应力状态确定性的表征。

在任意坐标系中,求得主应力 $\sigma_1, \sigma_2, \sigma_3$ 之后,代回式(1-9)中的任意两式,再结合方向余弦关系 $l_i l_i = 1$,便可求出 $\sigma_1, \sigma_2, \sigma_3$ 相对于 x, y, z 轴的方向余弦。

二、应力椭球曲面

在应力主轴空间,则按式(1-5)可得任一斜截面上全应力在主应力轴向的分量分别为

$$S_1 = \sigma_1 \cdot l_1, S_2 = \sigma_2 \cdot l_2, S_3 = \sigma_3 \cdot l_3$$

考虑方向余弦存在关系 $l_1^2 + l_2^2 + l_3^2 = 1$,可得

$$\frac{S_1^2}{\sigma_1^2} + \frac{S_2^2}{\sigma_2^2} + \frac{S_3^2}{\sigma_3^2} = 1 \qquad (\text{a})$$

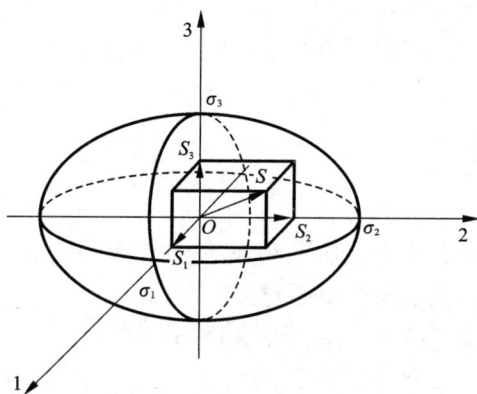

图 1 – 4　主应力空间与应力椭球

式（a）表示主应力空间内的一应力椭球，它是任意斜截面上全应力向量端点的椭球面，椭球的三个半轴分别对应于该应力状态的三个主应力值。由此可见，在点的应力状态中，在约定 $\sigma_1 \geqslant \sigma_2 \geqslant \sigma_3$ 情况下，σ_1 为极大值，σ_3 为极小值。

如果三个主应力的绝对值相等，且符号相同，则式（a）便是球面方程，故这一点应力状态称为球应力状态或球应力张量。由于球应力状态中任意方向上切应力分量均为零，无法引起物体内部的滑移变形，因而不能使物体形状发生改变，所以球应力张量不会引起塑性变形，只能引起弹性变形的发生。

三、主应力图示

描述一点的主应力大小和方向的应力状态图示称为主应力图，俗称一点主应力的有无与方向的图示。主应力图共有九种组合：单向应力状态两种，平面应力状态三种和三向应力状态四种。

主应力状态图示是判别材料塑性成形基本类型和定性分析其特点的一种手段。材料塑性成形中，最常见的是不等的三向压应力状态图

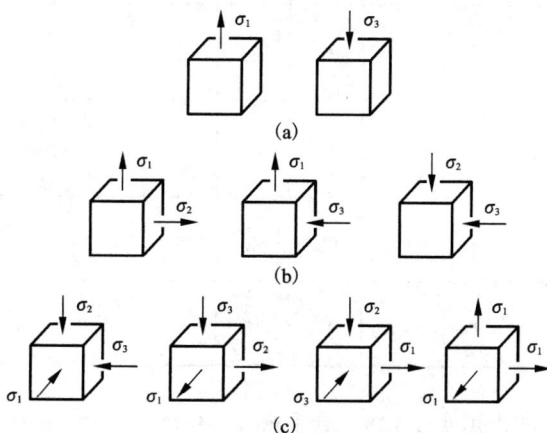

图 1 – 5　主应力状态的类型

（a）单向应力状态；（b）平面应力状态；（c）体应力状态

示、两个拉应力和一个压应力的主应力状态图示,锻造、轧制、挤压等成形技术多数属这种类型。平面主应力状态图示常在板料成形中遇到。单向主应力状态图示常在单向拉伸和单向压缩试验阶段上遇到。生产实际中,很难遇到三向拉应力状态,仅有拉伸试验中,当产生颈缩时,颈缩中心处于三向拉应力状态,预示着断裂将快速降临。

1.2.2 主切应力

一、主切应力

切应力有极值的截面称为主切平面,该面上作用的切应力称为主切应力,它在材料力学和塑性成形理论上均有重要意义。

点的应力状态若以主应力表示,则式(1-8)为

$$\tau_n = \sqrt{\sigma_1^2 l_1^2 + \sigma_2^2 l_2^2 + \sigma_3^2 l_3^2 - (\sigma_1 l_1^2 + \sigma_2 l_2^2 + \sigma_3 l_3^2)^2} \tag{1-12}$$

求解 $\dfrac{\partial(\tau_n^2)}{\partial l_1} = 0, \dfrac{\partial(\tau_n^2)}{\partial l_2} = 0, \dfrac{\partial(\tau_n^2)}{\partial l_3} = 0$,结合方向余弦关系式 $l_i l_i = 1$,可得以下六组解,见表 1-2。

表 1-2 τ_n 的极值解

方向余弦　　组　　　项目	一	二	三	四	五	六
l_1	± 1	0	0	0	$\pm\sqrt{\dfrac{1}{2}}$	$\pm\sqrt{\dfrac{1}{2}}$
l_2	0	± 1	0	$\pm\sqrt{\dfrac{1}{2}}$	0	$\pm\sqrt{\dfrac{1}{2}}$
l_3	0	0	± 1	$\pm\sqrt{\dfrac{1}{2}}$	$\pm\sqrt{\dfrac{1}{2}}$	0
σ_n	σ_1	σ_2	σ_3	$\dfrac{1}{2}(\sigma_2+\sigma_3)$	$\dfrac{1}{2}(\sigma_1+\sigma_3)$	$\dfrac{1}{2}(\sigma_1+\sigma_2)$
τ_n	0	0	0	$\pm\dfrac{1}{2}(\sigma_2-\sigma_3)$	$\pm\dfrac{1}{2}(\sigma_1-\sigma_3)$	$\pm\dfrac{1}{2}(\sigma_1-\sigma_2)$

前三组为主平面,其上的 τ_n 为零,绝对值为极小;后三组为主切平面,其上的 τ_n 绝对值为极大,其方向总是与主平面成45°。当设 $\sigma_1 \geqslant \sigma_2 \geqslant \sigma_3$ 时,有最大剪切应力

$$|\tau_{\max}| = \frac{1}{2}|\sigma_1 - \sigma_3| \tag{1-13}$$

*二、应力莫尔圆

莫尔圆是利用几何圆形表征变形体内任一点应力（或应变）状态的一种直观分析手段。应力莫尔圆不仅可以给出该点各方向上正应力及切应力的大小，更重要的是可以表示一些重要的特征应力分量——最大和最小主应力以及最大主切应力等的状况。

在绘应力莫尔圆时，切应力的正负符号规定是：顺时针作用于单元体的切应力为正，反之为负。完全不同于应力张量分析上的规定。

1）平面应力状态下的应力莫尔圆

已知平面应力状态下的应力分量为：σ_x，σ_y，τ_{xy}［见图 1 - 6(a)］。

以斜面上的主应力分量（σ）和切应力分量（τ）为直角坐标轴，在 σ—τ 坐标系内分别标出点 $D_1(\sigma_x,\tau_{xy})$ 和点 $D_2(\sigma_y,\tau_{yx})$，连接 D_1D_2 两点，以 D_1D_2 线与 σ 轴的交点 C 为圆心，D_1C 为半径做圆，便得应力莫尔圆［图 1 - 6(b)］。可见，平面应力状态下的莫尔圆方程为

$$\left(\sigma-\frac{\sigma_x+\sigma_y}{2}\right)^2+\tau^2=\left(\frac{\sigma_x-\sigma_y}{2}\right)^2+\tau_{xy}^2 \qquad (a)$$

此时，圆心坐标为 $\left(\dfrac{\sigma_x+\sigma_y}{2},0\right)$，半径为 $R=\sqrt{\left(\dfrac{\sigma_x-\sigma_y}{2}\right)^2+\tau_{xy}^2}$。

平面应力状态下的应力莫尔圆，可以直接确定主应力和主切应力值，以及任意斜面上的应力分量。即莫尔圆周上任一点代表了物理平面上的应力分量（σ、τ），该圆与 σ 轴的两个交点即为主应力 σ_1，σ_2，圆的半径即为主切应力。由几何关系还知，平面应力状态下主应力与 σ_x，σ_y，τ_{xy} 之间的关系

$$\begin{array}{c}\sigma_1\\\sigma_2\end{array}=\frac{\sigma_x+\sigma_y}{2}\pm\sqrt{\left(\frac{\sigma_x-\sigma_y}{2}\right)^2+\tau_{xy}^2} \qquad (b)$$

主应力与 x 轴之间的夹角和主切应力分量分别为

$$\alpha=\frac{1}{2}\arctan\frac{-2\tau_{xy}}{\sigma_x-\sigma_y}$$

$$\tau_{12}=\pm\frac{\sigma_1-\sigma_2}{2} \qquad (c)$$

值得注意是，应力莫尔圆上平面之间的夹角是实际物理平面之间夹角的两倍（图 1 -6c）。

2）三向应力莫尔圆

对于三向应力状态，设变形体中某点的三个主应力为 σ_1，σ_2，σ_3，且约定 $\sigma_1\geqslant\sigma_2\geqslant\sigma_3$，则三向应力莫尔圆分别为（图 1 - 7）：圆心的坐标和半径分别如图中右侧所示。

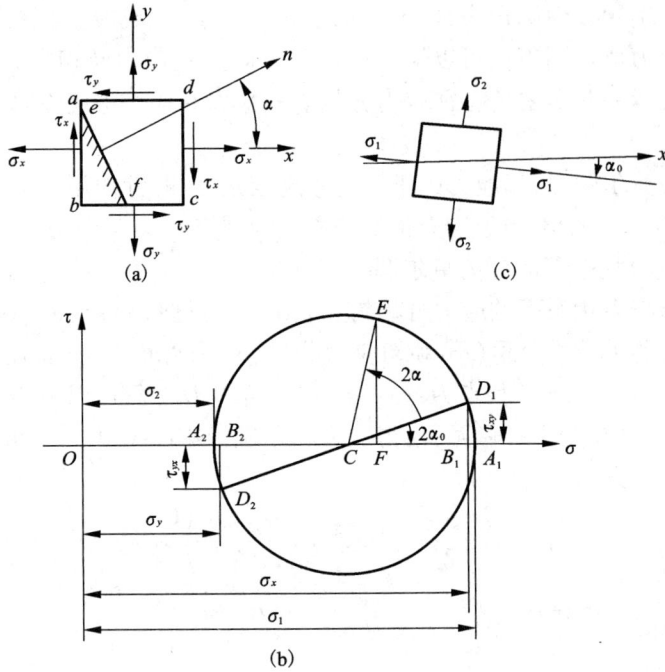

图1-6　应力莫尔圆

(a)物理平面上的应力分量;(b)应力莫尔圆;(c)应力主平面的方位

应力莫尔圆形表示,三个圆的半径分别等于三个主切应力,主应力分别是三个圆两两相切的切点,位于水平坐标轴上(见图1-7)。

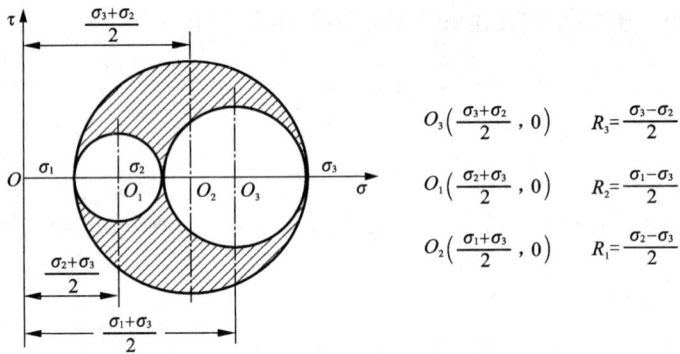

$$O_3\left(\frac{\sigma_3+\sigma_2}{2},\ 0\right)\qquad R_3=\frac{\sigma_3-\sigma_2}{2}$$

$$O_1\left(\frac{\sigma_2+\sigma_3}{2},\ 0\right)\qquad R_2=\frac{\sigma_1-\sigma_3}{2}$$

$$O_2\left(\frac{\sigma_1+\sigma_3}{2},\ 0\right)\qquad R_1=\frac{\sigma_2-\sigma_3}{2}$$

图1-7　三向应力莫尔圆

三个圆的方程分别为

$$\left(\sigma - \frac{\sigma_2 + \sigma_3}{2}\right)^2 + \tau^2 = \left(\frac{\sigma_2 - \sigma_3}{2}\right)^2 = \tau_{23}^2$$

$$\left(\sigma - \frac{\sigma_3 + \sigma_1}{2}\right)^2 + \tau^2 = \left(\frac{\sigma_3 - \sigma_1}{2}\right)^2 = \tau_{31}^2 \qquad (\text{d})$$

$$\left(\sigma - \frac{\sigma_1 + \sigma_2}{2}\right)^2 + \tau^2 = \left(\frac{\sigma_1 - \sigma_2}{2}\right)^2 = \tau_{12}^2$$

每一个圆分别表示某方向余弦为零的斜面上的正应力和切应力的变化规律。

三个圆所围绕的阴影面积内的任一点便表示方向余弦 l, m, n 均不为零的斜面上的正应力和切应力。同样,三向应力莫尔圆亦可形象地表示出点的应力状态中主应力和主切应力,特别是最大主应力和最大主切应力的情况。

1.2.3　八面体应力与等效应力

在主应力空间中,每一卦限中均有一组与三个坐标轴成等倾角的平面,八个卦限共有八组,构成正八面体,简称八面体面。八面体表面上的应力为八面体应力。因为八面体面的方向余弦为:

$$l_1 = l_2 = l_3 = l_8 = \pm\sqrt{\frac{1}{3}}$$

由式(1-7)、式(1-12),有

$$\tau_8 = \frac{1}{3}\sqrt{(\sigma_1 - \sigma_2)^2 + (\sigma_2 - \sigma_3)^2 + (\sigma_3 - \sigma_1)^2}$$

借助于 I_1, I_2,又有

$$\sigma_8 = \frac{1}{3}(\sigma_x + \sigma_y + \sigma_z) = \sigma_m = \frac{1}{3}I_1 \qquad (1-14)$$

$$\tau_8 = \frac{\sqrt{2}}{3}\sqrt{I_1^2 + 3I_2}$$

$$= \frac{1}{3}\sqrt{(\sigma_x - \sigma_y)^2 + (\sigma_y - \sigma_z)^2 + (\sigma_z - \sigma_x)^2 + 6(\tau_{xy}^2 + \tau_{yz}^2 + \tau_{zx}^2)} \qquad (1-15)$$

式中, σ_m 为平均应力。

为了使不同应力状态具有可比性,定义了等效应力 σ_e(应变能相同的条件下),也称相当应力。

$$\sigma_e = \frac{3}{\sqrt{2}}\tau_8$$

$$= \frac{1}{\sqrt{2}}\sqrt{(\sigma_x - \sigma_y)^2 + (\sigma_y - \sigma_z)^2 + (\sigma_z - \sigma_x)^2 + 6(\tau_{xy}^2 + \tau_{yz}^2 + \tau_{zx}^2)} \qquad (1-16)$$

至此,由 $\sigma = f_\sigma(\sigma_{ij}, l_i)$, $\tau = f_\tau(\sigma_{ij}, l_i)$ 得到三种特殊应力面,如图 1-8 所示。它们是:

Ⅰ:三组主平面,应力空间中构成平行六面体。

Ⅱ:六组主切平面,在应力空间构成十二面体。

Ⅲ:四组八面体面,构成正八面体。

这些特殊平面上的应力在力学上有着特殊的意义和十分重要的用途。

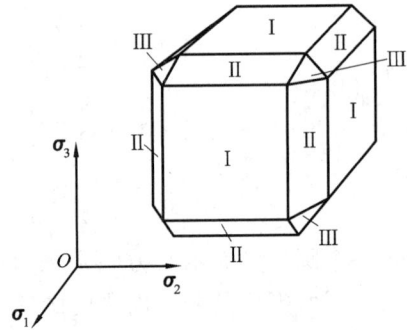

图 1-8　应力球与特殊面

1.3　应力张量的分解与几何表示

1.3.1　应力张量的分解

塑性变形时体积变化为零,只有形状变化。因此,可以把 σ_{ij} 分解成与体积变化有关的量和与形状变化有关的量。前者称应力球张量,后者称应力偏张量。设 σ_m 为平均应力,则有

$$\sigma_m = \frac{1}{3}(\sigma_x + \sigma_y + \sigma_z) = \frac{1}{3}I_1 = \frac{1}{3}(\sigma_1 + \sigma_2 + \sigma_3) \qquad (1-17)$$

按照应力叠加原理,σ_{ij} 具有可分解性。因此有

$$\begin{aligned}\sigma_{ij} &= (\sigma_{ij} - \sigma_m\delta_{ij}) + \sigma_m\delta_{ij}\\&= \sigma'_{ij} + \sigma_m\delta_{ij} \quad (i,j = x,y,z)\end{aligned} \qquad (1-18)$$

式(1-18)中,当 $i=j$ 时,$\delta_{ij}=1$;当 $i\neq j$ 时,$\delta_{ij}=0$。

上式第一项为应力偏张量,其主轴方向与原应力张量相同;第二项为应力球张量,其任何方向都是主方向,且主应力相同。

值得一提的是,$\sigma_m\delta_{ij}$ 只影响体积变化,不影响形状变化,但它对材料塑性有明显的影响。三向压应力有利于材料塑性的充分发挥。

应力偏张量仍然是一个二阶对称张量,同样有三个不变量,分别为 I'_1, I'_2, I'_3。

$$\left.\begin{aligned}I'_1 &= \sigma'_x + \sigma'_y + \sigma'_z = 0\\I'_2 &= \frac{1}{6}\big[(\sigma_x - \sigma_y)^2 + (\sigma_y - \sigma_z)^2 + (\sigma_z - \sigma_x)^2\\&\quad + 6(\tau_{xy}^2 + \tau_{yz}^2 + \tau_{zx}^2)\big]\\I'_3 &= |\sigma'_{ij}|\end{aligned}\right\} \qquad (1-19)$$

$I'_1 = 0$ 表明应力偏张量已不含平均应力成分。I'_2 与屈服准则有关(见第 2 章),

反映了物体形状变化的程度。I'_3 反映了变形的类型：$I'_3 > 0$ 表示广义拉伸变形，$I'_3 = 0$ 表示广义剪切变形或平面变形，$I'_3 < 0$ 表示广义压缩变形。

1.3.2　主应力空间与 π 面

若以 $\sigma_1, \sigma_2, \sigma_3$ 为坐标轴，构成主应力空间，则一点的应力状态可用一向量 $\overrightarrow{OP}$ 来表示，如图 1 – 9 所示。

$$\begin{aligned}
\overrightarrow{OP} &= \sigma_1 \boldsymbol{i} + \sigma_2 \boldsymbol{j} + \sigma_3 \boldsymbol{k} \\
&= (\sigma_1 - \sigma_\mathrm{m})\boldsymbol{i} + (\sigma_2 - \sigma_\mathrm{m})\boldsymbol{j} + (\sigma_3 - \sigma_\mathrm{m})\boldsymbol{k} + \sigma_\mathrm{m}(\boldsymbol{i} + \boldsymbol{j} + \boldsymbol{k}) \\
&= \overrightarrow{OQ} + \overrightarrow{ON}
\end{aligned}$$

这里 $\overrightarrow{OQ}$ 表示应力偏量，$\overrightarrow{ON}$ 表示应力球张量，它与 $\sigma_1, \sigma_2, \sigma_3$ 成等倾角。且 $\overrightarrow{ON}$ 正交于如下过原点的平面。

$$\sigma_1 + \sigma_2 + \sigma_3 = 0 \qquad\qquad (1-20)$$

这是一个平均应力为零的平面，称为应力 π 平面。其中 $|\overrightarrow{ON}| = \sqrt{3}\,|\sigma_\mathrm{m}| = \dfrac{1}{\sqrt{3}}|I_1|$，方向：与 $\sigma_1, \sigma_2, \sigma_3$ 成等倾角。因 $\overrightarrow{OQ}$ 的三个偏应力分量 $\sigma'_1, \sigma'_2, \sigma'_3$ 满足下列关系：

$$\sigma'_1 + \sigma'_2 + \sigma'_3 = 0 \qquad\qquad (1-21)$$

故 $|\overrightarrow{OQ}| = \sqrt{\sigma'^2_1 + \sigma'^2_2 + \sigma'^2_3} = \sqrt{\dfrac{2}{3}}\,\sigma_e$，方向：π 平面内。所以 $\overrightarrow{OQ} \perp \overrightarrow{ON}$，且 $\overrightarrow{OQ}$ 总是在 π 平面内，可以用两个几何参数来描述。

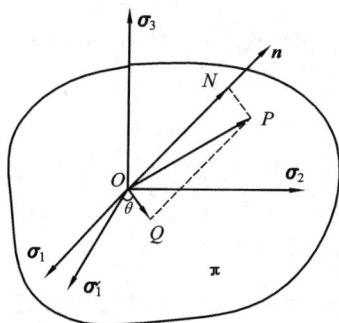

图 1 – 9　应力 π 平面

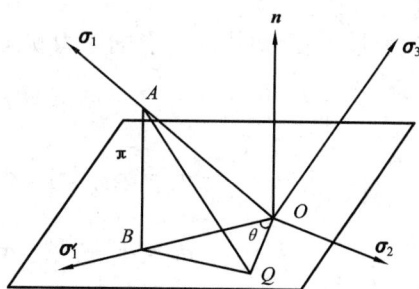

图 1 – 10　π 平面与 θ 角的关系

设 σ_1 在 π 平面上投影 σ'_1 与 $\overrightarrow{OQ}$ 的夹角为 θ。则 θ 求法如下：取 π 平面为水平位置（如图 1 – 10 所示）。过 Q 点作以 $\overrightarrow{OQ}$ 为法线的平面，该平面与 $\sigma_1 O \sigma'_1$ 投影面交于 AB，显然 $AB \perp π$ 平面，即 AB 平行于等倾线 $\overrightarrow{n}$，则四面体 OQBA 为直角 △ 四面体。

设向量 $\overrightarrow{OQ}$ 在主应力空间的方向余弦为 $\beta_1, \beta_2, \beta_3$，则它的向量表示式为：

$$\overrightarrow{OQ} = |\overrightarrow{OQ}|(\beta_1 \boldsymbol{i} + \beta_2 \boldsymbol{j} + \beta_3 \boldsymbol{k})$$

由图 1 - 10 中的几何关系,知 $\sin\angle OAB = \dfrac{OB}{OA} = \sqrt{1 - \dfrac{1}{3}} = \sqrt{\dfrac{2}{3}}$,因此有

$$\beta_1 = |\overrightarrow{OQ}| / |\overrightarrow{OA}| = |\overrightarrow{OQ}| / \left\{ |\overrightarrow{OB}| / \sin^{-1}\left(\sqrt{\dfrac{2}{3}}\right) \right\} = \sqrt{\dfrac{2}{3}}\cos\theta$$

同理
$$\beta_2 = \sqrt{\dfrac{2}{3}}\cos(120 - \theta)$$

$$\beta_3 = \sqrt{\dfrac{2}{3}}\cos(120 + \theta)$$

所以

$$\left. \begin{aligned} \sigma_1' &= |\overrightarrow{OQ}|\beta_1 = \sqrt{\dfrac{2}{3}}\sigma_e \cdot \sqrt{\dfrac{2}{3}}\cos\theta \\ \sigma_2' &= |\overrightarrow{OQ}|\beta_2 = \sqrt{\dfrac{2}{3}}\sigma_e \cdot \sqrt{\dfrac{2}{3}}\cos(120 - \theta) \\ \sigma_3' &= |\overrightarrow{OQ}|\beta_3 = \sqrt{\dfrac{2}{3}}\sigma_e \cdot \sqrt{\dfrac{2}{3}}\cos(120 + \theta) \end{aligned} \right\} \quad (1-22)$$

三式相乘,得

$$I_3' = \dfrac{2}{27}\sigma_e^3 \cos(3\theta)$$

$$\theta = \dfrac{1}{3}\arccos\left(\dfrac{27 I_3'}{2\sigma_e^3}\right) \quad (1-23)$$

于是,当已知任意一点的应力状态 σ_{ij},就可通过下式求出 $\sigma_1, \sigma_2, \sigma_3$:

$$\left. \begin{aligned} \sigma_1 &= \sigma_m + \sigma_1' = \sigma_m + \dfrac{2}{3}\sigma_e\cos\theta \\ \sigma_2 &= \sigma_m + \sigma_2' = \sigma_m + \dfrac{2}{3}\sigma_e\cos(120 - \theta) \\ \sigma_3 &= \sigma_m + \sigma_3' = \sigma_m + \dfrac{2}{3}\sigma_e\cos(120 + \theta) \end{aligned} \right\} \quad (1-24)$$

引入应力空间和 π 平面后,使得一点的应力状态表示更为直观。尤其是 π 平面的引入,可以使与塑性变形有关的应力表示和分析更为简单、明了和直观。

1.4　应力平衡微分方程

应力平衡微分方程就是物体任意无限相邻两点间 σ_{ij} 关系,可以通过微元体沿坐标轴力平衡关系方程来确定。一般应力平衡方程在不同坐标系下有不同的表达形式。

1.4.1　直角坐标下的应力平衡微分方程

　　假设物体为连续介质,无限邻近两点的应力状态分别为 $\sigma_{ij}(x,y,z)$,$\sigma_{ij}(x+\mathrm{d}x,y+\mathrm{d}y,z+\mathrm{d}z)$(见图 1 – 11)。假设 σ_{ij} 连续可导,按泰勒级数展开,并忽略二阶以上的微分项,则有

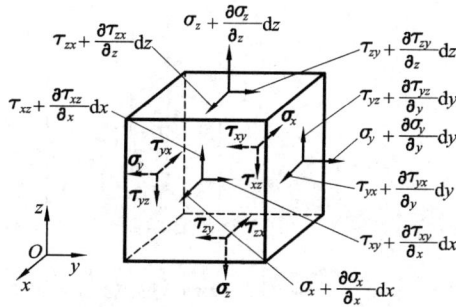

图 1 – 11　直角坐标系微元体受力情况

$$\sigma_{ij}(x+\mathrm{d}x,y+\mathrm{d}y,z+\mathrm{d}z)=\sigma_{ij}(x,y,z)+\frac{\partial\sigma_{ij}}{\partial x_k}\mathrm{d}x_k \quad (i,j,k=x,y,z)$$

列出六面体力平衡系,在不计体积力的情况下,有

$$\left.\begin{aligned}\frac{\partial\sigma_x}{\partial x}+\frac{\partial\tau_{yx}}{\partial y}+\frac{\partial\tau_{zx}}{\partial z}=0\\[4pt]\frac{\partial\tau_{xy}}{\partial x}+\frac{\partial\sigma_y}{\partial y}+\frac{\partial\tau_{zy}}{\partial z}=0\\[4pt]\frac{\partial\tau_{xz}}{\partial x}+\frac{\partial\tau_{yz}}{\partial y}+\frac{\partial\sigma_z}{\partial z}=0\end{aligned}\right\} \quad (1-25)$$

简记作

$$\frac{\partial\sigma_{ij}}{\partial x_i}=0 \quad 或\ \sigma_{ij,i}=0 \quad\quad (1-26)$$

1.4.2　柱坐标系、球坐标系下的应力平衡微分方程

　　对柱坐标系(图 1 – 12)应力平衡条件为:$\sum r=0,\sum\phi=0,\sum z=0$,在不计体积力时有

$$\left.\begin{aligned}\frac{\partial\sigma_r}{\partial r}+\frac{1}{r}\frac{\tau_{\varphi r}}{\partial\varphi}+\frac{\partial\tau_{zr}}{\partial z}+\frac{1}{r}(\sigma_r-\sigma_\varphi)=0\\[4pt]\frac{\partial\tau_{r\varphi}}{\partial r}+\frac{1}{r}\frac{\partial\sigma_\varphi}{\partial\varphi}+\frac{\partial\tau_{z\varphi}}{\partial z}+\frac{2\tau_{r\varphi}}{r}=0\\[4pt]\frac{\partial\tau_{rz}}{\partial r}+\frac{1}{r}\frac{\partial\tau_{z\varphi}}{\partial\varphi}+\frac{\partial\sigma_z}{\partial z}+\frac{\tau_{rz}}{r}=0\end{aligned}\right\} \quad (1-27)$$

对球坐标系(图 1 – 13)应力平衡方程为:$\sum\rho=0,\sum\theta=0,\sum\varphi=0$,在不计体积力时有

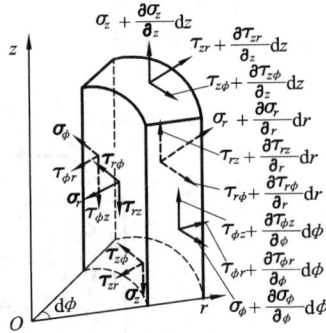

$$\sigma_z + \frac{\partial \sigma_z}{\partial z}\mathrm{d}z$$
$$\tau_{zr} + \frac{\partial \tau_{zr}}{\partial z}\mathrm{d}z$$
$$\tau_{z\phi} + \frac{\partial \tau_{z\phi}}{\partial z}\mathrm{d}z$$
$$\sigma_r + \frac{\partial \sigma_r}{\partial r}\mathrm{d}r$$
$$\tau_{rz} + \frac{\partial \tau_{rz}}{\partial r}\mathrm{d}r$$
$$\tau_{r\phi} + \frac{\partial \tau_{r\phi}}{\partial r}\mathrm{d}r$$
$$\tau_{\phi z} + \frac{\partial \tau_{\phi z}}{\partial \phi}\mathrm{d}\phi$$
$$\tau_{\phi r} + \frac{\partial \tau_{\phi r}}{\partial \phi}\mathrm{d}\phi$$
$$\sigma_\phi + \frac{\partial \sigma_\phi}{\partial \phi}\mathrm{d}\phi$$

图 1 – 12　柱坐标系下微元体受力情况

$$
\left.
\begin{array}{l}
\dfrac{\partial \sigma_\rho}{\partial \rho} + \dfrac{1}{\rho}\dfrac{\partial \tau_{\theta\rho}}{\partial \theta} + \dfrac{1}{\rho\sin\theta}\dfrac{\partial \tau_{\varphi\rho}}{\partial \varphi} + \dfrac{1}{\rho}\left[2\sigma_\rho - (\sigma_\theta + \sigma_\varphi) + \tau_{\rho\theta}\cot\theta\right] = 0 \\[3mm]
\dfrac{\partial \tau_{\rho\theta}}{\partial \rho} + \dfrac{1}{\rho}\dfrac{\partial \sigma_\theta}{\partial \theta} + \dfrac{1}{\rho\sin\theta}\dfrac{\partial \tau_{\varphi\theta}}{\partial \varphi} + \dfrac{1}{\rho}\left[(\sigma_\theta - \sigma_\varphi)\cot\theta + 3\tau_{\rho\theta}\right] = 0 \\[3mm]
\dfrac{\partial \tau_{\rho\varphi}}{\partial \rho} + \dfrac{1}{\rho}\dfrac{\partial \tau_{\theta\varphi}}{\partial \theta} + \dfrac{1}{\rho\sin\theta}\dfrac{\partial \sigma_\varphi}{\partial \varphi} + \dfrac{1}{\rho}\left(3\tau_{\rho\varphi} + 2\tau_{\theta\varphi}\cot\theta\right) = 0
\end{array}
\right\}
\qquad (1-28)
$$

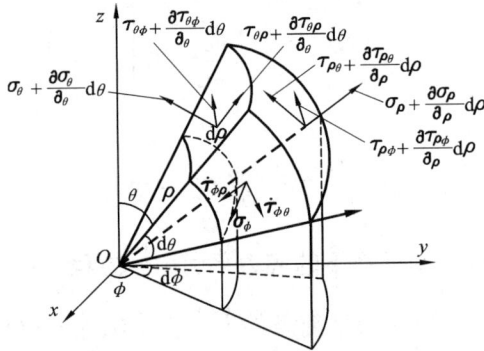

$$\tau_{\theta\phi} + \frac{\partial \tau_{\theta\phi}}{\partial \theta}\mathrm{d}\theta$$
$$\tau_{\theta\rho} + \frac{\partial \tau_{\theta\rho}}{\partial \theta}\mathrm{d}\theta$$
$$\tau_{\rho\theta} + \frac{\partial \tau_{\rho\theta}}{\partial \rho}\mathrm{d}\rho$$
$$\sigma_\theta + \frac{\partial \sigma_\theta}{\partial \theta}\mathrm{d}\theta$$
$$\sigma_\rho + \frac{\partial \sigma_\rho}{\partial \rho}\mathrm{d}\rho$$
$$\tau_{\rho\phi} + \frac{\partial \tau_{\rho\phi}}{\partial \rho}\mathrm{d}\rho$$

图 1 – 13　球坐标系下微元体受力情况

1.5　应变与位移关系方程

　　变形过程中,物体内部各质点均处于运动状态,同一质点不同时刻经过的路径称为轨迹,而在不同时刻所走的距离称作位移。但是变形涉及物体内部相邻两点间距的变化。这种变化有绝对变形与相对变形之分。应变由位移引起,属于相对变形。

研究变形通常从小变形(指数量级不超过 $10^{-3} \sim 10^{-2}$ 的相对变形)着手。对于大变形问题时,通常需划分成若干微小变形阶段,使各阶段能按小变形分析,总体的变形为各阶段微小变形的叠加。

1.5.1　几何方程

设任意点 $M(x,y,z)$ 的位移在三个坐标轴上的投影为 $U_i(x,y,z)$,$i = x,y,z$。与该点无限接近的相邻点 $N(x + \mathrm{d}x, y + \mathrm{d}y, z + \mathrm{d}z)$ 的位移分量为 $U_i(x + \mathrm{d}x, y + \mathrm{d}y, z + \mathrm{d}z)$,$i = x,y,z$。由于变形物体的连续性,设 U_i 处处连续可导,再考虑到位移微小,因此按泰勒级数展开,并忽略二阶以上的微分项,则有

$$U_i(x + \mathrm{d}x, y + \mathrm{d}y, z + \mathrm{d}z) = U_i(x,y,z) + \frac{\partial U_i}{\partial x_j}\mathrm{d}x_j \quad (i,j = x,y,z)$$

两点间的绝对位移差则为

$$\mathrm{d}U_i = \frac{\partial U_i}{\partial x_j}\mathrm{d}x_j \quad (i,j = x,y,z) \tag{1-29}$$

其中 $\frac{\partial U_i}{\partial x_j}$ 表示位移梯度张量,是位移的变化率,它是不对称二阶张量。将 $\frac{\partial U_i}{\partial x_j}$ 分解成两部分:

$$\frac{\partial U_i}{\partial x_j} = \frac{1}{2}\left(\frac{\partial U_i}{\partial x_j} + \frac{\partial U_j}{\partial x_i}\right) + \frac{1}{2}\left(\frac{\partial U_i}{\partial x_j} - \frac{\partial U_j}{\partial x_i}\right) \quad (i,j = x,y,z) \tag{1-30}$$

第一项为一对称张量,对应着小变形下的应变张量,记为 ε_{ij},也为柯西应变张量方程

$$\varepsilon_{ij} = \frac{1}{2}\left(\frac{\partial U_i}{\partial x_j} + \frac{\partial U_j}{\partial x_i}\right) \quad (i,j = x,y,z) \tag{1-31}$$

第二项为一反对称张量,对应于单元体的刚体转动张量。

ε_{ij} 有明确的几何意义。它的分量分别表示:当 $i = j$ 时,单元体棱边 i 沿坐标轴方向上线伸长或缩短对应的线应变;以及当 $i \neq j$ 时,单元体 i,j 两棱间角改变量对应的角应变。这可以通过考察单元体三个坐标面上的投影变化加以证实,如图 1 - 14 所示。棱边 ab 沿 x 轴的应变为 $\varepsilon_x = \frac{\partial U_x}{\partial x}$,同理 $\varepsilon_y = \frac{\partial U_y}{\partial y}$。

$$\tan\alpha = \frac{\dfrac{\partial U_x}{\partial y}}{1 + \dfrac{\partial U_y}{\partial y}}$$

由于变形微小,有 $\frac{\partial U_y}{\partial y} << 1$,故

$$\tan\alpha \approx \alpha = \frac{\partial U_x}{\partial y}$$

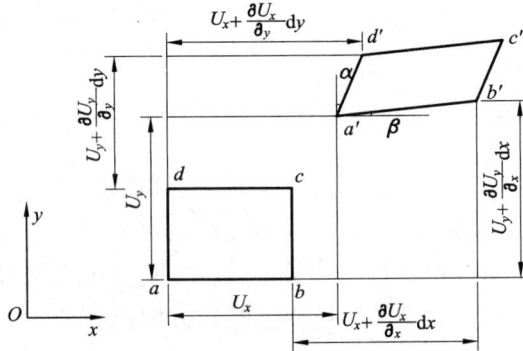

图 1 - 14　*xOy* 面上四边形变形情况

同理 $\tan\beta \approx \beta = \dfrac{\partial U_y}{\partial x}$，因此 $\gamma_{xy} \approx \alpha + \beta = \dfrac{\partial U_x}{\partial y} + \dfrac{\partial U_y}{\partial x}$，取 $\varepsilon_{xy} = \varepsilon_{yx} = \dfrac{1}{2}\gamma_{xy}$，则 $\varepsilon_{xy} = \varepsilon_{yx}$，$\varepsilon_{ij}$ 称为理论剪应变。

　　式(1 - 31)中的 ε_x，ε_y，ε_z 为正应变或线应变,伸长为正,缩短为负。ε_{xy}，ε_{yz}，ε_{zx} 等为角应变或切应变,规定下标两棱间角减小为正切应变,增大为负切应变。

　　上述为直角坐标系的几何方程,不同坐标系下的几何方程表达形式有所不同。

　　1)柱坐标系下的几何方程为(φ:0 ~ 2π)

$$\left.\begin{array}{ll} \varepsilon_r = \dfrac{\partial U_r}{\partial r} & \varepsilon_{r\varphi} = \varepsilon_{\varphi r} = \dfrac{1}{2}\left(\dfrac{\partial U_\varphi}{\partial r} + \dfrac{1}{r}\dfrac{\partial U_r}{\partial \varphi} - \dfrac{U_\varphi}{r}\right) \\[3mm] \varepsilon_\varphi = \dfrac{U_r}{r} + \dfrac{1}{r}\dfrac{\partial U_\varphi}{\partial \varphi} & \varepsilon_{\varphi z} = \varepsilon_{z\varphi} = \dfrac{1}{2}\left(\dfrac{\partial U_\varphi}{\partial z} + \dfrac{1}{r}\dfrac{\partial U_z}{\partial \varphi}\right) \\[3mm] \varepsilon_z = \dfrac{\partial U_z}{\partial z} & \varepsilon_{zr} = \varepsilon_{rz} = \dfrac{1}{2}\left(\dfrac{\partial U_r}{\partial z} + \dfrac{\partial U_z}{\partial r}\right) \end{array}\right\} \qquad (1-32)$$

　　2)球坐标系的几何方程为(θ:0 ~ π,φ:0 ~ 2π)

$$\left.\begin{array}{l} \varepsilon_\rho = \dfrac{\partial U_\rho}{\partial \rho} \qquad\qquad \varepsilon_\theta = \dfrac{1}{\rho}\left(\dfrac{\partial U_\theta}{\partial \theta} + U_\rho\right) \\[3mm] \varepsilon_\varphi = \dfrac{1}{\rho\sin\theta}\left(\dfrac{\partial U_\varphi}{\partial \varphi} + U_\rho\sin\theta + U_\theta\cos\theta\right) \\[3mm] \varepsilon_{\rho\theta} = \varepsilon_{\theta\rho} = \dfrac{1}{2}\left(\dfrac{\partial U_\theta}{\partial \rho} - \dfrac{U_\theta}{\rho} + \dfrac{1}{\rho}\dfrac{\partial U_\rho}{\partial \theta}\right) \\[3mm] \varepsilon_{\theta\varphi} = \varepsilon_{\varphi\theta} = \dfrac{1}{2}\left(\dfrac{1}{\rho\sin\theta}\dfrac{\partial U_\theta}{\partial \varphi} + \dfrac{1}{\rho}\dfrac{\partial U_\varphi}{\partial \theta} - \dfrac{U_\varphi}{\rho}\cot\theta\right) \\[3mm] \varepsilon_{\rho\varphi} = \varepsilon_{\varphi\rho} = \dfrac{1}{2}\left(\dfrac{1}{\rho\sin\theta}\dfrac{\partial U_\rho}{\partial \varphi} + \dfrac{\partial U_\varphi}{\partial \rho} - \dfrac{U_\varphi}{\rho}\right) \end{array}\right\} \qquad (1-33)$$

1.5.2 变形连续方程

如已知一点的 ε_{ij}，要根据几何方程确定其三个位移分量时，则该应变分量将受到一定内在关系的制约，才能保证物体的连续性。这种关系为变形连续方程或协调方程。

根据式（1-31），$x-y$ 坐标面两应变分量 ε_x 对 y 和 ε_y 对 x 分别二阶偏微分相加，整理后得 $\dfrac{\partial^2 \varepsilon_x}{\partial y^2} + \dfrac{\partial^2 \varepsilon_y}{\partial x^2} = \dfrac{\partial^3 u_x}{\partial x \partial y^2} + \dfrac{\partial^3 u_y}{\partial y \partial x^2} = \dfrac{\partial^2}{\partial x \partial y}\left(\dfrac{\partial u_x}{\partial y} + \dfrac{\partial u_y}{\partial x}\right) = \dfrac{\partial^2 r_{xy}}{\partial x \partial y} = 2\dfrac{\partial^2 \varepsilon_{xy}}{\partial x \partial y}$。

如此类推，最终可得第一组变形连续方程（1-34a）。

$$\left.\begin{aligned}
\frac{\partial^2 \varepsilon_{xy}}{\partial x \partial y} &= \frac{1}{2}\left(\frac{\partial^2 \varepsilon_x}{\partial y^2} + \frac{\partial^2 \varepsilon_y}{\partial x^2}\right) \\[2mm]
\frac{\partial^2 \varepsilon_{yz}}{\partial y \partial z} &= \frac{1}{2}\left(\frac{\partial^2 \varepsilon_y}{\partial z^2} + \frac{\partial^2 \varepsilon_z}{\partial y^2}\right) \\[2mm]
\frac{\partial^2 \varepsilon_{zx}}{\partial z \partial x} &= \frac{1}{2}\left(\frac{\partial^2 \varepsilon_z}{\partial x^2} + \frac{\partial^2 \varepsilon_x}{\partial z^2}\right)
\end{aligned}\right\} \qquad (1-34\text{a})$$

同理，对于不同平面工程应变进行两次偏微分两次相加，整理可得到不同平面上应变分量之间满足的关系式（1-34b）。

$$\left.\begin{aligned}
\frac{\partial}{\partial x}\left(\frac{\partial \varepsilon_{zx}}{\partial y} + \frac{\partial \varepsilon_{xy}}{\partial z} - \frac{\partial \varepsilon_{yz}}{\partial x}\right) &= \frac{\partial^2 \varepsilon_x}{\partial y \partial z} \\[2mm]
\frac{\partial}{\partial y}\left(\frac{\partial \varepsilon_{xy}}{\partial z} + \frac{\partial \varepsilon_{yz}}{\partial x} - \frac{\partial \varepsilon_{zx}}{\partial y}\right) &= \frac{\partial^2 \varepsilon_y}{\partial x \partial z} \\[2mm]
\frac{\partial}{\partial z}\left(\frac{\partial \varepsilon_{yz}}{\partial x} + \frac{\partial \varepsilon_{zx}}{\partial y} - \frac{\partial \varepsilon_{xy}}{\partial z}\right) &= \frac{\partial^2 \varepsilon_z}{\partial x \partial y}
\end{aligned}\right\} \qquad (1-34\text{b})$$

式（1-34a）是每个坐标平面内应变分量之间应满足的关系，式（1-34b）是不同平面内应变分量之间应满足的关系。

假如已知位移分量 U_i，利用几何关系求得 ε_{ij}，自然满足连续方程。如用其他方法求解的应变分量，则必须按式（1-34a）或式（1-34b）检验是否能满足变形体的连续性，否则不确保其连续性。在塑性成形中，常用体积不变条件来判断，因而避免了偏微分运算。

1.6 点的应变状态

借助于一点的应力状态概念来描述一点的应变状态，即过某一点任意方向上的正应变 ε_n 与切应变 γ_n 的有无、大小等情况，可以用一微线段在某方向上的变形来加以描述。

1.6.1 任意方向上的应变

设某微分体主对角线元 MN，M 点的坐标为 (x, y, z)，N 点的位置为 $(x + dx, y + dy, z + dz)$，变形后移到新的位置 $M' - N'$ 处（见图 1 – 15），则两主对角线长度为 $dr = $

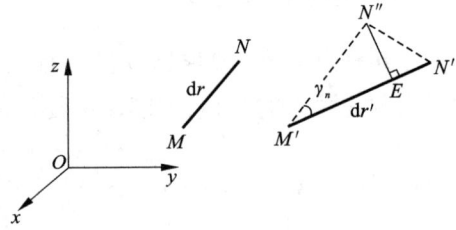

图 1 – 15　任意方向上变形

$\sqrt{dx^2 + dy^2 + dz^2} = \sqrt{dx_i dx_i}, i = x, y, z$，变形前 $M - N$ 线元的方向余弦 $l_x = \dfrac{dx}{dr}, l_y = \dfrac{dy}{dr}, l_z = \dfrac{dz}{dr}$。变形后线元 $M' - N'$ 两端点间的位移增量为 dU_x, dU_y, dU_z，则有

$$dr' = \sqrt{(dx_i + dU_i)(dx_i + dU_i)} \quad (i = x, y, z)$$

对于小应变，$dU_i << dx_i$，而 $dU_i = \dfrac{\partial U_i}{\partial x_j} dx_j$，则有

$$
\begin{aligned}
dr' &\approx \sqrt{dx_i dx_i + 2 \frac{\partial U_i}{\partial x_j} dx_j dx_i} \\
&= dr \sqrt{\left(\frac{dx_i}{dr}\right)\left(\frac{dx_i}{dr}\right) + 2 \frac{\partial U_i}{\partial x_j} \frac{dx_i dx_j}{dr}\frac{}{dr}} \\
&= dr \sqrt{1 + 2\varepsilon_{ij} l_i l_j} \\
&\approx dr(1 + \varepsilon_{ij} l_i l_j) \quad (i, j = x, y, z)
\end{aligned}
$$

所以

$$\varepsilon_n = \frac{dr' - dr}{dr} = \varepsilon_{ij} l_i l_j \quad (i, j = x, y, z) \tag{1 – 35}$$

由图 1 – 15 可知

$$\gamma_n^2 = \left(\frac{N''E}{dr}\right)^2 = \left(\frac{N'N''}{dr}\right)^2 - \varepsilon_n^2 \tag{1 – 36}$$

将式（1 – 35）、式（1 – 36）与任意斜面上应力表达式（1 – 7）、式（1 – 8）比较，形式完全相似。因此应变张量的有关公式可以借鉴应力的相应表达式建立。

$$\varepsilon_{ij} = \begin{bmatrix} \varepsilon_x & \varepsilon_{yx} & \varepsilon_{zx} \\ \varepsilon_{xy} & \varepsilon_y & \varepsilon_{zy} \\ \varepsilon_{xz} & \varepsilon_{yz} & \varepsilon_z \end{bmatrix} \quad (i, j = x, y, z) \tag{1 – 37}$$

1.6.2 应变张量与特征值

从式（1 – 35）、式（1 – 36）均可看出，ε_n，γ_n 取决于 ε_{ij} 与 l_i。类似于应力张量，有应变主轴，其上只有正应变，无切应变，称为主应变，用 $\varepsilon_1, \varepsilon_2, \varepsilon_3$ 表示。也有主

切应变 $\gamma_{12}, \gamma_{23}, \gamma_{31}$：

$$\gamma_{12} = \varepsilon_1 - \varepsilon_2, \gamma_{23} = \varepsilon_2 - \varepsilon_3, \gamma_{31} = \varepsilon_3 - \varepsilon_1 \qquad (1-37)$$

八面体上的正应变 ε_8 与切应变 γ_8：

$$\varepsilon_8 = \frac{1}{3}(\varepsilon_1 + \varepsilon_2 + \varepsilon_3) = \varepsilon_m \qquad (1-38)$$

$$\gamma_8 = \frac{2}{3}\sqrt{(\varepsilon_1 - \varepsilon_2)^2 + (\varepsilon_2 - \varepsilon_3)^2 + (\varepsilon_3 - \varepsilon_1)^2} \qquad (1-39)$$

应变张量可分解成球张量与偏张量：

$$\varepsilon_{ij} = (\varepsilon_{ij} - \varepsilon_m\delta_{ij}) + \varepsilon_m\delta_{ij} = \varepsilon'_{ij} + \varepsilon_m\delta_{ij} \quad (i,j = x,y,z) \qquad (1-40)$$

相应地，有应变张量不变量 $J_i(i=1,2,3)$ 和应变偏张量不变量 $J'_i(i=1,2,3)$：

$$\left.\begin{aligned}
J_1 &= \varepsilon_x + \varepsilon_y + \varepsilon_z = \varepsilon_1 + \varepsilon_2 + \varepsilon_3 = 3\varepsilon_m \\
J_2 &= -\begin{vmatrix} \varepsilon_i & \varepsilon_{ij} \\ \varepsilon_{ji} & \varepsilon_j \end{vmatrix} = -(\varepsilon_1\varepsilon_2 + \varepsilon_2\varepsilon_3 + \varepsilon_3\varepsilon_1) \\
J_3 &= |\varepsilon_{ij}|
\end{aligned}\right\} \qquad (1-41)$$

$$\left.\begin{aligned}
J'_1 &= \varepsilon'_x + \varepsilon'_y + \varepsilon'_z = \varepsilon'_1 + \varepsilon'_2 + \varepsilon'_3 = 0 \\
J'_2 &= -\begin{vmatrix} \varepsilon'_i & \varepsilon'_{ij} \\ \varepsilon'_{ji} & \varepsilon'_j \end{vmatrix} = -(\varepsilon'_1\varepsilon'_2 + \varepsilon'_2\varepsilon'_3 + \varepsilon'_3\varepsilon'_1) \\
&= \frac{1}{6}\big[(\varepsilon_x - \varepsilon_y)^2 + (\varepsilon_y - \varepsilon_z)^2 \\
&\quad + (\varepsilon_z - \varepsilon_x)^2 + 6(\varepsilon_{xy}^2 + \varepsilon_{yz}^2 + \varepsilon_{zx}^2)\big] \\
J'_3 &= |\varepsilon'_{ij}|
\end{aligned}\right\} \qquad (1-42)$$

定义了弹性等效应变 ε_e^e 与塑性等效应变 ε_e^P，使不同应变状态下的变形具备了大小可比性。

$$\varepsilon_e^e = \frac{1}{\sqrt{2}(1+\mu)}\sqrt{(\varepsilon_x - \varepsilon_y)^2 + (\varepsilon_y - \varepsilon_z)^2 + (\varepsilon_z - \varepsilon_x)^2 + 6(\varepsilon_{xy}^2 + \varepsilon_{yz}^2 + \varepsilon_{zx}^2)}$$

$$(1-43)$$

式中，μ 为泊松系数。

$$\varepsilon_e^P = \frac{\sqrt{2}}{3}\sqrt{(\varepsilon_x - \varepsilon_y)^2 + (\varepsilon_y - \varepsilon_z)^2 + (\varepsilon_z - \varepsilon_x)^2 + 6(\varepsilon_{xy}^2 + \varepsilon_{yz}^2 + \varepsilon_{zx}^2)} \quad (1-44)$$

1.7 应变增量

1.7.1 全量应变与增量应变的概念

前面所讨论的应变是反映单元体在某一变形过程终了时的变形大小，称作全量应变。其度量基准是变形以前的原始尺寸。而增量应变则是指变形过程中某一瞬间阶段的无限小应变，其度量基准不是原始尺寸，而是变形过程中某一瞬间的尺寸。引入增量应变是由塑性变形量较大的特点所需要的。

从几何学的观点看，塑性变形与弹性变形并无多大差别，但与应力联系起来时，它们就表现出巨大的差别。这一点在第 2 章将要详细讨论，这里仅作简单说明。弹性变形是线性可逆的，应变状态与应力状态同步，与加载过程无关。而塑性变形是非线性不可逆的。加载时产生新的塑性变形，卸载时已产生的塑性变形不随应力而变，只有弹性应变的回复。因此塑性变形是历次变形的叠加结果，并不一定是单值地对应于应力状态，或者说与应力状态不同步，因此全量应变在塑性变形中的应用受到很大限制。但是，在加载过程中，每一瞬间的应力状态一般与增量应变相对应。所以求解塑性加工问题时，通常需要采用增量应变。

1.7.2 增量应变张量

设变形体中某质点从某一瞬间起，经过无限小时间 dt 的位移量为 dU_i，由于 dt 很小，dU_i 及其对坐标的微分亦必然很小，因此类似于应变张量的定义，有

$$d\varepsilon_{ij} = \frac{1}{2}\left[\frac{\partial}{\partial x_i}(dU_j) + \frac{\partial}{\partial x_j}(dU_i)\right] \qquad (1-45)$$

增量应变与小变形应变张量一样，具有三个主方向，三个主应变增量 $d\varepsilon_1$，$d\varepsilon_2$，$d\varepsilon_3$，三个不变量等特殊值，只需用 $d\varepsilon_{ij}$ 替换 ε_{ij} 即可。

从定义可以看出，$d\varepsilon_{ij}$ 是位移增量对坐标的微分，是从瞬时位置起计算的微小应变，能更准确地描写物体的变形。$d\varepsilon_{ij}$ 描写的是瞬时情况或过程，而 ε_{ij} 只能描写变形的起始近似结果。也正因为二者起点不一样，基准不一样，一般 $d\varepsilon_{ij} \neq d(\varepsilon_{ij})$。只有在小变形情况下才有 $d\varepsilon_{ij} = d(\varepsilon_{ij})$。

同理，在一般情况下，积分 $\int d\varepsilon_{ij}$ 是求不出来的，并且没有确定的物理意义。只有在应变路径已知的情况下，$\int d\varepsilon_{ij}$ 可以求得。在主轴方向始终不变时，$\int d\varepsilon_{ij}$ 具有物理意义，即对数应变。例如单拉时，主方向不变，任一瞬间长度方向上的应变增量为 $d\varepsilon = \frac{dl}{l}$，$l$ 为瞬时长度，则

$$\varepsilon = \int d\varepsilon = \int_{l_0}^{l}\frac{dl}{l} = \ln\left(\frac{l_1}{l_0}\right) = \ln(1+\varepsilon) = \varepsilon - \frac{\varepsilon^2}{2} + \frac{\varepsilon^3}{3} + \cdots$$

在小变形下，ε 二次项以上的高次项可以忽略，这时才有 $\int d\varepsilon = \varepsilon$，即小变形下有 $\int d\varepsilon_{ij} = \varepsilon_{ij}$。

1.8　应变速度张量

设某一瞬间起 dt 时间内,产生位移增量 dU_i,则应有 $dU_i = V_i dt$,其中 V_i 为相应位移速度。代入式(1-45),有

$$d\varepsilon_{ij} = \frac{1}{2}\left(\frac{\partial}{\partial x_i}(V_j dt) + \frac{\partial}{\partial x_j}(V_i dt)\right) = \frac{1}{2}\left(\frac{\partial V_i}{\partial x_j} + \frac{\partial V_j}{\partial x_i}\right)dt$$

令

$$\dot{\varepsilon}_{ij} = \frac{d\varepsilon_{ij}}{dt} = = \frac{1}{2}\left(\frac{\partial V_i}{\partial x_j} + \frac{\partial V_j}{\partial x_i}\right) \qquad (i,j = x,y,z)(1/秒) \qquad (1-46)$$

$\dot{\varepsilon}_{ij}$ 称为应变速率张量。式(1-46)不论大小变形均适合。要求对某一瞬间进行计算,而不是按初始位置计算。对 $\dot{\varepsilon}_{ij}$ 可以类似于 ε_{ij} 求主应变速率及主方向、偏应变速率张量及不变量、八面体应变速率、等效应变速率等等,只要在 ε_{ij} 的对应量上面加上"·"即可。

值得指出,应变速度为单位时间内发生的应变量,有时也称之为应变速率,单位为(1/秒),不同于工具速度,也不同于变形体质点的位移速度,后二者都是单位时间的位移量,其单位为(毫米/秒)。它对塑性变形功率计算有重要意义。

注意:由于 ε_{ij} 是从初始位置计算的,一般情形下,$\dot{\varepsilon}_{ij} \neq \frac{d}{dt}\varepsilon_{ij}$。只有在小变形下,

$$\dot{\varepsilon}_{ij} = \frac{d}{dt}\varepsilon_{ij} = \frac{\partial}{\partial t}\varepsilon_{ij}。$$

1.9　主应变图与变形程度表示

1.9.1　塑性变形的体积不变条件

在变形体内的某一点处,用垂直于该点应变主轴的三对截面,截取一个六面体,棱长为 dx,dy,dz。变形前体积 $dV_0 = dxdydz$,变形后体积为 $dV = dx(1+\varepsilon_x)dy(1+\varepsilon_y)dz(1+\varepsilon_z) \approx dV_0(1+\varepsilon_x+\varepsilon_y+\varepsilon_z)$,则体积应变为

$$\varepsilon_y = \frac{dV - dV_0}{dV_0} = \varepsilon_x + \varepsilon_y + \varepsilon_z = J_1 = 3\varepsilon_m \qquad (1-47)$$

实验表明,塑性变形密度变化极小(如,冷成形工件密度减小不超过 0.1 ~ 0.2%),体积变化量极小,可以忽略不计。通常认为塑性变形体积不变,即

$$d\varepsilon_V^P = d\varepsilon_x^P + d\varepsilon_y^P + d\varepsilon_z^P = 0 \qquad (1-48)$$

塑性变形体积不变条件是变形过程中变形体保持连续性(协调性)的常用判据。

1.9.2　主变形图

主变形图是定性判断塑性变形类型的图示方法。根据塑性变形体积不变条件，主变形图只可能有三种形式，如图 1－16 所示（设 $\varepsilon_1 \geqslant \varepsilon_2 \geqslant \varepsilon_3$）。若已知应力状态 σ_{ij}，可用 I_3' 判别塑性变形的类型：如 $I_3' > 0$ 对应于广义拉伸变形；$I_3' = 0$ 对应于广义剪切变形或平面变形；$I_3' < 0$ 对应于广义压缩变形。

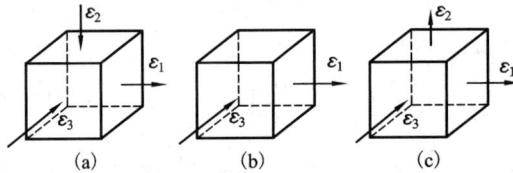

图 1－16　塑性变形主应变图
(a)广义拉伸；(b)广义剪切；(c)广义压缩

1.9.3　变形力学图

变形体内一点的主应力图与主应变图结合构成变形力学图。它形象地反映了该点主应力、主应变有无和方向。主应力图有 9 种可能，塑性变形主应变有 3 种可能，二者组合，则有 27 种可能的变形力学图。但单拉、单压应力状态只可能分别对应一种变形图，所以实际变形力学图应该只有 23 种组合方式。

1.9.4　塑性加工中常用变形程度的表示

通常变形量的计算有三种形式，即绝对变形量、相对变形量、真实变形量。

1. 绝对变形量

指工件变形前后主轴方向上尺寸的变化量，如锻造中的压下量、轧制中的宽展量等。如图 1－17 所示的长方体工件在平锤间的压缩变形时，压下量、宽展量和延伸量依次表示为

$$\Delta h = H_0 - h$$
$$\Delta b = b - B_0 \qquad\qquad (1-49)$$
$$\Delta l = l - L_0$$

式中，H_0、B_0、L_0 和 h、b、l 分别表示工件变形前后的尺寸。

绝对变形量由于直观而广泛应用于生产现场，但它不能确切地反映变形强烈程度。不论变形前后尺寸怎样变化，习惯上绝对变形量取正值。

2. 相对变形量

指绝对变形量与原始尺寸的比值，常称为形变率或变形率。它排除了初始尺寸

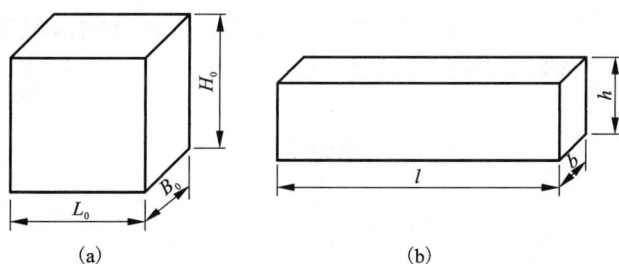

图 1-17　平行六面体工件变形前后的尺寸

(a)变形前;(b)变形后

的影响,比绝对变形量合理。习惯上也总是取正值,如压下率$\left(\varepsilon_h=\dfrac{\Delta H}{H_0}\%\right)$,宽展率$\left(\varepsilon_b=\dfrac{\Delta b}{B_0}\%\right)$和延伸率$\left(\varepsilon_l=\dfrac{\Delta l}{L_0}\%\right)$。还有使用变形系数(或比),如挤压比$\lambda=\left(\dfrac{D}{d}\right)^2$、锻造比(系数)$\eta=H_0/h$ 等,广泛应用于实际中。然而相对变形量把基准看成恒定的,因而不能真实地反映变化基准对变形程度的影响,计算大变形时误差较大。另外它不具备可加性。

3. 真实变形量

变形过程中,将工件原始尺寸 l_0 经过无限多个微小变形的中间阶段($l_1,l_2,l_3,$ $\cdots,l_{n-3},l_{n-2},l_{n-1},l_n$)逐渐变形到终了尺寸 l_n,则由 l_0 到 l_n 终了的变形可视为各微小相对变形量的总和,即

$$
\begin{aligned}
e_l &= \sum_{n=1}^{\infty}\left(\frac{l_1-l_0}{l_0}+\frac{l_2-l_1}{l_1}+\frac{l_3-l_2}{l_2}+\cdots+\frac{l_{n-1}-l_{n-2}}{l_{n-2}}+\frac{l_n-l_{n-1}}{l_{n-1}}\right)\\
&= \sum_{n=1}^{\infty}\left(\frac{\Delta l_1}{l_0}+\frac{\Delta l_2}{l_1}+\frac{\Delta l_3}{l_2}\cdots+\frac{\Delta l_{n-1}}{l_{n-2}}+\frac{\Delta l_n}{l_{n-1}}\right)\\
&= \lim_{\Delta l\to 0}\sum^{n\to\infty}\frac{\Delta l_i}{l_i}=\int_0^l\frac{\mathrm{d}l}{l}
\end{aligned}
\tag{1-50}
$$

于是,三正交方向上的真实应变量为

$$
\begin{aligned}
e_l &= \int_{l_0}^{l}\frac{\mathrm{d}l}{l}=\ln\frac{l}{L_0}\\
e_b &= \int_{B_0}^{b}\frac{\mathrm{d}b}{b}=\ln\frac{b}{B_0}\\
e_h &= \int_{H_0}^{h}\frac{\mathrm{d}h}{h}=\ln\frac{h}{H_0}
\end{aligned}
\tag{1-51}
$$

可见,真实变形量(真应变)即变形前后尺寸比值的自然对数。变形前尺寸并不一定是原始尺寸。它可真实地反映变形,具备变形量的可加性与可比性,能够真实地

反映大与小的塑性变形时的体积不变关系,以及对组织性能的影响等。理论研究上常采用,尤其对于大变形情况,但现场很少使用。

思考题

1. 塑性加工的外力有哪些类型?

2. 内力的物理本质和功效是什么? 诱发内力的因素有哪些?

3. 何谓应力、全应力、正应力与切应力? 塑性力学上应力的正、负号是如何规定的?

4. 何谓应力特征方程、应力不变量?

5. 何谓主切应力、八面体应力和等效应力? 它们在塑性加工上有何意义?

6. 何谓应力张量和张量分解方程? 它们有何意义?

7. 应力不变量(含应力偏张量不变量)有何物理意义?

8. 一点应力状态的几何图形表示方法有哪几种? 其力学意义如何?

9. 锻造、轧制、挤压和拉拔的主力学图属何种类型?

10. 变形与位移有何关系? 应变分量的正负如何规定?

11. 何谓全量应变、增量应变? 它们有何联系和区别?

12. 简述塑性变形体积不变条件的力学意义。

13. 何谓应变速度? 它们与工具速度、金属质点运动速度有何区别和联系?

14. 何谓变形力学图? 如何根据主应力图确定塑性变形的类型?

15. 锻造、轧制、挤压和拉拔的变形力学图分别属何种类型?

16. 塑性加工时的变形程度有哪几种表示方法? 各有何特点?

习　题

1. 已知一点的应力状态 $\{\sigma_{ij}\} = \begin{Bmatrix} 20 & \cdot & \cdot \\ 5 & -15 & \cdot \\ 0 & 0 & -10 \end{Bmatrix} \times 10$ MPa,试求该应力空间中 $x - 2y + 2z = 1$ 的斜截面上的正应力 σ_n 和切应力 τ_n 为多少。

2. 现用电阻应变仪测得平面应力状态下与 x 轴成 $0°,45°,90°$ 角方向上的应力值分别为 $\sigma_a, \sigma_b, \sigma_c$,试问该平面上的主应力 σ_1, σ_2 各为多少?

3. 试证明:

$$(1) I_2' = I_2 + \frac{1}{3} I_1^2$$

$$(2) \frac{\partial I_2'}{\partial \sigma_{ij}} = \sigma_{ij}' \quad (i, j = x, y, z)$$

4. 一圆形薄壁管,平均半径为 R,壁厚为 t,两端受拉力 P 及扭矩 M 的作用,试求三个主应力 $\sigma_1,\sigma_2,\sigma_3$ 的大小与方向。

5. 两端封闭的薄壁圆管。受轴向拉力 P,扭矩 M,内压力 ρ 作用,试求圆管柱面上一点的主应力 $\sigma_1,\sigma_2,\sigma_3$ 的大小与方向,其中管平均半径为 R,壁厚为 t,管长为 l。

6. 已知平面应变状态下,变形体某点的位移函数为 $U_x=\dfrac{1}{4}+\dfrac{3}{200}x+\dfrac{1}{40}y$, $U_y=\dfrac{1}{5}$ $+\dfrac{1}{25}x-\dfrac{1}{200}y$,试求该点的应变分量 $\varepsilon_x,\varepsilon_y,\gamma_{xy}$,并求出主应变 $\varepsilon_1,\varepsilon_2$ 的大小与方向。

7. 为测量平面应变下应变分量 $\varepsilon_x,\varepsilon_y,\gamma_{xy}$,将三片应变片贴在与 x 轴成 $0°,60°$, $120°$ 夹角的方向上,测得它们的应变值分别为 $\varepsilon_a,\varepsilon_b,\varepsilon_c$。试求 $\varepsilon_x,\varepsilon_y,\gamma_{xy}$ 以及主应变 $\varepsilon_1,\varepsilon_2$ 的大小与方向。

8. 已知圆盘受平锤均匀压缩时,质点的位移速度场为 $V_z=-\dfrac{z}{h}V_0$, $V_r=\dfrac{1}{2}\dfrac{r}{h}V_0$, $V_\varphi=0$,其中 V_0 为全锤头压下速度,h 为圆盘厚度。试求应变速度张量 $\varepsilon_{ij}(i,j=z,r,\varphi)$。

9. 一长为 l 的圆形薄壁管,平均半径为 R,在两端受拉力 P,扭矩 M 作用后,管子的长度变成 l_1,两端的相对扭转角为 θ,假设材料为不可压缩的。在小变形条件下给出等效应变 ε_e 与洛德参数 μ_ε 的表达式。

10. 某轧钢厂在三机架连轧机列上生产 $h\times b\times l=1.92\ \text{mm}\times500\ \text{mm}\times100\,000$ mm 的 A_3 带钢产品(见图 1-18),第 1、3 机架上的压下率为 20%,第 2 机架上为 25%,若整个轧制过程中带材的宽度 b 保持不变。试求带钢在该连轧机列上的总压下量及每机架前后带钢的尺寸?

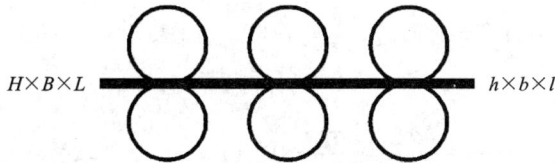

$H\times B\times L$　　　　　　　　　　　　　　　　　$h\times b\times l$

图 1-18　三机架连轧机列示意图

附录　求和约定与张量初步

一、角标记号

成组的实数常采用一个带下标或上标的符号表示,这种符号统称角标记号,如 9 个应力分量 $\sigma_{xx}, \sigma_{yy}, \sigma_{zz}, \cdots, \sigma_{xz}$ 可简记成 $\sigma_{ij}(i,j=x,y,z)$。在不会引起误解的情况下角标记号后面的括号常可省略。

如一数组带有 m 个角标,每个角标有 n 个取值,则该角标记号就代表 n^m 个元素,如 $\sigma_{ij}(i,j=x,y,z)$,就有 $3^2=9$ 个元素。

二、求和约定

在数学上,为书写简便,常把几个实数 $a_1 x^1 + a_2 x^2 + \cdots + a_n x^n$ 的求和写成

$$\sum_{i=1}^{n} a_i x^i = a_1 x^1 + a_2 x^2 + \cdots + a_n x^n$$

简记成 $a_i x^i$,这是约定当一个角标在给定的项中重复出现时,就表示对该角标从 1 到 n 求和,这就是求和约定。适合求和约定的任何角标叫哑标。若在用角标表示的等式中有不重复出现的角标,则为自由标。自由标不包含求和意思,它可代表几个等式。等式两边的自由标须相同。如:$y_i = a_j x_{ij}(i,j=1,2,3)$,$i$ 在右边只出现一次,且与左边角标相同,为自由标,表示 3 个式子。j 在右边重复出现,为哑标,表示求和:

$$y_1 = a_1 x_{11} + a_2 x_{12} + a_3 x_{13} \quad (i=1,j=1,2,3)$$
$$y_2 = a_1 x_{21} + a_2 x_{22} + a_3 x_{23} \quad (i=1,j=1,2,3)$$
$$y_3 = a_1 x_{31} + a_2 x_{32} + a_3 x_{33} \quad (i=1,j=1,2,3)$$

又如平衡方程 $\dfrac{\partial \sigma_{ij}}{\partial x_i}=0(i,j=x,y,z)$,这里 i 为哑标,表示求和;j 为自由标,表示 3 个方程:

$$\frac{\partial \sigma_{xx}}{\partial x} + \frac{\partial \sigma_{yx}}{\partial y} + \frac{\partial \sigma_{zx}}{\partial z} = 0 \quad (i=x,y,z,j=x)$$

$$\frac{\partial \sigma_{xy}}{\partial x} + \frac{\partial \sigma_{yy}}{\partial y} + \frac{\partial \sigma_{zy}}{\partial z} = 0 \quad (i=x,y,z,j=y)$$

$$\frac{\partial \sigma_{xz}}{\partial x} + \frac{\partial \sigma_{yz}}{\partial y} + \frac{\partial \sigma_{zz}}{\partial z} = 0 \quad (i=x,y,z,j=z)$$

三、直角坐标张量初步

(一)张量的基本概念

距离、时间、温度等只用一个参量即可表示,位移、速度、力等空间矢量则需坐标

系的 3 个参数来描述。而一点的应力状态、应变状态则需用坐标系中的 3 个矢量,即 9 个分量才能完整地表示出来,这就是张量。广义而言,绝对标量是零阶张量,其分量数目为 $3^0 = 1$;矢量是一阶张量,有 $3^1 = 3$ 个分量。应力状态是二阶张量,有 $3^2 = 9$ 个分量。当然还可以有更高阶的张量。

张量的决定性特征是它在不同坐标系中的分量之间可以用一定的线性关系来进行换算。如一点的应力状态的坐标变换公式为:

$$\sigma_{i'j'} = l_{i'j}\sigma_{ij}(l_{i'j})^T \qquad (i,j = x,y,z)$$

式中,$\sigma_{i'j'}$,σ_{ij} 分别为新、旧坐标系中的 9 个应力分量;$l_{i'j}$ 为新坐标轴对旧坐标系的方向余弦。

二阶张量可用矩阵形式来表示,称为张量矩阵:

$$t_{ij} = \begin{pmatrix} t_{11} & t_{12} & t_{13} \\ t_{21} & t_{22} & t_{23} \\ t_{31} & t_{32} & t_{33} \end{pmatrix}$$

若二阶张量 S_{ij} 的分量满足 $S_{ij} = S_{ji}$,则此二阶张量为对称二阶张量。

若二阶张量 S_{ij} 分量满足 $S_{ij} = -S_{ji}$,则为反对称二阶张量。显然,当 $i = j$ 时其分量必为零,因此反对称二阶张量只有三个独立的分量。

(二)张量的加减运算

张量可以加减运算,二个同阶张量的和或差仍是同阶张量,其分量由该两个同阶张量对应分量的和或差组成。因此张量可以叠加与分解,如应力张量分解成偏张量与球张量。此外,任何非对称张量均可分解成一个对称张量和一个反对称张量。即

$$P_{ij} = \frac{1}{2}(P_{ij} + P_{ji}) + \frac{1}{2}(P_{ij} - P_{ji})$$

(三)二阶张量的主轴、主值和不变量

二阶对称张量的重要特点是它一定有 3 个主轴。如取主轴为坐标轴,则 2 个角标不同的分量均为零,只剩下角标相同的 3 个分量,叫做主值。

对二阶张量,基本的独立不变量有 3 个,如用 C_1,C_2,C_3 表示,则

$$C_1 = t_{ii}, C_2 = t_{ij}t_{ji}, C_3 = t_{ij}t_{jk}t_{ki}$$

由这三个基本不变量可以导出许多其他的不变量。例如应力张量的第二不变量 I_2 就是

$$I_2 = \frac{1}{2}(C_2 - C_1^2)$$

其实应力张量中的主应力、主切应力、八面体应力等都是不变量,不随坐标选择而变化。

第 2 章　金属塑性变形的物性方程

物性方程包括塑性条件方程和变形过程的本构方程。塑性条件方程为材料开始屈服的临界应力状态条件,常称屈服准则;本构方程为变形过程中 $\sigma - \varepsilon$ 关系的数学关系式,常叫材料的本构关系。弹性变形阶段有广义 Hooke 定律。而塑性变形则较为复杂,在单向受力状态下,可由实验测定 $\sigma - \varepsilon$ 曲线来确定塑性本构关系;各种复杂受力状态下,实验直接测试几乎不可能。因此,只能选择一些较简单的应力状态测试,而且往往还需进行简化、换算或修正,才能比较准确地确立塑性本构关系。

2.1　金属塑性变形过程和力学特点

2.1.1　变形过程与特点

以单向拉伸为例说明塑性变形过程与特点,如图 2-1 所示。金属变形分为弹性变形、塑性变形、断裂三个阶段。塑性力学视 σ_s 为弹塑性变形的分界点。当 $\sigma < \sigma_s$ 时,不管是加载还是卸载过程,σ 与 ε 存在统一的线性关系,即虎克定律 $\sigma = E\varepsilon$。

当 $\sigma \geqslant \sigma_s$ 以后,变形视作塑性阶段。$\sigma - \varepsilon$ 是非线性关系。当应力达到 σ_b 之后,变形转为不均匀塑性变形,呈不稳定状态。σ_b 点的力学条件为 $\mathrm{d}\sigma = 0$ 或 $\mathrm{d}P = 0$。经短暂的不稳定变形,试样以断裂告终。

若在均匀塑性变形阶段出现卸载现象,一部分变形得以恢复,另一部分则成为

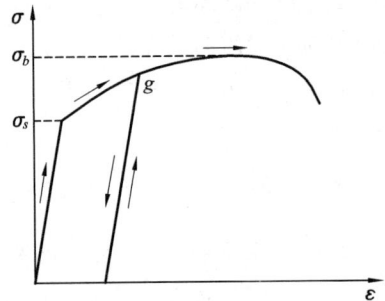

图 2-1　单向拉伸的塑性变形特点

永久变形。卸载阶段 $\sigma - \varepsilon$ 呈线性关系。这说明了塑性变形时,弹性变形依然存在。弹塑性共存与加载卸载过程不同的 $\sigma - \varepsilon$ 关系是塑性变形的第一、第二个基本特征。

由于塑性变形阶段加载、卸载规律不同,导致 $\sigma - \varepsilon$ 关系不一致。只有知道变形历史,才能弄清相应的 $\sigma - \varepsilon$ 关系,即塑性变形的 $\sigma - \varepsilon$ 关系与变形历史或路径有关。这是塑性变形的第三个重要特征。

事实上,$\sigma > \sigma_s$ 以后的对应点都可以看成是重新加载时的屈服点。以 g 点为例,若从该点卸载则 $\sigma - \varepsilon$ 关系为弹性。卸载后再加载,只要 $\sigma < \sigma_g$ 点,$\sigma - \varepsilon$ 关系仍为

弹性。一旦超过 g 点,$\sigma-\varepsilon$ 呈非线性关系,即 g 点是弹塑性变形新的交界点,视作继续屈服点。一般有 $\sigma_g>\sigma_s$,材料的这一强化现象称为材料的加工硬化,是塑性变形的第四个显著特点。

在简单压缩下,忽略摩擦影响,得到的压缩试验屈服极限与拉伸试验屈服极限数值基本相等。但是若将拉伸屈服后的试样经卸载并反向加载至屈服,发现反向屈服极限值一般低于初始屈服极限值。同理,先压后拉也有类似现象。这种正向变形强化导致后继反向变形软化的现象称作 Bauschinger 效应。这是金属变形微观组织变化所致。一般塑性理论分析不考虑 Bauschinger 效应。

Bridgman 等人在不同的静水压力容器中做单向拉伸试验,结果表明:静水压力只引起物体的体积弹性变形,在静水压力不很大的情况下(与屈服极限同数量级)所得拉伸曲线与简单拉伸几乎一致,说明静水压力对塑性变形的影响可以忽略。

2.1.2　基本假设

金属受载时的变形力学分析一般基于以下基本假设:
(1)材料为均匀连续,且各向同性。
(2)体积变化为弹性的,塑性变形时体积不变。
(3)静水压力不影响塑性变形,只引起体积弹性变化。
(4)不考虑时间因素,认为变形为准静态。
(5)不考虑 Bauschinger 效应。

2.2　弹性变形的应力 - 应变关系

2.2.1　广义虎克定律

从材料的单向拉伸试验知,弹性变形的应力 - 应变关系服从虎克定律,即
$$\delta_x=E\varepsilon_x \tag{2-1}$$
式中,E 为材料的弹性模量。

试件拉伸变形时,沿受力方向伸长,而在作用力垂直方向的尺寸缩短。根据测量可知,在弹性范围内,横向相对缩短变形量(ε_y 和 ε_z)与纵向相对伸长量(ε_x)成正比,但符号相反,计为
$$\begin{aligned}\varepsilon_y&=-\mu\varepsilon_x\\\varepsilon_z&=-\mu\varepsilon_x\end{aligned} \tag{2-2}$$
式中 μ 为材料的泊松比(纵横变形量比值)。

实验表明,金属弹性变形时,应力 - 应变关系有以下特点:
(1)应力 - 应变一一对应,呈线性关系,应力主轴与应变主轴相重合;

（2）弹性变形是可逆的，外载卸下后，物体内不再残留变形和应力，即可完全恢复到变形前的初始状态，而且与加载路径无关；

（3）弹性变形时，应力球张量使物体产生体积变化。

将单向应力状态下的虎克定律推广到一般应力状态下的各向同性体，称为广义虎克定律。

$$\varepsilon_x = \frac{1}{E}[\sigma_x - \mu(\sigma_y + \sigma_z)]$$

$$\varepsilon_y = \frac{1}{E}[\sigma_y - \mu(\sigma_z + \sigma_x)]$$

$$\varepsilon_z = \frac{1}{E}[\sigma_z - \mu(\sigma_x + \sigma_y)]$$

$$\varepsilon_{xy} = \frac{1}{2G}\tau_{xy} \qquad (2-3)$$

$$\varepsilon_{yz} = \frac{1}{2G}\tau_{yz}$$

$$\varepsilon_{zx} = \frac{1}{2G}\tau_{zx}$$

式中，E——弹性模量，G——剪切模量，μ——泊松比。

弹性变形时

$$G = \frac{E}{2(1+\mu)} \qquad (2-4)$$

于是，得体积应变量

$$\varepsilon_x + \varepsilon_y + \varepsilon_z = \frac{1}{E}[\sigma_x + \sigma_y + \sigma_z - 2\mu(\sigma_x + \sigma_y + \sigma_z)]$$

$$= \frac{1-2\mu}{E}(\sigma_x + \sigma_y + \sigma_z) \qquad (2-5)$$

经整理，得弹性变形的体积应变量为

$$\varepsilon_V = \frac{1-2\mu}{E}(\sigma_x + \sigma_y + \sigma_z) = \frac{3(1-2\mu)}{E}\sigma_m \qquad (2-6)$$

或平均应力

$$\sigma_m = \frac{E}{3(1-2\mu)}\varepsilon_V \qquad (2-7)$$

2.2.2　弹性应变能和弹性势

物体弹性变形时，物体内积蓄势能，这种内能同样可逆，称为弹性应变能。

（1）弹性应变能密度

单位体积内积蓄的弹性应变能密度，用 U_e 表示。由材料力学中知，单向拉伸时

单位体积内的弹性应变能为

$$U_e = \frac{1}{2}\sigma\varepsilon = \frac{1}{2}\frac{\sigma^2}{E}$$

纯剪应力状态时单位体积内的弹性应变能为

$$U_e = \frac{1}{2}\tau\theta \qquad (\theta \text{ 为扭转角})$$

三维应力状态中,因为应力分量不对任何其他垂直方向上的位移(应变)做功,所以单位体积内积蓄的弹性应变能,应等于全部应力张量分量和相对的应变张量分量乘积之和的一半,即

$$U_e = \frac{1}{2}\begin{pmatrix} \sigma_x\varepsilon_x + \sigma_y\varepsilon_y + \sigma_z\varepsilon_z + \tau_{xy}\varepsilon_{xy} + \tau_{yx}\varepsilon_{yx} + \\ \tau_{yz}\varepsilon_{yz} + \tau_{zy}\varepsilon_{zy} + \tau_{zx}\varepsilon_{zx} + \tau_{xz}\varepsilon_{xz} \end{pmatrix}$$

$$= \frac{1}{2}\sigma_{ij}\varepsilon_{ij} \qquad (2-8)$$

由于弹性变形由体积改变和形状改变两部分构成,所以弹性应变能密度亦可分解成弹性体积应变能和形状改变能两部分。其中弹性体积应变能密度

$$U_{eV} = \frac{1}{2}(\sigma_m\varepsilon_m + \sigma_m\varepsilon_m + \sigma_m\varepsilon_m)$$

用应力不变量可表示成

$$U_{eV} = \frac{3(1-2\mu)}{2E}\sigma_m^2 = \frac{1-2\mu}{6E}I_1^2 \qquad (2-9)$$

和弹性形状改变能密度

$$U_{eD} = \frac{1}{2}\begin{pmatrix} \sigma_x'\varepsilon_x' + \sigma_y'\varepsilon_y' + \sigma_z'\varepsilon_z' + \tau_{xy}\varepsilon_{xy} + \tau_{yx}\varepsilon_{yx} + \\ \tau_{yz}\varepsilon_{yz} + \tau_{zy}\varepsilon_{zy} + \tau_{zx}\varepsilon_{zx} + \tau_{xz}\varepsilon_{xz} \end{pmatrix}$$

或用应力不变量表示成

$$U_{eD} = \frac{1}{2}\sigma_{ij}'\varepsilon_{ij}' = \frac{1}{4G}\sigma_{ij}'\sigma_{ij}' = \frac{1}{2G}I_2' \qquad (2-10)$$

(2)弹性势函数

若将广义虎克定律代入式(2-8),可得弹性应变能密度的应力分量表达式

$$U_e(\sigma_{ij}) = \frac{1}{2E}(\sigma_x^2 + \sigma_y^2 + \sigma_z^2) - \frac{\mu}{E}(\sigma_x\sigma_y + \sigma_y\sigma_z + \sigma_z\sigma_x) + \frac{1}{2G}(\tau_{xy}^2 + \tau_{yz}^2 + \tau_{zx}^2)$$

或应变分量表达式

$$U_e(\varepsilon_{ij}) = \frac{\mu}{2}(\varepsilon_x + \varepsilon_y + \varepsilon_z)^2 + G(\varepsilon_x^2 + \varepsilon_y^2 + \varepsilon_z^2) + 2G(\varepsilon_{xy}^2 + \varepsilon_{yz}^2 + \varepsilon_{zx}^2)$$

通常称 $U(\sigma_{ij})$ 为弹性势函数,是一标量函数,简称弹性势。

将弹性势 $U(\sigma_{ij})$ 对 σ_{ij} 求偏导分,则得

$$\frac{\partial U_e}{\partial \sigma_x} = \frac{1}{E}\sigma_x - \frac{\mu}{E}(\sigma_y + \sigma_z) = \varepsilon_x$$

和

$$\frac{\partial U_e}{\partial \tau_{xy}} = \frac{1}{G}\tau_{xy} = \varepsilon_{xy}$$

等等,因此得

$$\frac{\partial U_e}{\partial \sigma_{ij}} = \varepsilon_{ij} \qquad (2-11)$$

式(2-11)为广义虎克定律的弹性应变能的另一表达式,十分简洁。

2.3 屈服准则

屈服准则为金属从弹性变形进入塑性变形的临界点应力状态方程,也称塑性条件方程。

2.3.1 屈服准则

单向拉伸时,材料由弹性状态进入塑性状态时的应力值称为屈服应力 σ_s 或屈服极限。它是材料弹塑性状态的分界点。复杂应力状态下的屈服怎样表示? 它与应力张量的各个分量密切相关,可用如下函数关系式表示:

$$f(\sigma_{ij}, \varepsilon_{ij}, t, T, S) = 0$$

其中 σ_{ij} 为应力张量, ε_{ij} 为应变张量, t 为时间, T 为变形温度, S 为变形材料的组织(Structure)特性。对于同一种材料,在不考虑时间效应(如蠕变)及接近常温的情形下, t 对塑性状态没多大影响。另外,当材料初始屈服以前是处于弹性状态, σ_{ij} 与 ε_{ij} 有一一对应关系。因此屈服条件可以表示成为

$$f(\sigma_{ij}) = 0 \text{ 或 } f(I_1, I_2, I_3) = 0 \text{ 或 } f(\sigma_1, \sigma_2, \sigma_3) = 0 \qquad (2-12)$$

在主应力空间, $f(\sigma_{ij}) = 0$ 表示一个包围原点的曲面,称作屈服曲面。当应力点 σ_{ij} 位于此曲面之内时,即 $f(\sigma_{ij}) < 0$,材料处于弹性状态;当 σ_{ij} 点位于此曲面上时,即 $f(\sigma_{ij}) = 0$,材料开始屈服并进入塑性状态。另外,根据静水压力不影响塑性变形之条件, f 只与应力偏量有关,可用应力偏张量不变量表示,即为

$$f(I_2', I_3') = 0 \qquad (2-13)$$

由于应力偏量满足 $I_1' = \sigma_1' + \sigma_2' + \sigma_3' \equiv 0$, $f(I_2', I_3')$ 总是处在应力 π 平面上。这样屈服条件就可以用 π 平面上的封闭曲线来表示,分析既直观又简便。若 σ_{ij} 点落在该曲线上,表示 σ_{ij} 满足屈服准则。若在这个应力状态上再叠加一个静水压力,这时在三维主应力空间中,相当于沿着等倾线移动的 π 面平行面,而应力点仍满足屈服准则。因此,在三维主应力空间中,屈服曲面是一个以等倾线为轴芯线的棱柱面[见图2-2(a)]。

最为常用的塑性条件方程有 Tresca 屈服准则和 Von Mises 屈服准则。

2.3.2　Tresca 屈服准则

最早的屈服准则是 1864 年 Tresca 根据库仑在土力学中的研究结果,以及他本人所做的金属冲压试验结果提出了以下假设:当最大切应力达到某一极限 k 时,材料发生屈服。即

$$\tau_{\max} = k \tag{2-14}$$

用主应力表示时,则有

$$\max\{|\sigma_1 - \sigma_2|,|\sigma_2 - \sigma_3|,|\sigma_3 - \sigma_1|\} = 2k \tag{2-15}$$

当有 $\sigma_1 \geqslant \sigma_2 \geqslant \sigma_3$ 约定时,则有

$$\sigma_1 - \sigma_3 = 2k \tag{2-16}$$

在主应力空间中,Tresca 屈服准则式(2-16)是一个正六棱柱,见图 2-2(a);在 π 平面上,Tresca 条件是一正六边形[见图 2-2(b)],在平面应力($x-y$ 坐标系)状态下成斜六边形[见图 2-2(c)]。

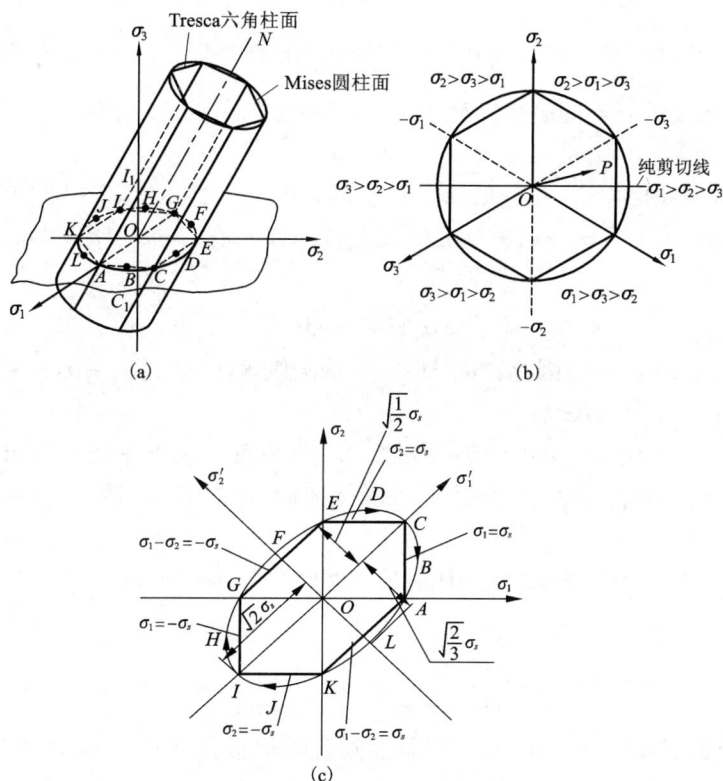

图 2-2　屈服准则的图示

(a)主应力空间的屈服表面;(b)π 平面上的屈服轨迹;(c)平面应力状态的屈服轨迹

k 值由实验确定。若做单向拉伸试验，$\sigma_1 = \sigma_s, \sigma_2 = \sigma_3 = 0$，则由式（2-16）有 $k = \sigma_s/2$。若做纯剪试验，则有 $\sigma_1 = \tau_s, \sigma_2 = 0, \sigma_3 = -\tau_s$，则可得 $k = \tau_s$。因此，对于 Tresca 屈服条件，此时两材料参数间的关系为：

$$\sigma_s = 2\tau_s = 2k \qquad\qquad (2-17)$$

对多数材料，此关系能近似成立。

在材料力学中，Tresca 屈服准则对应第三强度理论。

Tresca 屈服准则最明显的不足是没有考虑中间主应力对屈服的影响；其次，当未约定主应力大小顺序时，Tresca 屈服准则的式（2-15）应用就比较繁杂。

2.3.3　Von Mises 屈服准则

Tresca 屈服准则没有考虑中间主应力的影响。另外当应力点处在两个屈服面的交接处时，数学处理也相当繁琐；在主应力大小顺序不明时，Tresca 准则计算十分复杂。Von Mises 运有逻辑推理于 1913 年提出了另一屈服准则，即当

$$I'_2 = C \qquad\qquad (2-18)$$

时材料就进入屈服，其中 C 为常数。根据弹性变形改变能密度 $U_{eD} = \dfrac{1}{2G}I'_2$，推断这一屈服准则具有与前者不同的物理意义，它表征弹性形状改变能密度达到某临界值才能进入塑性变形。

常数 C 由实验确定。单拉时，$\sigma_1 = \sigma_s, \sigma_2 = \sigma_3 = 0$，代入式（2-18）有 $C = \sigma_s^2/3$；薄壁管纯扭时，$\sigma_1 = -\sigma_3 = k, \sigma_2 = 0$，代入式（2-18），有 $C = k^2$，所以 Von Mises 塑性条件可表示成

$$\sigma_e = \sigma_s = \sqrt{3}k \qquad\qquad (2-19)$$

将常数 C 代入式（2-18）因此，Von Mises 屈服准则表达式为 $(\sigma_1 - \sigma_2)^2 + (\sigma_2 - \sigma_3)^2 + (\sigma_3 - \sigma_1)^2 = 2\sigma_s^2 (= 6k^2)$。

在主应力空间中，Von Mises 屈服准则为一圆柱面。在 π 平面上，Von Mises 屈服准则为一个圆。在平面应力状态下为一椭圆曲面，同时 Mises 圆为 Tresca 六边形的外接圆（见图 2-2）。

若用单拉实验确定常数，两种屈服准则此时重合，则 Tresca 六边形将内接于 Mises 圆，并有

$$\left.\begin{array}{l} \sigma_e = \sigma_s，对 Mises \\ \tau_{\max} = \sigma_s/2，对 Tresca \end{array}\right\} \qquad (2-20)$$

若用纯剪实验确定常数，两种屈服准则此时也重合，则 Tresca 六边形将外接于 Mises 圆，并有

$$\left.\begin{array}{l} \sigma_e = \sqrt{3}k，对 Von Mises \\ \tau_{\max} = k，对 Tresca \end{array}\right\} \qquad (2-21)$$

在材料力学中，Von Mises 屈服条件对应着第四强度理论。

2.3.4　两种屈服条件的实验验证

以上两种屈服条件最主要的差别在于中间主应力是否有影响。以下两个实验结果均表明 Von Mises 条件比 Tresca 条件更接近于实际。

Lode 在 1925 年分别对铁、铜和镍薄壁圆筒进行拉伸与内压力联合加载实验，这为平面应变状态，用 Lode 参数 μ_σ 来反映中间主应力的影响，即

$$\mu_\sigma = \frac{(\sigma_2 - \sigma_3) - (\sigma_1 - \sigma_2)}{\sigma_1 - \sigma_3} \tag{2-22}$$

设纵坐标为 $(\sigma_1 - \sigma_3)/\sigma_s$，横坐标为 μ_σ，其变化范围为 $-1 \leqslant \mu_\sigma \leqslant 1$。单向拉伸时实验结果见图 2-3，其中直线 1 代表 Tresca 屈服准则；曲线 2 代表 Von Mises 屈服准则，可见 Von Mises 更接近实验结果。

图 2-3 可以看出，平面应力状态下（$\mu_\sigma = 0$ 时），两种屈服条件相差最大，为 15.5%。

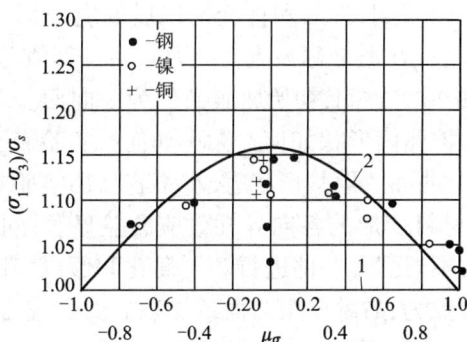

图 2-3　Lode 实验结果

1—按 $\dfrac{\sigma_1 - \sigma_3}{\sigma_s} = 1.0$；$2$—按 $\dfrac{\sigma_1 - \sigma_3}{\sigma_s} = \dfrac{2}{\sqrt{3 + \mu_\sigma^2}}$

Taylor-Quinney 在 1931 年分别对铜、铝、软钢做成的薄壁圆筒施加联合拉扭应力进行实验。该平面应力状态下的两个屈服条件的表达式分别为

$$\left. \begin{array}{l} \left(\dfrac{\sigma_x}{\sigma_s}\right)^2 + 4\left(\dfrac{\tau_{xy}}{\sigma_s}\right)^2 = 1 \quad \text{Tresca} \\[3mm] \left(\dfrac{\sigma_x}{\sigma_s}\right)^2 + 3\left(\dfrac{\tau_{xy}}{\sigma_s}\right)^2 = 1 \quad \text{Von Mises} \end{array} \right\}$$

比较理论曲线与实验结果（图 2-4）也可看出 Von Mises 屈服条件更接近实验点。对金属材料而言，实验点多数处在这两个屈服条件所包围的范围之内。

(a)

(b)

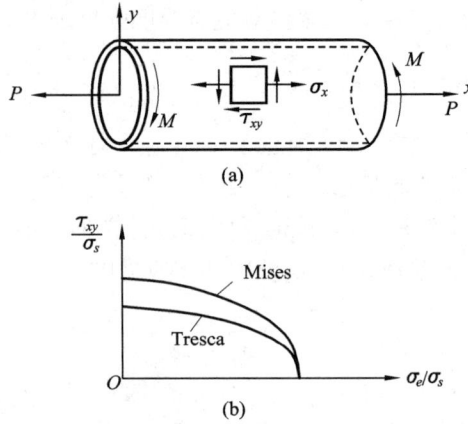

图2-4　屈服条件验证——拉扭试验

2.3.5　硬化材料的屈服条件

从单向拉伸曲线可以看到,进入塑性变形以后的应力都可以视作屈服极限,称作后继屈服极限,以 σ_T 表示(通常称为流变应力),而且其值总是大于初始屈服极限 σ_s。如前所述,对于三维应力空间,初始屈服条件为一曲面。对于硬化材料,是否也可类推出后继屈服面?该曲面形状如何?大小如何?实验表明,硬化材料确实存在后继屈服曲面,也称加载曲面。但其形状、大小不容易用实验方法完全确定,尤其是随着塑性变形的增长,材料变形的各向异性效应愈益显著,问题变得更为复杂。因此,为了便于应用,不得不对强化条件进行若干简化和假设,其中最简单的模型为等向强化模型。该模型要点为:后继屈服曲面或加载曲面在应力空间中曲面形状在各方向上同比扩张,且中心位置不变。在 π 平面上,加载曲面变为曲线,它与初始屈服曲线相似。等向强化模型忽略了由于塑性变形引起的各向异性对屈服曲线形状的影响。在变形量不大,应力偏量之间相互比例改变不大时,结果比较符合实际。因此,在 π 平面上,Tresca 准则的加载曲线为一系列的同心六边形,Von Mises 准则的加载曲线是一系列的同心圆。

若初始屈服曲面为 $f(\sigma_{ij},\sigma_s)=0$,则等向强化的加载曲面应为 $f(\sigma_{ij},\sigma_T)=0$,其中 σ_T

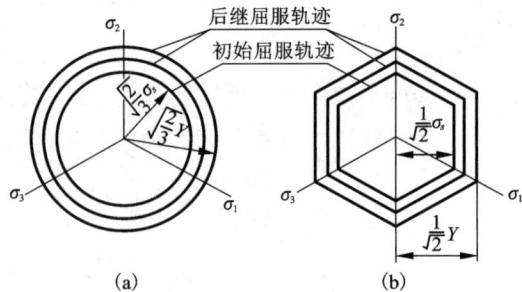

(a)　　　　　　(b)

图2-5　π平面上材料等强硬化模型

(a) Von Mises 屈服准则;(b) Tresca 屈服准则

$=\sigma_T(\varepsilon_{ij}^p)$ 为流变应力。也就是将初始屈服极限 σ_s 用流变应力 σ_T 来置换即可(见图 2 – 5)。

当塑性变形很大时,特别是应力有反复变化时,包辛格效应对加载曲面形状的影响不可忽略,这时须采用中心点有所偏离的随动强化模型。

2.3.6　可压缩材料(粉体材料)屈服准则

可压缩材料(如粉体材料)由于体内含有一定孔隙,在变形过程中,其密度将发生变化,因此,屈服准则除考虑应力状态的因素外,还需考虑相对密度的因素,可表示成

$$f(\sigma_{ij},\rho) = C$$

式中,C——材料系数。

由于屈服准则与坐标系选择无关,因此,可用主应力分量表示,即

$$f(\sigma_1,\sigma_2,\sigma_3,\rho) = C$$

假设可压缩材料的拉伸、压缩试验性能相同。参考致密材料的屈服准则,可压缩材料屈服准则仍可不计奇函数——应力张量第三不变量的影响,即用应变不变量可表达成

$$f(I_1,I_2',\rho) = C$$

材料压缩过程横向流动是塑性成形的重要特征,横向流动用泊松比 μ 度量。致密材料的塑性变形遵循体积不变条件,其泊松比 $\mu = 0.5$,并且在塑性变形过程保持不变。而塑性变形过程中可压缩材料的密度逐渐增大,塑性变形将消耗部分能量以减少可压缩体的孔隙。因此与致密体相比,可压缩体具有较小的横向流动,其泊松比 $\mu < 0.5$,并且在整个塑性变形过程 μ 值均在变化。因此,较小的横向流动是可压缩材料塑性加工突出的变形特征。

根据上述分析,认定可压缩材料的塑性屈服准则不但要考虑应力偏量第二不变量 I_2' 的影响,而且必须考虑应力张量第一不变量 I_1 和材料密度的影响,即表达成

$$f(I_1,I_2',\rho) = \sqrt{(a_1 I_2' + a_2 I_1^2)} = \sigma_e(\sigma_T) \qquad (2-23)$$

式中,a_1, a_2——泊松比与相对密度影响系数,

σ_T——可压缩同质材料的流变(屈服)应力或同质实体材料的等效应力 σ_e。

可见,当相对密度等于 1,泊松比 $\mu = 0.5$ 时,可根据该边界条件

$$\sigma_2 = \sigma_3 = 0,\rightarrow \sigma_e = \sigma_1$$

$$\sigma_2 = \sigma_3 = 0,\rightarrow \frac{d\varepsilon_3}{d\varepsilon_1} = \mu$$

确定 a_1, a_2 两参数分别为

$$a_1 = 2(1+2\mu),a_2 = \frac{1-2\mu}{3}$$

Kuhn-downey(库恩－道尼)将上述两参数代入式(2－23),经整理后得可压缩材料的库恩屈服准则为

$$\frac{1}{3}(1+\mu)[(\sigma_1-\sigma_2)^2+(\sigma_2-\sigma_3)^2+(\sigma_3-\sigma_1)^2]+\frac{1}{3}(1-2\mu)(\sigma_1+\sigma_2+\sigma_3)^2$$
$$=\sigma_e^2(\sigma_T^2)$$

上式与米塞斯(Von Mises)屈服准则十分相似,它揭示了泊松比对可压缩材料屈服的重要影响。

在主应力空间,该屈服准则为以等倾线 σ_m 为旋转轴的回转椭球面。

2.3.7 各向异性材料的屈服准则

金属材料的各向异性对于一般的锻造、挤压和拉拔等金属成形加工的影响虽不重要,但是对于薄板成形的影响却是不容忽视的。因此各向异性材料的屈服准则受到了应有的重视。

这里简要介绍希尔(Hill)提出的考虑正交各向异性的屈服准则,也就是说在任何一点上三个垂直的平面交线被视作为各向异性主轴。当不考虑包申格效应,希尔提出用应力张量 σ_{ij} 的分量来表示各向异性材料的屈服准则:

$$2f(\sigma_{ij})=F(\sigma_x-\sigma_y)^2+G(\sigma_y-\sigma_z)^2+H(\sigma_z-\sigma_x)^2+2L\tau_{yz}^2+2M\tau_{zx}^2+N\tau_{xy}^2=1$$

(a)

式中,F、G、H、L、M 和 N 分别表示各方异性状态的瞬时参数,这些参数可通过多向取样拉伸试验确定。

假设各向异性主轴方向上的拉伸应力分别是 X、Y 和 Z。则可以用下列方式表示屈服应力的参数 F、G 和 H:

$$\frac{1}{X^2}=G+H,\frac{1}{Y^2}=H+F,\frac{1}{Z^2}=F+G,$$
$$2F=\frac{1}{Y^2}+\frac{1}{Z^2}-\frac{1}{X^2},$$
$$2G=\frac{1}{Z^2}+\frac{1}{X^2}-\frac{1}{Y^2},$$
$$2H=\frac{1}{X^2}+\frac{1}{Y^2}-\frac{1}{Z^2}$$

(b)

对于 Z 轴回转对称各向异性的条件下,等同 XY 平面内的各向异性。于是上述方程中的系数必须是不变量,则可表示为

$$N=F+2H=G+2H\quad\text{和}\quad L=M$$

(c)

对于完全球对称,即完全各向同性,则

$$L=M=N=3F=3G=3H$$

(d)

如果把上述参数的特殊值代入上式中,则它与 *Mises* 屈服准则完全一致。

$$(\sigma_y - \sigma_z)^2 + (\sigma_z - \sigma_x)^2 + (\sigma_x - \sigma_y)^2 + 6(\tau_{yz}^2 + \tau_{zx}^2 + \tau_{xy}^2) = 6k^2 = \frac{1}{F} \qquad (e)$$

2.4 塑性变形的应力 - 应变关系

2.4.1 加载与卸载准则

从单拉实验可以看到,进入塑性变形以后,加载则有新的塑性变形产生,卸载的 $\sigma - \varepsilon$ 关系为弹性关系,那么复杂应力状态下的加载与卸载又怎样表示? 可以采用等效应力、加载曲面加以阐述(图 2 - 6)。

若 $\sigma_e \mathrm{d}\sigma_e > 0$,应力点保持在加载曲面上变动,称作加载。此时有新的塑性变形发生,$\sigma - \varepsilon$ 关系为塑性的。对于理想塑性材料(塑性变形过程中无应变硬化),这一条件不成立;若 $\sigma_e \mathrm{d}\sigma_e < 0$,应力点向加载曲面内侧变动,称作卸载,不会产生新的塑性变形,$\sigma - \varepsilon$ 关系为弹性关系;若 $\sigma_e \mathrm{d}\sigma_e = 0$,应力点在原有屈服曲面上变动,对于强化材料而言为中性变载,没有新的塑性变形,$\sigma - \varepsilon$ 关系为弹性关系。对于理想塑性材料仍为加载过程。如果以 $f(\sigma_{ij}) = 0$ 表示屈服曲面,则可以把上述加载与卸载准则用屈服曲面形式来表示。

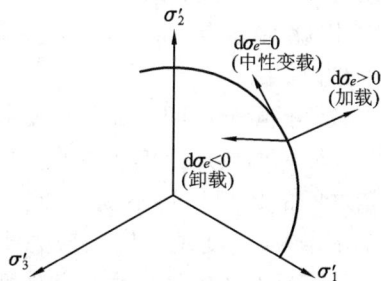

图 2 - 6 π平面上的加载准则

$$\left.\begin{array}{l} f(\sigma_{ij}) < 0 \quad 弹性状态 \\[2mm] f(\sigma_{ij}) = 0, \mathrm{d}f = \dfrac{\partial f}{\partial \sigma_{ij}} \mathrm{d}\sigma_{ij} > 0 \\[2mm] \qquad 强化材料加载,理想材料不成立 \\[2mm] f(\sigma_{ij}) = 0, \mathrm{d}f = \dfrac{\partial f}{\partial \sigma_{ij}} \mathrm{d}\sigma_{ij} = 0 \\[2mm] \qquad 强化材料变载,理想材料加载 \\[2mm] f(\sigma_{ij}) = 0, \mathrm{d}f = \dfrac{\partial f}{\partial \sigma_{ij}} d\sigma_{ij} < 0 \quad 卸载 \end{array}\right\} \qquad (2-24)$$

对于 Tresca 屈服准则等加载曲面棱角处出现奇异,上述关系式较复杂,不另作介绍。

2.4.2 加载路径与加载历史

从单拉实验可以看到,屈服后加载才有新的塑性变形发生。但是一般情况下该怎样加载? 是一直加载还是加载、卸载、再加载? 这里存在一个路径问题,也即应力点在应力空间或 π 平面变动的轨迹问题。不同的加载路径或者不同的历程会产生不同的塑性变形。以金属薄壁管拉扭复合加载为例。设其屈服面为图 2-7 所示。路径 1 为 $OACE$,先拉伸至 C 点,然后扭矩逐步增大,拉力逐步减小,使应力点沿 CE 变载至 E 点,因为 CE 段处在加载曲面上,是中性变载过程,没有新的塑性变形产生,这时总的塑性应变形仍为 (ε_C^P)。路径 2 为 OFE,从原点加载路经 F 点到达 E 点,塑性应变为 $(\varepsilon_E^P, \gamma_E^P)$。尽管路径 1 与路径 2 的最终应力状态相同,但产生的塑性应变却不同。可见,加载路径对塑性应变的影响极大,因此,欲求 $\sigma - \varepsilon$ 关系,就必须弄清是哪条路径下的 $\sigma - \varepsilon$ 关系。

加载路径可分成简单加载和复杂加载两大类。简单加载是指单元体的应力张量各分量之间的比值保持不变,按同一比例参量单调增长,应变主方向与应力主方向重合。不满足上述条件的为复杂加载。很明显,简单加载(比例加载)路径在应力空间中为一直线,如图2-7中的 OFE。

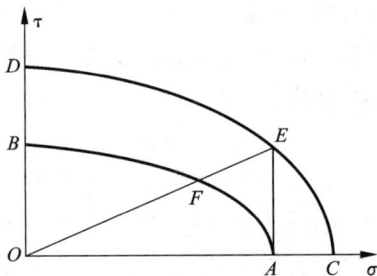

图 2-7 不同路径下的变形

2.4.3 增量理论(流动理论)

Saint Venant 早在 1870 年提出,在一般加载条件下应力主轴和应变增量主轴相重合,而不是与全应变主轴相重合的见解,并发表了应力-应变速度(塑性流动)方程。M. Levy 于 1871 年提出了应力-应变增量关系,1913 年 Mises 独立地提出了与 Levy 相同的方程,称之为 Levy-Mises 方程(增量理论)。它适用于服从 Mises 塑性条件的理想刚塑性体。L. Prandtl 于 1924 年提出了平面应变问题的理想弹塑性体的增量理论,并由 A. Reuss 推广至一般应力状态,称之为 Prandtl-Reuss 方程。现在两个增量理论已推广至硬化材料。

1. Levy-Mises 增量理论

Levy-Mises 增量理论包括以下假设:

(1)材料是刚塑性体。

(2)材料符合 Mises 塑性条件 $\sigma_e = \sigma_T$。

(3)塑性变形时体积不变。

（4）塑性应变增量主轴与偏应力主轴相重合。

（5）$d\varepsilon_{ij}^p = \sigma'_{ij}d\lambda$（上标 p 表示塑性变形，plastic deformation 为简化。常省略），式中，$d\lambda$ 为瞬时非负比例系数，它在加载过程中是变化的。　　　　　（2−25）

式（2−25）采用主应力和主应变增量形式时，成为，

$$\frac{d\varepsilon_1}{d\sigma'_1} = \frac{d\varepsilon_2}{d\sigma'_2} = \frac{d\varepsilon_3}{d\sigma'_3} = d\lambda$$

借用比例的等差定律，上式将成为

$$\frac{d\varepsilon_1 - d\varepsilon_2}{d\sigma'_1 - d\sigma'_2} = \frac{d\varepsilon_2 - d\varepsilon_3}{d\sigma'_2 - d\sigma'_3} = \frac{d\varepsilon_3 - d\varepsilon_1}{d\sigma'_3 - d\sigma'_1} = d\lambda$$

上式分母中的平均应力相抵消后，变成

$$\frac{d\varepsilon_1 - d\varepsilon_2}{d\sigma_1 - d\sigma_2} = \frac{d\varepsilon_2 - d\varepsilon_3}{d\sigma_2 - d\sigma_3} = \frac{d\varepsilon_3 - d\varepsilon_1}{d\sigma_3 - d\sigma_1} = d\lambda$$

列出上式的三个独立算式，各式平方相加，由等效应力和等效应变关系式，整理后得

$$d\lambda = \frac{3d\varepsilon_e}{2\sigma_e} \qquad (2−26)$$

结合（2−25）式，可得出类似广义 Hooke 定律式的塑性变形的应力应变关系式

$$\left.
\begin{aligned}
d\varepsilon_x &= \frac{1}{E'}\left(\sigma_x - \frac{1}{2}(\sigma_y + \sigma_z)\right) \\
d\varepsilon_y &= \frac{1}{E'}\left(\sigma_y - \frac{1}{2}(\sigma_z + \sigma_x)\right) \\
d\varepsilon_z &= \frac{1}{E'}\left(\sigma_z - \frac{1}{2}(\sigma_x + \sigma_y)\right) \\
d\varepsilon_{xy} &= \frac{1}{2G'}\tau_{xy} \\
d\varepsilon_{yz} &= \frac{1}{2G'}\tau_{yz} \\
d\varepsilon_{zx} &= \frac{1}{2G'}\tau_{zx}
\end{aligned}
\right\} \qquad (2−27)$$

上式中 $E' = \dfrac{\sigma_e}{d\varepsilon_e}$，$G' = \dfrac{1}{3}\dfrac{\sigma_e}{d\varepsilon_e}$，塑性变形过程的两瞬时模量参数。

应当指出的是，Levy-Mises 增量理论对于理想材料而言，若已知 σ_{ij} 只能求出 $d\varepsilon_{ij}$ 之间的比值，而无法确定其具体数值。若已知 $d\varepsilon_{ij}$，只能求出 σ'_{ij}，而无法求出 σ_{ij}。对于硬化材料，若已知 σ_{ij}，要求出 $d\varepsilon_{ij}$，则必须预先给定 $d\sigma_{ij}$；若已知 $d\varepsilon_{ij}$，在给出了 ε_{ij} 的条件下，也只能求出 σ'_{ij}。

2. 应力应变速度关系方程（Saint-Venant 塑性流动理论）

假设条件几乎与 Levy-Mises 增量理论相同，有

$$\dot{\varepsilon}_{ij} = \dot{\lambda}\,\sigma'_{ij} \qquad (2-28)$$

其中 $\dot{\lambda} = \dfrac{3}{2}\dfrac{\dot{\varepsilon}_e}{\sigma_e}$。同样也可写广义 Hooke 定律的类似形式。由于式（2-28）和粘性流体的牛顿公式相似，故称为塑性流动方程。Levy-Mises 方程实际上是塑性流动方程的增量形式。若不考虑应变速度对材料性能的影响，二者是一致的。对于变形抗力受变形速度影响较大的变形问题，如热锻等，采用 Saint-Venant 塑性流动理论就相当方便。

3. Prandtl-Reuss 增量理论

在 Levy-Mises 增量理论基础上考虑了弹性变形的影响，得出了 Prandtl-Reuss 增量理论，其中弹性部分同弹性广义 Hooke 定律。

$$\mathrm{d}\varepsilon_{ij}^{P} + \mathrm{d}\varepsilon_{ij}^{e} = \mathrm{d}\varepsilon_{ij}^{P} + \mathrm{d}\varepsilon_{ij}^{e'} + \mathrm{d}\varepsilon_{m}^{e}\delta_{ij}$$

$$= \mathrm{d}\lambda\sigma'_{ij} + \frac{1}{2G}\mathrm{d}\sigma'_{ij} + \frac{1-2\mu}{E}\mathrm{d}\sigma_{m}\delta_{ij} \qquad (2-29)$$

上式中 G、E 分别为弹性剪切模量和弹性模量，$\mathrm{d}\lambda$ 为瞬时非负比例系数。

分析上式可知，若已知 $\mathrm{d}\varepsilon_{ij}$ 和 ε_{ij}，不论材料是理想的还是硬化的，σ_{ij} 均可以确定。反过来，若已知 σ_{ij}，对理想材料而言，仍不能求出 $\mathrm{d}\varepsilon_{ij}$；对硬化材料而言，则可给出 $\mathrm{d}\varepsilon_{ij}$。

2.4.4　增量理论的实验验证

增量理论的实验验证目的，在于证明 Levy-Mises 方程与 Prandtl-Reuss 方程关于应变增量与应力偏量成比例假设的正确性。W. Lode 引入了塑性应变 Lode 参数 $\mu_{\mathrm{d}\varepsilon^{P}}$：

$$\mu_{\mathrm{d}\varepsilon^{P}} = \frac{(\mathrm{d}\varepsilon_{1}^{P} - \mathrm{d}\varepsilon_{2}^{P}) - (\mathrm{d}\varepsilon_{2}^{P} - \mathrm{d}\varepsilon_{3}^{P})}{\mathrm{d}\varepsilon_{1}^{P} - \mathrm{d}\varepsilon_{3}^{P}} \qquad (2-30)$$

若增量理论是正确的，则应有 $\mu_{\sigma} = \mu_{\mathrm{d}\varepsilon^{P}}$。为此做了薄壁圆管受轴向拉伸与内压同时作用的实验。实验结果表明 $\mu_{\sigma} = \mu_{\mathrm{d}\varepsilon^{P}}$ 基本成立。理论与实验的差异可能是材料各向异性所致，也可能是与理论值有误差。1931 年 G. I. Taylor 与 H. Quinney 对铝、铜及软钢的薄壁管施加拉伸与扭转组合载荷实验，证明了 σ'_{ij} 与 $\mathrm{d}\varepsilon_{ij}^{P}$ 的主轴方向的误差不超过 2%，但 $|\mu_{\sigma}| > |\mu_{\mathrm{d}\varepsilon^{P}}|$。实验指出了与理论的偏差很小。

D. Pugh 于 1953 年提出薄壁管不具备各向同性。R. Hill 建议采用带缺口的条状试样来验证。此法能很好地控制各向异性的程度。B. B. Hundy 与 A. P. Green 于 1954 年用这种方法验证，结果与理论相符。

1976 年 Ohashi 又重新做了薄壁圆管拉扭实验，并考虑了管材的各向异性影响。实验结果肯定 $\mu_{\sigma} = \mu_{\mathrm{d}\varepsilon^{P}}$ 的关系仍符合。

2.4.5　全量理论(形变理论)

若已知应变变化历史,即知道了加载路径,则沿这个路径可以积分得出应力与应变全量之间的关系,建立全量理论或形变理论,尤其是简单加载条件下,把增量理论中的增量符号"d"取消即可。

在简单加载条件不成立的情况下全量理论照理是不能使用的。但由于全量理论解题的方便性,即便在简单加载条件不成立的情况下,也经常使用全量理论求解。最令人奇怪的是像板材的塑性失稳问题,在失稳时刻,应力分量之间的比例变化激烈,但实验结果却能接近全量理论的计算结果。这就使人们估计全量理论的适应范围比简单加载宽得多,因此,提出了所谓偏离简单加载问题,探讨应力路径可以偏离简单加载路径多远而仍能应用全量理论的问题。至于为什么在失稳问题中全量理论计算结果比增量理论好,目前仍在研究中。

2.4.6　"塑性势"与流动法则

为弄明塑性应变增量各分量相互间的一般关系,E. Melon 于 1938 年类比弹性势的式(2-11),弹性应变分量可通过弹性势函数对应力分量求偏导的方法,提出了"塑性势"概念。它为应力张量 σ_{ij} 的一标量函数,如 $G(\sigma_{ij})$。根据该函数,塑性应变增量分量 $d\varepsilon_{ij}^{P}$ 可通过 $G(\sigma_{ij})$ 对应力分量 σ_{ij} 的偏导数求出,其数学表达式为:

$$d\varepsilon_{ij}^{P} = d\lambda \frac{\partial G}{\partial \sigma_{ij}} \qquad (2-31)$$

此处 G 为"塑性势",$d\lambda$ 为一种非负系数。G 应是一个怎样的函数? 它与屈服表面有何关系? 这里先考察一下 Drucker 强化公设。表述如下:

设在外力作用下处于平衡状态的材料单元体上,施加某种附加外力,使单元体的应力加载,然后移去附加外力,使单元体的应力卸载到原来的应力状态(图 2-8)。

设在 $t=0$ 时,原来的平衡应力状态为 σ_{ij}^{0}(图 2-8 中点 A_0),它可位于加载曲面之内或者之上;当 $t=t_1$ 时,应力点正好开始到达加载曲面上(A 点),此后即为加载过程直到 $t=t_2$(t_2

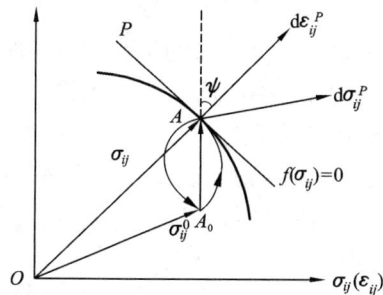

图 2-8　Drucker 公设导出示意图

$>t_1$)。然后卸去附加应力(卸载),直到应力状态又回复到 σ_{ij}^{0},设相应的时刻为 $t=t_3$(回到点 A_0)。由于弹性变形可逆,所以在上述循环过程中,弹性应变能的变化为零。塑性应变只在加载过程($t_1 \leqslant t_2 \leqslant t_3$)消耗功,于是在应力增量的施加和卸去循环过程

中,附加外力所做的功 A 应大于或等于零。即

$$A = \int_{t_1}^{t} (\sigma_{ij} - \sigma_{ij}^0) \mathrm{d}\varepsilon_{ij}^P \mathrm{d}t \geqslant 0 \qquad (2-32)$$

上式为 Drucker 公设的数学表达式,也是最大塑性功耗原理。Drucker 证明了若式(2-32)成立,则材料在变形过程中是稳定的。

若式(2-32)成立,则可以证明加载曲面必须是外凸的(包括平的),而且应变增量 $\mathrm{d}\varepsilon_{ij}^P$ 的方向与加载曲面的外法线方向相重合,于是有

$$\mathrm{d}\varepsilon_{ij}^P = \mathrm{d}\lambda \frac{\partial f}{\partial \sigma_{ij}} \qquad (2-33)$$

$\mathrm{d}\lambda$ 为一正比例系数,f 为屈服函数。比较式(2-31)与式(2-33)必然得出 $G = f$。一般通过 $G = f$ 可建立任意屈服准则下的塑性本构关系,称为与加载曲面相关连的流动法则。将 Mises 屈服条件代入式(2-33),就可得出 Levy-Mises 增量理论。

可见所谓"塑性势"是确定塑性变形应变增量各分量间比值的标值函数。因此运用"塑性势"能确定一般塑性条件下的流动规律。

2.5　塑性变形的应力 - 应变关系曲线

对于理想塑性材料,屈服应力为定值 σ_s,但一般材料进入塑性变形状态后,继续变形时,会发生硬化,则屈服应力随后将不断增加,叫做后继屈服应力,用 σ_T 表示,它包括初始屈服应力和后继屈服应力。一般用流变应力泛指后继屈服应力。它是确定金属塑性变形抗力(即金属抵抗外力作用,而保持其整体性的力学指标)的基础。

由增量理论知,研究塑性变形的应力 - 应变关系时,必须根据实验确定材料的等效应力 - 等效应变关系,即函数 $\sigma_e = f(\mathrm{d}\varepsilon_e)$ 曲线,才能确定系数 $\mathrm{d}\lambda = \dfrac{3}{2}\dfrac{\mathrm{d}\varepsilon_e}{\sigma_e}$ 的数值。而函数 $\sigma_e = f(\mathrm{d}\varepsilon_e)$ 的关系与材料性质和变形条件有关,而与应力状态无关。例如,从理论上讲,单向均匀拉伸、压缩或纯剪切等实验结果确定的等效应力 - 等效应变函数曲线应具普遍意义。但实际上,由于具体单向拉伸实验过程受到不稳定变形(如缩颈),单向压缩实验受到外摩擦等的影响和干扰,不同的实验结果,将得出不一致的 $\sigma_e = f(\mathrm{d}\varepsilon_e)$ 曲线。因此,需根据变形类型选择相适应的 $\sigma_e = f(\mathrm{d}\varepsilon_e)$ 曲线,以确定具体变形过程的 $\mathrm{d}\lambda$ 值。

2.5.1　等效应力应变曲线

不同的应力状态,会有不同的 $\sigma_e = f(\mathrm{d}\varepsilon_e)$ 曲线。单向拉伸曲线已在前面叙述过,在此对单向压缩、平面应变压缩、双向等拉与扭转试验曲线加以简要介绍。

1. 单向压缩

单向拉伸试验的塑性应变的均匀变形阶段总是有限。为此采用单向压缩试验测定 $\sigma_e = f(\mathrm{d}\varepsilon_e)$ 曲线。单压时应尽量减少接触界面上摩擦的干扰与影响。

现代压缩试验广泛采用热力压缩试验进行测试,先进的 MMS 系列热压缩实验机可自动将压缩数据处理成真实应力 – 应变曲线。测定单压 σ –

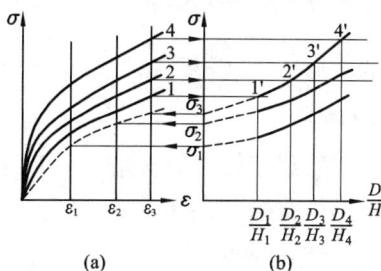

图 2 – 9　压缩 σ – ε 曲线与摩擦影响

ε 曲线时,试样的直径/高度一般为 1。在压缩试样两端面开凹槽以存贮润滑剂减小接触摩擦,使试验过程接近均匀压缩。每次压缩量为试样高度的 10%。记录载荷和测量高度,然后加润滑剂再压。若出现明显鼓形,将试样进行车削,消除侧鼓,并使直径/高度仍为 1。这样一直压缩至要求的变形程度为止。利用随机软件对数据进行处理、并绘制成真实 σ – ε 曲线,如图 2 – 9(a)所示。显然外摩擦明显影响了 σ – ε 曲线。由实验结果:D/H 愈大,σ – ε 曲线愈高,从而可以推知当 $D/H \to 0$ 时,认为外摩擦影响越小,几乎接近为零,以此作为修正接触摩擦对应力应变曲线的干扰与影响的依据。

因此,一般用外推法可以得到消除摩擦影响的 σ – ε 曲线。用不同 D/H 试样进行压缩试验,记录 $P \sim \Delta H$ 曲线,可得到不同 D/H 的 σ – ε 曲线,如图 2 – 9(b)所示。然后根据图 2 – 9(a)可得到一定变形程度下的 $\sigma \sim D/H$ 曲线[图 2 – 9(b)]。将图中各曲线延伸到与 σ 轴相交,就可得到一定变形程度下 $D/H \to 0$ 时的应力,从而得到消除摩擦影响的 σ – ε 曲线。这一试验方法已得到广泛的应用。

2. 平面应变压缩

平面应变压缩实验示意见图 2 – 10。实验所用的工具是一对狭长的窄平锤。板条宽 W 应是锤头宽 b 的 6 ~ 10 倍。压缩时 2 轴方向上的宽展很小,可认为板条受压部分处于平面应变状态($\varepsilon_2 = 0$)。板厚可取 $\dfrac{b}{4} \sim \dfrac{b}{2}$。实验步骤:润滑砧面与板条,压缩时每压缩高度的 2% ~ 5%记录一次压力并测量板厚 t;重新润滑,直到压缩至所需变形量为止;最后绘制 σ – ε 曲线。

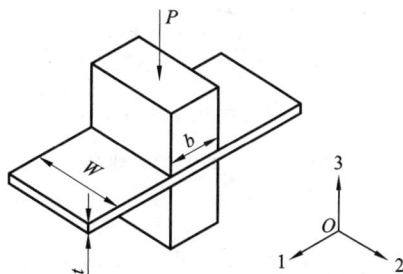

图 2 – 10　平面应变压缩

因为锤头窄，又有良好的润滑，可以认为 1 轴方向的主应力 $\sigma_1 \approx 0$，并设锤头下压的压应力 σ_3，根据屈服准则可得到 $\sigma_3 = 2k = \dfrac{2}{\sqrt{3}}\sigma_T$（令其等于 k_f），k_f 称为平面应力状态下的变形抗力，压下率则为 $\varepsilon_3 = \ln(H_0/H)$，由此可得 $K_f \sim \varepsilon_3$ 曲线。

3. 扭转实验

将薄壁管材扭转时的转角与载荷的关系转换成切应力与切应变之关系，可以在大应变范围内获得 $k \sim \gamma$ 曲线。

4. 双向等拉实验

将一块圆形板四周固定，然后在内部充液压进行胀形，如图 2-11 所示。根据图 2-12 所示单元体的力平衡条件，可得

$$pp\mathrm{d}\theta\mathrm{d}\varphi - 2\sigma_\theta\rho\mathrm{d}\varphi t\sin\frac{\mathrm{d}\theta}{2} - 2\sigma_\varphi\rho\mathrm{d}\theta t\sin\frac{\mathrm{d}\varphi}{2} = 0 \qquad (2-34)$$

式中 p 为内压，σ_θ，σ_φ 为"经线"、"纬线"上的正应力，t 为板厚。

由于对称性，$\sigma_\theta = \sigma_\varphi$，$\mathrm{d}\theta = \mathrm{d}\varphi$，$\sin\dfrac{\mathrm{d}\varphi}{2} \approx \dfrac{\mathrm{d}\varphi}{2}$，因此上式变成

$$\sigma_\theta = \sigma_\varphi = \frac{p\rho}{2t} \qquad (2-35)$$

由于球对称，有 $\varepsilon_\theta = \varepsilon_\varphi$，根据体积不变，有

$$\varepsilon_t = -2\varepsilon_\theta = -2\varepsilon_\varphi = \ln(t/t_0) \qquad (2-36)$$

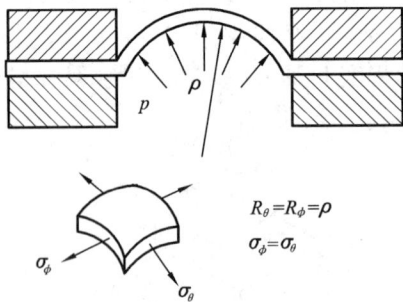

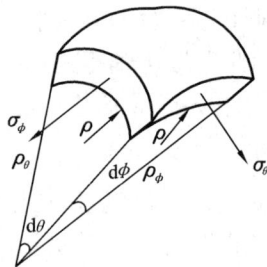

图 2-11 双向等拉模型   图 2-12 双向等拉球面微元体受力状态

胀形时，应力状态为双向等拉（$\sigma_\theta = \sigma_\varphi$，$\sigma_t = 0$）。由于球张量对塑性变形没有影响，因此在实际应力状态上叠加一个应力值为 σ_0 的球应力（$\sigma_0 = -\sigma_\theta$），对胀形无影响。叠加后的结果为 $\sigma_\theta = \sigma_\varphi = 0$，$\sigma_t = \sigma_0$，这种应力状态相当于单向压缩试验，即无颈缩又无摩擦。因此其应变量远超过单向受力状态的应变量。

2.5.2 等效应力 σ_e 与等效应变 ε_e 曲线和数学模型

每一种应力状态,都会有其特有的 $\sigma - \varepsilon$ 曲线。如何更准确地反映材料的 $\sigma - \varepsilon$ 曲线? 或者说如何使不同应力状态下的 $\sigma - \varepsilon$ 曲线具备可比性? 等效应力应变曲线便能达到此目的。把各种应力状态下的 $\sigma - \varepsilon$ 曲线折算成 $\sigma_e - \varepsilon_e$ 曲线后,使材料具有统一的应力应变曲线。理论上各种抗力曲线折算的 $\sigma_e - \varepsilon_e$ 曲线应当重合,但实际上是有偏差的。须综合各方面的大量实验数据,才能获得较准确的 $\sigma_e - \varepsilon_e$ 曲线。

根据不同的 $\sigma_e - \varepsilon_e$ 曲线,可以划分为以下若干种类型:

(1)幂函数强化模型

该模型特点为弹塑性区域均用统一方程表示,即(见图 2 - 13):

$$\sigma_e = A\varepsilon_e^n$$

常应用于室温下的冷加工。

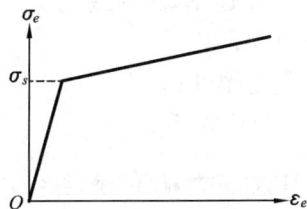

(2)线性强化弹塑性模型

该模型的弹塑性区域分开表示,即(见图 2 - 14):

$$\begin{cases} \sigma_e = E\varepsilon_e & \varepsilon \leqslant \sigma_s/E \\ \sigma_e = \sigma_s + D(\varepsilon - \sigma_s/E) & \varepsilon > \sigma_s/E \end{cases}$$

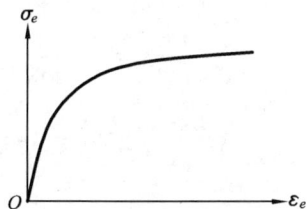

图 2 - 13　幂函数强化模型　　　　图 2 - 14　线性强化弹塑性模型

$\sigma_e - \varepsilon_e$ 呈线性关系,只是弹性、塑性之斜率有所差异,适合于考虑弹性问题的冷加工,如弯曲。

(3)线性强化刚塑性模型

与模型(2)相似,只是没有考虑弹性变形,即(图 2 - 15):

$$\sigma_e = D_e$$

适合于忽略弹性的冷加工。

(4)理想弹塑性模型

该模型的特点在于屈服后 σ_e 与 ε_e 无关,即(图 2 - 16):

$$\sigma_e = \sigma_s \quad (\varepsilon \geqslant \sigma_s/E)$$

表明塑性变形时软化与硬化相等。适合于热加工分析。

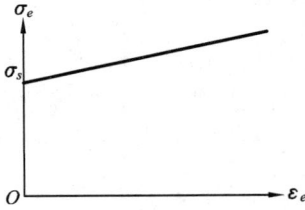

图 2 – 15   线性强化刚塑性模型

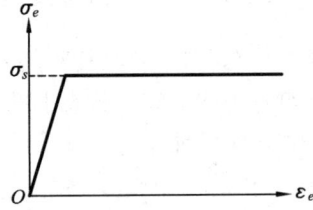

图 2 – 16   理想弹塑性模型

（5）理想刚塑性模型

特点与（4）相似，只是忽略了弹性，即（图 2 – 17）：

$$\sigma_e = \sigma_s$$

适合于不考虑弹性的热加工问题。

（6）一般的 $\sigma_e \sim \varepsilon_e$ 关系的数学模型：

$$\sigma_e = A\varepsilon_e^n \dot{\varepsilon}_e^m \mathrm{e}^{-bT}$$

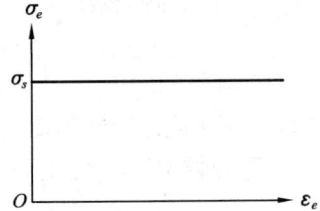

图 2 – 17   理想刚塑性模型

式中，n——加工硬化指数；

　　　m——应变速率敏感性系数；

　　　A——材料常数；

　　　T——绝对温度；

　　　b——温度影响系数。

2.5.3   等效应力 σ_e 的确定

在塑性加工力学的分析中，为简单起见，总是假设材料为理想塑性体，但实际材料总是有加工硬化。适当地考虑加工硬化，可以近似地应用理想塑性体的分析结果。

1. 稳态变形时等效应力

稳态变形特点是变形区大小、形状、应力与应变分布不随时间而变，如带材轧制、稳定挤压阶段、盘管拉拔等，但变形区内各点的应力与应变不一样，则 σ_e 的取法有以下两种：

（1）$\bar{\sigma}_e = (\sigma_{e_\text{入}} + \sigma_{e_\text{出}})/2$

（2）$\bar{\sigma}_e = \int_{\varepsilon_{e入}}^{\varepsilon_{e出}} \sigma_e \mathrm{d}\varepsilon_e \bigg/ \int_{\varepsilon_{e入}}^{\varepsilon_{e出}} \mathrm{d}\varepsilon_e$

经处理后，可以应用理想塑性体的分析结果。

2. 非稳态变形时等效应力

非稳态变形特点是变形区大小、形状、应力与应变分布随变形过程的进行随时变化,如圆柱坯的锻压过程,薄板拉深杯形件等。这需要视变形为均匀变形,得到平均等效应 $\bar{\varepsilon}_e$ 的值,然后查材料的 $\sigma_e \sim \varepsilon_e$ 曲线,找到与 $\bar{\varepsilon}_e$ 相对应的 σ_e 作为平均等效应力 $\bar{\sigma}_e$。这样就可以把问题当作理想塑性问题来处理。

思考题

1. 金属塑性变形有哪些基本特点?
2. 何谓屈服准则? 常用屈服准则有哪两种? 试比较它们的同异点。
3. 何谓加载准则、加载路径? 它们对于塑性变形的应力应变关系有何影响?
4. 塑性变形的应力应变关系为何要用增量理论?
5. 塑性变形的增量理论的主要论点有哪些? 常用塑性变形增量理论有哪两类? 试比较它们的同异点。
6. 何谓塑性势? 有何重要理论意义?
7. 何谓流变应力?
8. 何为应力应变曲线? 如何测定?
9. 材料模型的类别及其力学含意是什么?

习　题

1. 已知材料的真应力真应变曲线为 $\sigma = A\varepsilon^n$,A 为材料常数,n 为硬化指数。试问简单拉伸时该材料出现颈缩时的应变量为多少? 此时的真实应力与强度 σ_b 的关系怎样?

2. 若变形体屈服时的应力状态为:

$$\{\sigma_{ij}\} = \begin{pmatrix} -30 & \cdot & \cdot \\ 0 & 23 & \cdot \\ 0 & -3 & 15 \end{pmatrix} \times 10 \text{ MPa}$$

试分别按 Mises 和 Tresca 塑性条件计算该材料的屈服应力 σ_s 及 β 值,并分析差异大小。

3. 两端封闭的矩形薄壁管内充入压力为 p 的高压液体。若材料的屈服应力 σ_s =100 MPa,试按 Mises 塑性条件确定该管壁整个屈服时最小的 p 值为多少。(不考虑角上的影响,管材尺寸 $L \times B \times H$,壁厚 t)

4. 已知一外径为 ϕ30 mm,壁厚为 1.5 mm,长为 250 mm,两端封闭的金属薄壁管,受到轴向拉伸载荷 Q 和内压力 p 的复合作用,加载过程保持 $\sigma_f/\sigma_z = 1$。若该材料的 $\sigma_e = 1000(\varepsilon_e)^{1/3}$ MPa。试求当 $\sigma_z = 600$ MPa 时,(1)等效应变 ε_e;(2)管材尺寸;

(3)所需加的 Q 与 p 值大小。

5. 若薄壁管的 $\sigma_e = A + B\varepsilon_e$，按 OBE、OCE 和 OAE 三种路径进行拉、扭加载(见图 2-18)，试求三种路径到达 E 点的塑性应变量 ε_x^p，γ_{xy}^p 为多少?

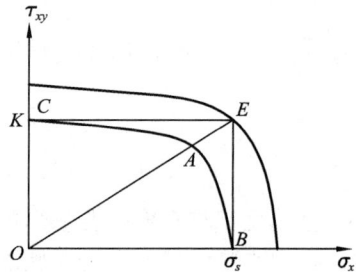

图 2-18(题 5 图)

6. 试证明单位体积的塑性应变能增量

$$\mathrm{d}A^p = \sigma_{ij}\mathrm{d}\varepsilon_{ij}^p = \sigma_e\mathrm{d}\varepsilon_e^p$$

7. 一薄壁圆管，平均半径为 R，壁厚为 t，承受内压力作用，讨论下列三种情形:(1)管的两端是自由的;(2)管的两端为固定的;(3)管的两端是封闭的。试问 p 多大时管子开始屈服? 屈服条件为 Mises 准则。

8. 如图 2-19 所示，一薄板液压胀形，液压为 p，球顶处的坐标网络由变形前的 $\phi 2.5$ mm 变至 $\phi 3.0$ mm，材料的应力应变曲线为 $\sigma_e = 1000\varepsilon_e^{1/3}$ MPa，变形前板厚为 1 mm，变形后曲率半径为 100 mm，求此时的胀形压力(提示: $\dfrac{p}{t} = \dfrac{\sigma_\theta}{R_\theta} + \dfrac{\sigma_\varphi}{R_\varphi}$)。

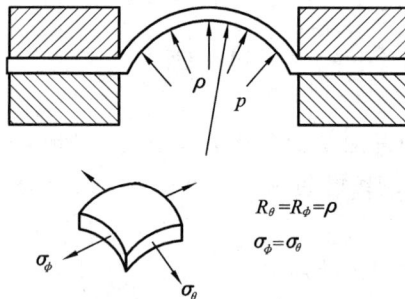

图 2-19(题 8 图)

第 3 章　金属塑性加工变形力的工程法

3.1　概述

金属塑性加工时,加工工具使金属产生塑性变形所需加的外力称为变形力。变形力是确定设备能力、正确设计工模具、合理拟订加工工艺规程和确定毛坯形状尺寸所必要的基本力学参数。

变形力是通过工作面施加到变形工件上的,如锻造、轧制和挤压等工具与工件的接触面,拉拔时塑性区与前端弹性区的分界面等。同时所求的变形力一般是工作面上工作应力在变形工具运动方向上投影值的总和。因此变形力 P 常表示成

$$P = \iint_S \sigma_n \cdot \mathrm{d}S = \bar{p} \cdot S \tag{3-1}$$

式中, σ_n —— 工作应力,一般它在工作面上是不均匀的,常用平均单位压力 $\bar{p}$ 表示;

　　S —— 工作面积。

由式(3-1)知,要确定变形力必须知道工作面上的面积和该面上的工作应力分布规律。

若工作面简单,其面积的计算是简单的,但一般情况下,工作面的形状往往复杂,这样就不容易计算。这时可利用"以工作面投影代替力的投影"法则。

图 3-2 为图 3-1 中锻模与锻坯接触表面的一部分,设 ab 曲线上的工作应力分布如图中的虚线所示。作用在面积单元 $\mathrm{d}S$ 上压力 $\mathrm{d}p$ 便为

$$\mathrm{d}p = \sigma_n \cdot \mathrm{d}S$$

该压力在锻锤运动方向上的投影值为

$$\mathrm{d}p_N = \mathrm{d}p\cos\alpha = \sigma_n \cdot \mathrm{d}S\cos\alpha \tag{3-2}$$

式中 α 为 $\mathrm{d}S$ 面元上的工作应力 σ_n 与锻模运动方向的夹角。而 $\mathrm{d}S \cdot \cos\alpha$ 正是该面元面积在工作应力作用方向垂直平面上的投影,即 $\mathrm{d}S_N = \mathrm{d}S \cdot \cos\alpha$

因此有 $\mathrm{d}p_N = \sigma_n \cdot \mathrm{d}S_N$

显然,整个模锻压力 P 为

$$P = \iint_{S_N} \sigma_n \cdot \mathrm{d}S_N = \bar{p} S_N \tag{3-3}$$

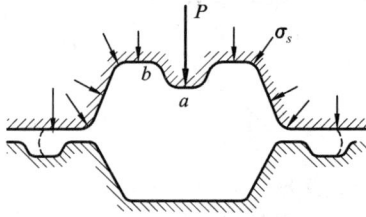

图 3-1　模锻时的接触面

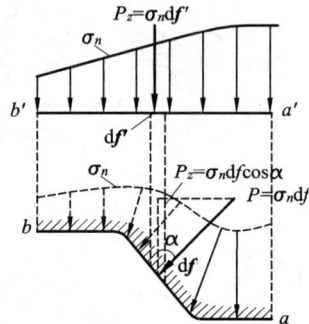

图 3-2　工作面投影代替力
的投影示意图

式(3-3)即为工作面投影代替力的投影法则的表达式。空间曲面上的工作应力 σ_n $=f(x,y,z)$ 所构成的总压力在变形工具运动方向上的投影值即变形力,等于工作应力 σ_n 移至工作曲面投影域上的积求和。这里所谓移置是将图 3-2 中 ab 曲面上的 σ_n 值原封不动地移至 $a'b'$ 上,而移置后的 σ_n 的方向与模锻运动方向是一致的。

采用"工作面投影代替力的投影"法则,不仅可以使变形力的计算简化,而且还可以将变形区形状较简单情况下导出的变形力计算公式推广到变形条件相似但变形区形状较复杂的情况中去。

3.2　工程法及其要点

工程法是最早应用于塑性加工中计算变形力的一种方法,通常又称为切块法(Slab method),或主应力法。它是一种近似解析法,通过对物体应力状态作一些简化假设,建立以主应力表示的简化平衡微分方程和塑性条件。这些简化和假设如下:

(1)把实际变形过程视具体情况的不同看做是平面应变问题和轴对称问题。如平板压缩、宽板轧制、圆柱体镦粗、棒材挤压和拉拔等。

(2)假设变形体内的应力分布是均匀的,仅是一个坐标的函数。这样就可获得近似的平衡微分方程,或直接在变形区内截取单元体,假定切面上的正应力为主应力且均匀分布,由此建立该单元体的平衡微分方程为常微分方程。

(3)采用近似的塑性条件。工程法把接触面上的正应力假定为主应力,于是对于平面应变问题,塑性条件 $(\sigma_x-\sigma_y)^2+4\tau_{xy}^2=4k^2$ 可简化为

$$\left.\begin{array}{l}\sigma_x-\sigma_y=2k\\\sigma_x-\sigma_y=0\end{array}\right\}\quad \text{或}\quad \mathrm{d}\sigma_x=\mathrm{d}\sigma_y \qquad (3-4)$$

对于轴对称问题,塑性条件$(\sigma_r - \sigma_z)^2 + 3\tau_{zr}^2 = \sigma_T^2$可简化为$d\sigma_r - d\sigma_z = 0$。

(4)简化接触面上的摩擦。采用以下两种近似关系:

库仑摩擦定律:

$$\tau_k = f\sigma_n \quad （滑动摩擦） \tag{3-5}$$

常摩擦定律:

$$\tau_k = k \quad （粘着摩擦） \tag{3-6}$$

式中,τ_k——摩擦应力;

　　σ_n——正应力;

　　k——屈服切应力($k = \sigma_T / \sqrt{3}$);

　　f——摩擦系数。

(5)其他。如不考虑工模受弹性变形的影响,材料变形为均质和各向同性等。

工程法采用上述简化和假设后,能计算变形力,分析工模具与工件接触面上的应力分布。所得的计算公式比较直观地反映了加工参数对变形力的影响。

3.3　直角坐标平面应变问题

以滑动摩擦条件下的薄板平锤压缩为例。

如图 3-3 所示,高 h、宽 W、长 l 的薄板,置于平锤下压缩。如果 l 比 W 大得多,则板坯长度方向几乎没有延伸,仅在 x 方向和 y 方向有塑性流动,即平面应变问题,适用于直角坐标系分析。

在图 3-3 中,考虑宽 dx 的单元体在 x 方向上的平衡。设接触面上作用有正压力 σ_y 和摩擦应力 τ_k。于是单元体 x 方向的力平衡方程为

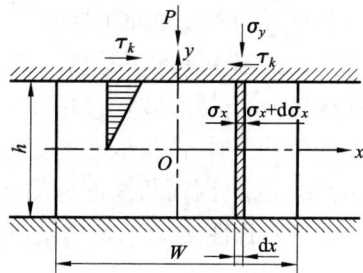

图 3-3　矩形工件的平锤压缩

$$\sigma_x \cdot h - (\sigma_x + d\sigma_x)h - 2\tau_k \cdot dx = 0$$

整理后得

$$\frac{d\sigma_x}{dx} + \frac{2\tau_k}{h} = 0 \tag{3-7}$$

由近似塑性条件 $\sigma_x - \sigma_y = k_f$ 或 $d\sigma_x - d\sigma_y = 0$,得

$$\frac{d\sigma_y}{dx} = -\frac{2\tau_k}{h} \tag{3-8}$$

将滑动摩擦时的库仑摩擦定律 $\tau_k = f\sigma_y$ 代入式(3-8)得

$$\frac{\mathrm{d}\sigma_y}{\mathrm{d}x} = -\frac{2f\sigma_y}{h}$$

上式积分得

$$\sigma_y = -C\exp\left(\frac{2f}{h}x\right)$$

在接触边缘处,即 $x = W/2$ 时,$\sigma_x = 0$,由近似塑性条件 $\sigma_y = -k_f$,利用这一边界条件,得积分常数 C:

$$C = -K_f\exp\left(\frac{fW}{h}\right)$$

于是求得

$$\sigma_y = -K_f\exp\left[\frac{2f(0.5W-x)}{h}\right] \tag{3-9}$$

上式为接触面上正应力分布规律。

板坯单位长度(z 向单位长度)上的变形力 P 可求得为

$$P = 2\int_0^{W/2}(-\sigma_y)\mathrm{d}x = K_f \cdot \frac{h}{f}\left[\exp\left(\frac{f \cdot W}{h}\right) - 1\right] \tag{3-10}$$

3.4　极坐标平面应变问题

以杯形件的不变薄冲压为例。

杯形件的不变薄冲压是指凸模与凹模的间隙略大于板坯厚度的冲杯过程。使用圆形板坯,并有压边装置,如图 3-4 所示。

不变薄冲压时,由于板厚不变化,变形区主要是在凸缘部分,发生周向的压缩及径向延伸的变形,因而凸缘部分的变形是一种适用于极坐标描述的平面应变问题。由于变形的对称性,σ_r、σ_φ 均为主应力,因此应力平衡微分方程为

$$\frac{\mathrm{d}\sigma_r}{\mathrm{d}r} + \frac{\sigma_r - \sigma_\varphi}{r} = 0 \tag{3-11}$$

将塑性条件 $\sigma_r - \sigma_\varphi = K_f$ 代入上式得

$$\sigma_r = -K_f\int\frac{\mathrm{d}r}{r} = -K_f \cdot \ln r + C$$

积分常数 C 根据凸缘的外缘处($r = r_0$)的 σ_r 与压边力 Q 引起摩擦阻力相平衡条件确定,即

$$\sigma_{r0} \cdot 2\pi r_0 t_0 = 2fQ$$

式中,t_0——板坯厚度;

　　Q——压边力。

根据以上边界条件,得积分常数

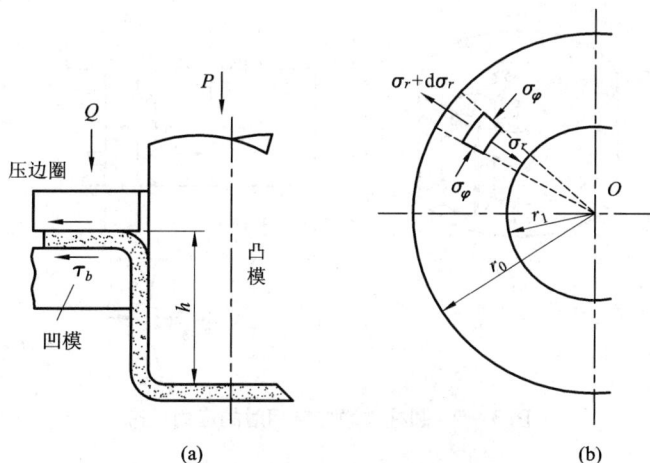

图 3 – 4　不变薄冲压受力分析

$$C = K_f \cdot \ln r_0 + \frac{fQ}{\pi r_0 \cdot t_0}$$

于是

$$\sigma_r = K_f \ln\left(\frac{r_0}{r}\right) + \frac{fQ}{\pi r_0 t_0} \tag{3 – 12}$$

当 $r = r_f$（凸模半径）时,得凸缘部分的拉深力为

$$\sigma_r = K_f \ln\left(\frac{r_0}{r_f}\right) + \frac{fQ}{\pi r_0 t_0} \tag{3 – 13}$$

3.5　圆柱坐标轴对称问题

圆柱体镦粗时,如果锻件的性能和接触表面状态没有方向性,则内部的应力应变状态对称于圆柱体轴线(z 轴),即在同一水平截面上,各点的应力应变状态与 φ 坐标无关,仅与 r 坐标有关。因此是一个典型的圆柱体坐标轴对称问题。

下面讨论混合摩擦条件下,平锤均匀镦粗圆柱体时变形力计算。

工件的受力情况如图 3 –5 所示。

分析它的一个分离单元体的静力平衡条件,得

$$\sigma_r h \cdot r \mathrm{d}\varphi - (\sigma_r + \mathrm{d}\sigma_r) h (r + \mathrm{d}r) \mathrm{d}\varphi - 2\tau_k \cdot r \mathrm{d}\varphi \mathrm{d}r + 2\sigma_\varphi h \cdot \mathrm{d}r \cdot \sin\frac{\mathrm{d}\varphi}{2} = 0$$

由于 $\mathrm{d}\varphi$ 很小,$\sin\dfrac{\mathrm{d}\varphi}{2} \doteq \dfrac{\mathrm{d}\varphi}{2}$,忽略高阶微分,整理得

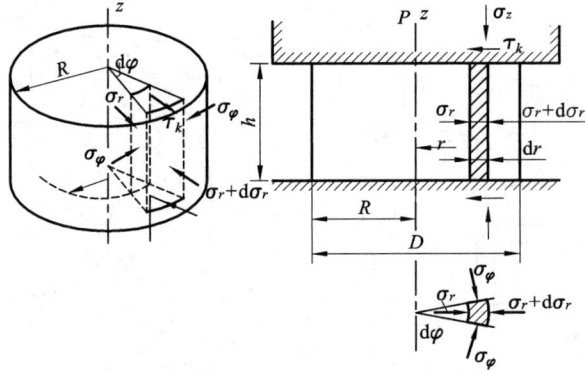

图 3 – 5　圆柱体均匀镦粗时的应力状态

$$\frac{\mathrm{d}\sigma_r}{\mathrm{d}r} + \frac{2\tau_k}{h} + \frac{\sigma_r - \sigma_\varphi}{r} = 0$$

对于均匀变形,$\sigma_r = \sigma_\varphi$,上式即为

$$\frac{\mathrm{d}\sigma_r}{\mathrm{d}r} + \frac{2\tau_k}{h} = 0 \tag{3 – 14}$$

将近似的塑性条件 $\mathrm{d}\sigma_r = \mathrm{d}\sigma_z$ 代入式(3 – 14)得

$$\frac{\mathrm{d}\sigma_z}{\mathrm{d}r} + \frac{2\tau_k}{h} = 0 \tag{3 – 15}$$

3.5.1　接触面上正应力 σ_z 的分布规律

1. 滑动区

将 $\tau_k = f\sigma_z$ 代入式(3 – 15)得

$$\frac{\mathrm{d}\sigma_z}{\mathrm{d}r} + \frac{2f \cdot \sigma_z}{h} = 0$$

上式积分得

$$\sigma_z = C_1 \exp\left(-\frac{2fr}{h} \right)$$

当 $r = R$ 时,$\sigma_r = 0$,按近似塑性条件 $\sigma_z = -\sigma_T$ 代入上式得积分常数 C_1:

$$C_1 = -\sigma_T \exp\left(\frac{2f \cdot R}{h} \right)$$

因此

$$\sigma_z = -\sigma_T \exp\left[\frac{2f}{h}(R-r)\right] \qquad (3-16)$$

2. 粘着区

将 $\tau_k = -\sigma_T/\sqrt{3}$ 代入式 (3-15) 得

$$\frac{\mathrm{d}\sigma_z}{\mathrm{d}r} - \frac{2\sigma_T}{\sqrt{3}h} = 0$$

上式积分得

$$\sigma_z = \frac{2}{\sqrt{3}} \cdot \frac{\sigma_T}{h} \cdot r + C_2$$

设滑动区与粘着区分界点为 r_b。

由 $\tau_k = f\sigma_{zb} = -\sigma_T/\sqrt{3}$，得此处 $\sigma_{zb} = -\sigma_T/\sqrt{3}f$。

利用这一边界条件，得积分常数：

$$C_2 = -\frac{\sigma_T}{\sqrt{3}}\left(\frac{1}{f} + \frac{2r_b}{h}\right)$$

因此得

$$\sigma_z = -\frac{\sigma_T}{\sqrt{3}f}\left[1 + \frac{2f}{h}(r_b - r)\right] \qquad (3-17)$$

3. 停滞区

一般粘着区与停滞区的分界面可近似取 $r_c = h$，于是由 $\tau_k = \tau_c \cdot r/h = -\sigma_T/\sqrt{3} \cdot r/h$ 代入式 (3-15) 得

$$\frac{\mathrm{d}\sigma_z}{\mathrm{d}r} - \frac{2\sigma_T}{\sqrt{3}}\frac{r}{h^2} = 0$$

积分得

$$\sigma_z = +\sigma_T/\sqrt{3} \cdot r^2/h^2 + C_3$$

当 $r = r_c = h$ 时，$\sigma_z = \sigma_{zc}$，代入上式得

$$C_3 = \sigma_{zc} - \frac{\sigma_T}{\sqrt{3}}$$

于是

$$\sigma_z = \sigma_{zc} - \frac{\sigma_T}{\sqrt{3}h^2}(h^2 - r^2) \qquad (3-18)$$

式中

$$\sigma_{zc} = -\frac{\sigma_T}{\sqrt{3}f}\left[1 + \frac{2f}{h}(r_0 - h)\right]$$

4. 滑动区与粘着区的分界位置 r_b

滑动区与粘着区的分界位置 r_b 可由滑动区在此点的 σ_z 与粘着区在此点的 σ_z 相等这一条件确定,因此在 r_b 点上有

$$-\sigma_T\exp\Big[\frac{2f}{h}(R-r_b)\Big]=\frac{\sigma_T}{\sqrt{3}f}\Big[1+\frac{2f}{h}(r_b-r_b)\Big]$$

因此得

$$r_b=\frac{D}{2}+\frac{h\ln\sqrt{3}f}{2f} \qquad\qquad (3-19)$$

5. 平均单位压力 $\bar{p}$

各区段积分后,可得圆柱体平锤压缩时的平均单位压力:

$$\bar{p}=\frac{1}{\pi R^2}\int_0^R\sigma_z\cdot2\pi r\mathrm{d}r=\frac{2}{R^2}\int_0^R\sigma_z\cdot r\mathrm{d}r \qquad\qquad (3-20)$$

式中 σ_z 视接触面上的分区状况而异。

3.6　球坐标轴对称问题

3.6.1　锥模的圆棒拉拔

球坐标轴对称问题由于金属流动上的特点,应力状态上存在的关系式 $\sigma_\varphi=\sigma_\theta$,这一假设对于许多实际问题是适合的。

下面首先以锥模的圆棒拉拔为例,研究一下用工程法解球坐标轴对称问题的情况。

1. 拉拔应力

用球坐标描述锥模拉拔圆棒时的塑性变形区以及受力状态如图 3-6 所示。变形区的入口、出口界面为同心球面,侧面为锥角等于模角 α 的锥面。入口界面上常作用有反拉应力 σ_p,锥面上作用有正压力 σ_θ 和摩擦应力 τ_k。由于金属拉拔绝大部分在冷态下进行,润滑良好,摩擦应力可用 $\tau_k=f\sigma_n=f\sigma_\theta$ 表示,而且一般 $f\le0.12$。

分析变形区内截取的分离单元体上的力平衡条件 $\sum x=0$,得

$$R_x-T_x-Q_x=0$$

式中,

$$R_x=\sigma_p\pi(\rho\sin\alpha)^2-(\sigma_p+\mathrm{d}\sigma_p)\cdot\pi\big[(\sigma_p+\mathrm{d}\sigma_p)\sin\alpha\big]^2$$
$$T_x=\tau_k\cdot\pi\big[\rho\sin\alpha+(\rho+\mathrm{d}\rho)\sin\alpha\big]\mathrm{d}\rho\cos\alpha$$
$$Q_x=\sigma_\theta\pi\big[\rho\sin\alpha+(\rho+\mathrm{d}\rho)\sin\alpha\big]\mathrm{d}\rho\sin\alpha$$

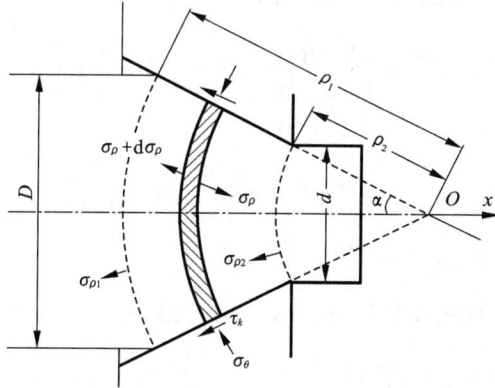

图 3 - 6 圆锥模拉拔圆棒示意图

展开并略去二阶以上的微分项,经化简整理后得近似平衡微分方程为

$$\frac{\mathrm{d}\sigma_\rho}{\mathrm{d}\rho} + \frac{2(\sigma_\theta + \sigma_\rho)}{\rho} + \frac{2\tau_k}{\rho}\cot\alpha = 0 \quad (3-21)$$

将拉拔时的近似塑性条件 $\sigma_\theta + \sigma_\rho = \sigma_T$ 和 $\tau_k = f\sigma_\theta$ 代入上式得

$$\frac{\mathrm{d}\sigma_\rho}{\mathrm{d}\rho} + \frac{2}{\rho}[\sigma_T + (\sigma_T - \sigma_\rho)f\cot\alpha] = 0 \quad (3-22)$$

令 $B = f\cot\alpha$ 经变换后,得

$$\frac{\mathrm{d}\sigma_\rho}{B\sigma_\rho - \sigma_T(1+B)} = \frac{2\mathrm{d}\rho}{\rho} \quad (3-23)$$

式(3-23)称为 Sachs 方程式。上式积分得

$$\frac{1}{B}\ln[B\sigma_\rho - \sigma_T(1+B)] = \ln\rho^2 + C \quad (3-24)$$

根据边界条件,当 $\rho = D/2\sin\alpha$ 时,$\sigma_\rho = \sigma_q$,得

$$C = \frac{1}{B}\ln[B\sigma_q - \sigma_T(1+B)] - \ln(D/2\sin\alpha)^2$$

将上式代入(3-24)得

$$\frac{1}{B}\ln[B\sigma_q - \sigma_T(1+B)] = \frac{1}{B}\ln[B\sigma_q - \sigma_T(1+B)] + \ln(D/2\sin\alpha)^2 \quad (3-25)$$

拉拔力作用在锥模出口端,即当 $\rho = d/2\sin\alpha$ 时,$\sigma_\rho = \sigma_d$, 因此可得到

$$\frac{B\sigma_d - \sigma_T(1+B)}{B\sigma_a - \sigma_T(1+B)} = \left(\frac{d}{D}\right)^{2B}$$

或

$$\sigma_d = \sigma_T\left(\frac{1+B}{B}\right)\left[1 - \left(\frac{1}{\lambda}\right)^B\right] + \sigma_q\left(\frac{1}{\lambda}\right)^B$$

式中 $\lambda = \left(\dfrac{D}{d}\right)^2$，为拉拔时的延伸系数。因此

$$n_\sigma = \frac{\sigma_d}{\sigma_T} = \left(\frac{1+B}{B}\right)\left[1 - \left(\frac{1}{\lambda}\right)^B\right] + \frac{\sigma_q}{\sigma_T}\left(\frac{1}{\lambda}\right)^B \qquad (3-26)$$

当无反拉力，即 $\sigma_q = 0$ 时，则上式为

$$n_\sigma = \frac{\sigma_d}{\sigma_T} = \left(\frac{1+B}{B}\right)\left[1 - \left(\frac{1}{\lambda}\right)^B\right] \qquad (3-27)$$

2. 模壁上的正压力 (σ_θ)

根据拉拔时的近似塑性条件 $\sigma_\theta + \sigma_\rho = \sigma_T$，得 $\sigma_\theta = \sigma_T - \sigma_\rho$，将其代入 $(3-25)$，得到

$$\sigma_\theta = \frac{\sigma_T}{B}\left[(1+B)\left(\frac{2\rho\sin\alpha}{D}\right)^{2B} - 1\right] - \sigma_q\left(\frac{2\rho\sin\alpha}{D}\right)^{2B} \qquad (3-28)$$

根据式 $(3-28)$ 可绘得模壁上的正压力 σ_θ 的变化曲线，如图 3-7 所示。可见模壁上的正压力入口处最大，出口处最小。反拉力虽使拉拔力增加，但可明显降低模壁压力，这有利于润滑剂的曳入模孔，减少模孔的磨损，延长拉模使用寿命，降低加工成本。因此，线材的连续拉拔上普遍采用带反力的拉拔。但是，反拉力也不可过大，一般控制反拉力小于坯料的屈服应力。

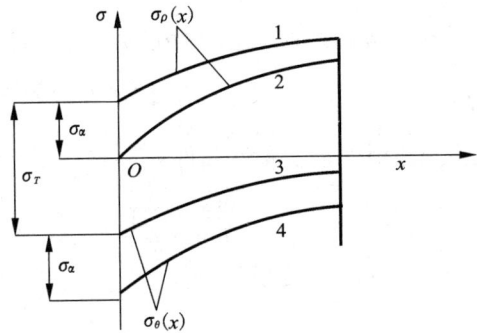

图 3-7　反拉力对模壁正压力 σ_θ 的影响

曲线 1、3 为带反拉力时；曲线 2、4 为无反拉力时

3. 合理拉拔系数

拉拔是依靠在拉模前对拉拔金属施加拉力的，如果拉拔应力达到或超出模口金属的屈服应力，将使制品产生塑性变形，出现缩颈，甚至断裂。因此，拉拔加工要求必须满足

$$K_d = \frac{\sigma_{T2}}{\sigma_d} < 1.4 \sim 2.0 \qquad (3-29)$$

式中，σ_{T2}——金属出模口处的屈服应力。

K_d——安全系数。

若 $K_d < 1.4$，则拉拔力过大，易于出现颈缩或拉断；$K_d > 2.0$，则道次拉拔系数过小，未能充分利用金属的塑性。

如不计材料的硬化和不带反拉力，则由式 $(3-27)$ 和 $(3-29)$ 得到合理的道次拉

拔系数为

$$\lambda_{\text{合}} = \left[1 - \frac{B}{K_d(1+B)} \right]^{-\frac{1}{B}} \tag{3-30}$$

3.6.2　单孔模正挤压圆棒

挤压轴通过挤压垫作用在坯料的力叫挤压力。实践表明挤压时挤压力是随着挤压轴的行程而变化的(见图3-8)。

第一阶段为填充阶段,坯料在垫片与模面间受到镦粗变形,长度缩短,直径增大,直至充满整个挤压筒。因此该阶段上坯料的变形与圆柱体镦粗类似,挤压力随着挤压轴向前运动而增加。

第二阶段为稳态挤压阶段,该阶段上随着挤压轴向前运动,坯料长度不断减少,因而挤压筒与坯料间的接触摩擦逐渐减小,因此挤压力不断下降。

第三阶段为挤压终了阶段。进入该阶段后筒内残料的长度小于死区的高度,随着挤压的进行,D/h 比值增大,使金属沿垫片及横面出现强烈的横向流动,因而导致挤压力回升。

通常要计算的挤压力指的是图3-8中挤压力曲线的最大值。它是选择挤压机吨位、制定挤压工艺和设计挤压模具的重要参数。为此对稳态挤压阶段作一分析。

根据稳态挤压阶段上坯料的受力和变形情况,一般可分成四个区域,见图3-9。Ⅰ区为定径区,Ⅱ区为塑性变形区,Ⅲ区为后弹区,Ⅳ区为"死区"或刚性区。现对各区的应力情况依次加以分析。

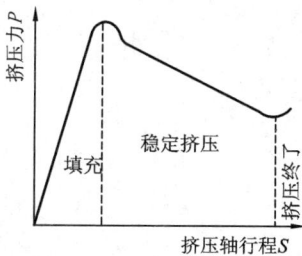

图3-8　正挤压过程压力变化

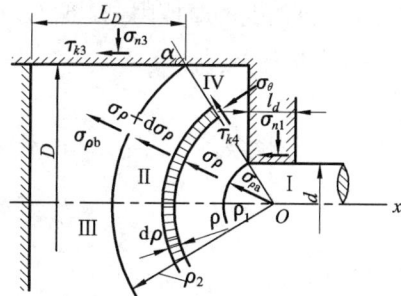

图3-9　圆棒正挤压受力情况

1. 定径区

坯料进入该区后,塑性变形刚好终结。坯料在该区内只是发生弹性回复,力图径向涨大。因而受到定径带给予的正压力 σ_{n1} 与摩擦力 τ_{k1} 的作用,此外还受到来自锥形塑性变形区的径向压力 $\sigma_{\rho a}$ 的作用,金属在该区内处于三向压应力状态。

根据定径区的力平衡条件 $\sum X = 0$,得

$$\sigma_{\rho a} \cdot \frac{\pi d^2}{4} = \tau_{k1} \cdot \pi d l_d$$

式中，d——挤压后圆棒直径；

l_d——定径带长度。

摩擦应力 τ_k 取最大值，$\tau_{k1} = f_1 \cdot \sigma_T$，$f_1$ 为定径带上的摩擦系数。因此可得

$$\sigma_{\rho a} = \frac{4 f_1 \sigma_T l_d}{d} \tag{3-31}$$

2. 锥形塑性变形区

在该区内，坯料受到来自Ⅰ区和Ⅲ区的压力以及Ⅳ区的压应力 σ_θ 和摩擦力 τ_{k4} 的作用，处于三向压应力状态，产生两向压缩一向拉伸的变形。当按照球坐标轴对称问题处理时，认为塑性变形区与Ⅰ区和Ⅲ区的分界面为同心球面，与Ⅳ区的分界面为锥角为 α 的锥面。

在球坐标中所截取的单元体，其力平衡条件

$$\sum X = 0 \qquad 即 \quad R_x - T_x - Q_x = 0$$

式中 $R_x = (\sigma_\rho + \mathrm{d}\sigma_\rho) \cdot \pi \left[(\rho + \mathrm{d}\rho) \sin\alpha \right]^2 - \sigma_\rho \cdot \pi (\rho \sin\alpha)^2$

$T_X = \tau_{k4} \cdot \pi \left[\rho \sin\alpha + (\rho + \mathrm{d}\rho) \sin\alpha \right] \mathrm{d}\rho \cdot \cos\alpha$

$Q_X = \sigma_\theta \cdot \pi \left[\rho \sin\alpha + (\rho + \mathrm{d}\rho) \sin\alpha \right] \mathrm{d}\rho \cdot \sin\alpha$

忽略高阶微分项，上式整理得

$$\rho \mathrm{d}\sigma_\rho - 2(\sigma_\theta - \sigma_\rho)\mathrm{d}\rho - 2m \cdot k \cdot \mathrm{d}\rho \cot\alpha = 0 \tag{3-32}$$

式中，m 为锥面上的摩擦因子，热挤压铝材时，通常取1。

$$k = \frac{\sigma_T}{\sqrt{3}}$$

将近似塑性条件 $\sigma_\theta - \sigma_\rho = \sigma_T$ 代入(3-32)式得

$$\mathrm{d}\sigma_\rho = 2\sigma_T (1 + \frac{m}{\sqrt{3}}\cot\alpha) \frac{\mathrm{d}\rho}{\rho}$$

将上式积分得

$$\sigma_\rho = \sigma_T (1 + \frac{m}{\sqrt{3}}\cot\alpha) \ln\rho^2 + C \tag{3-33}$$

由(3-31)式知，当 $\rho = \dfrac{d}{2\sin\alpha}$ 时

$$\sigma_\rho = \sigma_{\rho a} = \frac{4 f_1 \sigma_T l_d}{d}$$

将此边界条件代入(3-33)式得积分常数 C：

$$C = \frac{4f_1 \sigma_T l_d}{d} - \sigma_T (1 + \frac{m}{\sqrt{3}} \cot\alpha) \ln\left(\frac{d}{2\sin\alpha}\right)^2$$

于是塑性区内

$$\sigma_\rho = \sigma_T (1 + \frac{m}{\sqrt{3}} \cot\alpha) \ln\left(\frac{2\rho\sin\alpha}{d}\right)^2 + \frac{4f_1 \sigma_T l_d}{d} \qquad (3-34)$$

在塑性变形的入口界面上，即 $\rho = \frac{D}{2\sin\alpha}$ 时，其径向应力

$$\sigma_{\rho b} = \sigma_T (1 + \frac{m}{\sqrt{3}} \cot\alpha) \ln\left(\frac{D}{d}\right)^2 + \frac{4f_1 l_d \sigma_T}{d} \qquad (3-35)$$

式中，D——挤压筒直径。

3. 后端弹性区

坯料在该区内受到接近等值的、强烈的三向压应力作用，一般不会发生塑性变形，只是在垫片的推动下不断向塑性变形区内补充金属。由于坯料与挤压筒间的压力很高，所以其接触摩擦力也很大，通常取 $\tau_{k3} = \frac{\sigma_T}{\sqrt{3}}$。

根据力平衡条件 $\sum X = 0$，得挤压垫片上的平均单位挤压力为 $\bar{p}$：

$$\bar{p} = \sigma_{\rho b} + \frac{4\tau_{k3} l_D}{D} \qquad (3-36)$$

式中，L_D——坯料第三区的长度，其最大值近似取为坯料填充挤压后的长度，$L_D = L_0\left(\frac{D_0}{D}\right)^2$；

D_0、L_0——坯料的原始直径和长度。

4. 多余功和多余应变

式（3-36）常给出偏低的挤压力，特别是无法反映合理模角的存在。这是由于挤压模锥面或"死区"锥面的约束，使坯料在塑性变形区的入口和出口处受到两次不同方向的剪切变形，而这种剪切变形对工件的外形变化并没有直接贡献。故通常把这种变形叫做多余应变。消耗于多余应变上的能量叫多余功。

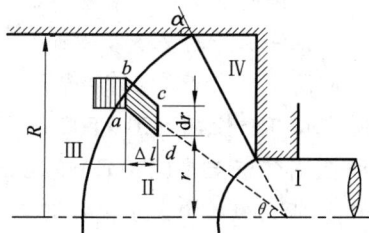

图 3-10　多余应变示意图

下面说明多余应变及多余功对挤压力的影响。如图 3-10 所示，在塑性变形区入口处取一离轴心线半径为 r 的微小圆环体，长为 Δl，厚为 dr。

此圆环的剪切变形为角 θ，假设角 θ 是随半径 r 呈线性变化的，即

$$\theta = \frac{r}{R} \cdot \alpha$$

则消耗于微圆环剪切变形所需的能量为

$$dW = k \cdot \theta \cdot dV = k \cdot \frac{r\alpha}{R} \cdot 2\pi r \cdot dr \cdot \Delta l$$

因此,在变形区入口处出现多余应变所需的总能量为

$$W_1 = \frac{2\pi k\alpha \cdot \Delta l}{R} \int_0^R r^2 dr = 2\pi k\alpha \cdot \Delta l \cdot R^2/3$$

另一方面,当使这一多余应变发生,挤压轴额外提供的多余应力 $\Delta\sigma_1$ 作的功为

$$W_2 = \Delta\sigma_1 \cdot \pi R^2 \cdot \Delta l$$

由 $W_1 = W_2$,得

$$\Delta\sigma_1 = \frac{2}{3} \cdot k \cdot \alpha = \frac{2}{3\sqrt{3}}\sigma_T \cdot \alpha$$

同理,可确定在塑性变形区出口处的多余应力 $\Delta\sigma_2 = \dfrac{2}{3\sqrt{3}}\sigma_T \cdot \alpha$。

因此,总的多余应力为

$$\Delta\sigma = \Delta\sigma_1 + \Delta\sigma_2 = \frac{4}{3\sqrt{3}}\sigma_T \cdot \alpha \tag{3-37}$$

所以在挤压力计算时,除了考虑式(3-36)中的各项外,还需考虑多余应变的影响。

思考题和习题

1. 工程法求解变形力的原理是什么? 有何特点?

2. 工程法的基本要点和基本假设有哪些?

3. 工程法求解的基本步骤如何?

4. 何谓多余应变与多余功?

5. 在锻压机上将 $\phi 50 \times 500$ mm 的 LD_2 铝合金圆柱体平锤横向锻压成断面积相等的方坯,若终锻温度(420℃)下的 $\sigma_T = 40$ MPa,使用油基石墨作润滑剂时的摩擦系数 $f = 0.3$,所需锻压力为多少? 若不进行润滑的锻压力又是多少?

6. 试用工程法导出润滑砧面平锤压缩圆盘时的平均单位压力公式。

7. 不变薄拉深将 $t_0 = 0.8$ mm 的纯铝圆片生产内径 $\phi 10$ mm、深 12 mm 的筒形件,问圆片的直径应为多少? 若拉深时的压边力 $Q = 200$ MPa,$f_1 = f_2 = 0.1$,$r_d = 5$ mm,$\delta = 1.2$ mm,平均变形抗力 $\overline{K}_f = 80$ MPa,试问拉深至 $h = 8$ mm 时的拉深力为多少?

8. 某厂有 1600 t 铝材热挤压机一台,常用挤压筒为 ϕ170 mm,铝锭规格为 ϕ162 mm×450 mm,为了保证挤压制品的组织性能合格,最小挤压比不得低于 8,以及正常使用的挤压机吨位限制在 80% 时。试问当不计挤压模孔定径带部分的摩擦阻力时,该挤压机用单孔模挤压的最小和最大圆棒直径为多少? 计算时取 $\overline{\sigma}_T = 45$ MPa,$\alpha = 60°$。

第4章   滑移线理论及应用

4.1   平面应变问题和滑移线场

滑移线理论是20世纪20年代至40年代间,人们对金属塑性变形过程中,光滑试样表面出现"滑移带"现象经过力学分析,而逐步形成的一种图形绘制与数值计算相结合的求解平面塑性流动问题的理论方法。这里的所谓"滑移线"是一个纯力学概念,它是塑性变形区内,最大剪切应力$|\tau_{\max}|$等于材料屈服切应力(k)的轨迹线。

对于平面塑性流动问题,由于某一方向上的位移分量为零(设$\mathrm{d}u_z=0$),故只有三个应变分量($\mathrm{d}\varepsilon_x$、$\mathrm{d}\varepsilon_y$、$\mathrm{d}\gamma_{xy}$),也称平面应变问题。

根据塑性流动法则,可知

$$\sigma_z = \sigma_2 = (\sigma_x + \sigma_y)/2 = \sigma_m = -p \tag{4-1}$$

式中,σ_m——平均应力;

p——静水压力。

根据塑性变形增量理论,平面塑性流动问题独立的应力分量也只有三个(σ_x、σ_y、τ_{xy})[见图4-1(a)],于是平面应变问题的最大切应力为

$$\tau_{\max} = (\sigma_1 - \sigma_3)/2 = \sqrt{\left[(\sigma_x - \sigma_y)/2\right]^2 + \tau_{xy}^2} \tag{4-2}$$

可见,这是一个以$\tau_{\max}$为半径的圆方程,这个圆便称为一点的应力状态的莫尔圆[见图4-1(c)]。图中设$\sigma_x < \sigma_y < 0$(即均为压应力,因塑性加工中多半以压应力为主)。值得注意的是绘制莫尔圆时,习惯上规定:使体素顺时针旋转的切应力为正,反之为负。因此图4-1(c)中的τ_{yx}为正值,而τ_{xy}取负值。

根据平面流动的塑性条件,$\tau_{\max} = k$(对 Tresca 塑性条件 $k = \sigma_T/2$,对 Mises 塑性条件 $k = \sigma_T/\sqrt{3}$)。

于是,由图4-1(c)的几何关系可知,有

$$\sigma_x = -p - k\sin 2\varPhi$$
$$\sigma_y = -p + k\sin 2\varPhi \tag{4-3}$$
$$\tau_{xy} = k\cos 2\varPhi$$

式中,$p = -\sigma_m = -(\sigma_x + \sigma_y)/2$——静水压力;

$\varPhi$——定义为最大切应力$\tau_{\max}(=k)$方向与坐标轴Ox的夹角。

通常规定以Ox轴正向为起始轴逆时针旋转构成的倾角$\varPhi$为正,顺时针旋转构

成的倾角 Φ 为负(图 4-1 中所示 Φ 均为正)。由图 4-1 可知,倾角 Φ 的数值大小与坐标系的选择有关,但静水压力 p 为应力不变量,不会随坐标系的选择而变化。

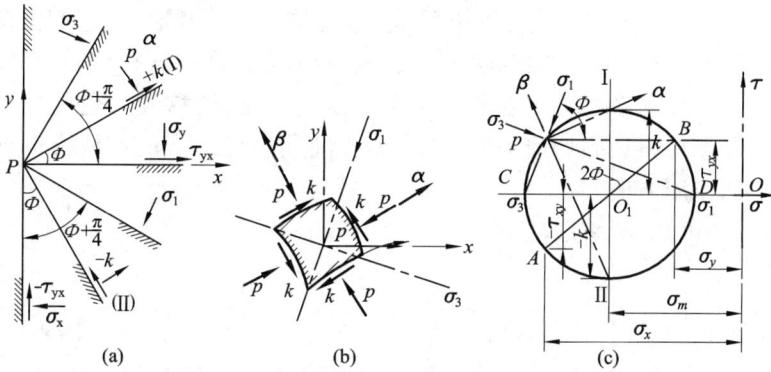

图 4-1　平面应变问题应力状态的几何表示

(a)塑性流动平面(物理平面);(b) $\alpha-\beta$ 正交曲线坐标系的应力特点;(c)应力莫尔圆

现设塑性流动平面上的点 P 在莫尔圆上的映射点(称 Prager 极点)为 P' 点,该点为过点 $B(\sigma_y、\tau_{xy})$ 引平行 σ 轴的平行线与莫尔圆的交点。BP' 轴表示塑性流动平面中的 X 轴。根据几何关系,连 $P'C$ 得最大主应力 σ_1 的作用方向,连 $P'D$ 得最小主应力 σ_3 的作用方向。连 $P'\mathrm{I}$ 得 $\tau_{max}(=k)$ 的作用方向,常用 α 表示;连 $P'\mathrm{II}$ 得 $-\tau_{max}=k$ 的作用方向,常用 β 表示。由此可知:自 σ_1 作用方向顺时针旋转 $\pi/4$,即为 α 方向;逆时针方向旋转 $(-\pi/4)$ 即为 β 方向。并且 σ_1 的作用方向总是位于 $\alpha-\beta$ 构成的右手正交曲线坐标系的第一或第三象限。据此,根据已知的 σ_1 作用方向便可确定 $\alpha-\beta$ 的走向。

对于理想刚塑性材料,材料的屈服切应力 k 为常数。因此塑性变形区内各点莫尔圆半径(即最大切应力 τ_{max})等于材料常数 k。如图 4-2 所示,在 $x-y$ 坐标平面上任取一点 P_1,其 $\tau_{max}(=k)$ 的,即 α 方向为 $\tau_{\alpha 0}$,沿 $\tau_{\alpha 0}$ 方向上取一点 P_2,其 α 方向为 $\tau_{\alpha 1}$,依此取点 a_2,其 α 线方向为 τ_{a2},依次连续取下去,直至塑性变形区的边界为止……最后获得一条折线 $P_1 P_2 P_3$ P_4…称为 α 线。按正、负两最大切应

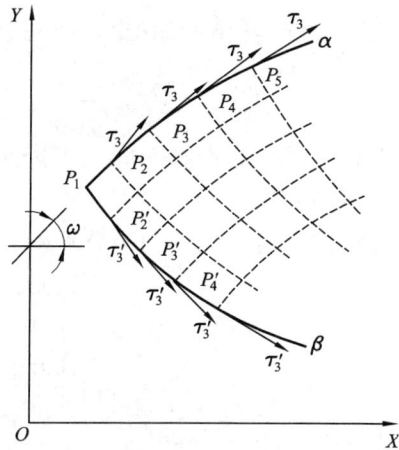

图 4-2　$x-y$ 坐标系与 $\alpha-\beta$ 滑移经网络

力相互正交的性质,由 P 点沿与 τ_α 的垂直方向上,即在 P 点的 $(\tau_{\alpha max})$,即 β 方向上取点,也可得到一条折线 $P_1 P'_2 P'_3 P'_4 \cdots$ 称为 β 线。当所取点间距无限接近时,以上两折线便为光滑曲线。依此从线上的其他点,如从点 P_1、P_2、$P_3 \cdots$ 和 P_1、P'_2、$P'_3 \cdots$ 出发,同样可作出许多类似的滑移线,布满整个塑性变形区,它们由两族相互正交的滑移线网构成,称为滑移线场。其中,α 线族上的 $\tau_\alpha = \tau_{max} = k$,$\beta$ 线族上的 $-\tau_\beta = \tau_{max} = k$。两滑移线的交点称为结点。由此可见,滑移线为塑性变形区内最大剪切应力等于材料屈服切应力的迹线,表明曲线上任一点的切线方向即为该点最大切应力的作用方向。

由图 4 - 2 可知,滑移线的微分方程为

$$\left.\begin{array}{ll} \dfrac{\mathrm{d}y}{\mathrm{d}x}\bigg|_\alpha = \tan\Phi & \text{对 } \alpha \text{ 线} \\[3mm] \dfrac{\mathrm{d}y}{\mathrm{d}x}\bigg|_\beta = \tan(\Phi + \pi) = -\cot\Phi & \text{对 } \beta \text{ 线} \end{array}\right\} \qquad (4-4)$$

以上分析表明,在力学上滑移线应是连续的。但根据金属塑性变形的基本机制,晶体在切应力作用下沿着特定的晶面和晶向产生滑移,滑移结果是在试样表面显露出滑移台阶,而滑移台阶是原子间距的整数倍,是不连续的。因此,滑移线的物理意义是金属塑性变形时,发生晶体滑移的可能地带。只有特定的晶面和晶向的切应力达到金属的临界屈服切应力时才会使晶体产生滑移变形。

滑移理论法是一种图形绘制与数值计算相结合的方法,即根据平面应变问题滑移线场的性质绘出滑移线场,再根据精确应力平衡微分方程和精确塑性条件建立汉盖(Hencky)应力方程,求得理想刚塑性材料平面应变问题变形区内应力分布以及变形力的一种方法。

4.2 汉盖(Hencky)应力方程——滑移线的沿线力学方程

本节讨论,若知道塑性流动平面内的滑移线场,如何确定场内任意点的应力值?

由平面应变问题的应力微分平衡方程:

$$\begin{cases} \dfrac{\partial \sigma_x}{\partial x} + \dfrac{\partial \tau_{yx}}{\partial y} = 0 \\[3mm] \dfrac{\partial \tau_{xy}}{\partial x} + \dfrac{\partial \sigma_y}{\partial y} = 0 \end{cases}$$

将式(4 - 3)代入上式,得

$$\left.\begin{array}{l} \dfrac{\partial p}{\partial x} + 2k\cos 2\varPhi\, \dfrac{\partial \varPhi}{\partial x} + 2k\sin 2\varPhi\, \dfrac{\partial \varPhi}{\partial y} = 0 \\[3mm] \dfrac{\partial p}{\partial y} + 2k\sin 2\varPhi\, \dfrac{\partial \varPhi}{\partial x} - 2k\cos 2\varPhi\, \dfrac{\partial \varPhi}{\partial y} = 0 \end{array}\right\} \tag{4-5}$$

上式为只含两个未知数 $(p, \varPhi)$ 的方程组,按理可以求解。但是,由于它是一个偏微分方程组,因此直接求解仍然困难。比较简单的求解方法是沿滑移线积分进行求解。为此,需将式(4-5)变换成以正交曲线坐标 $\alpha - \beta$ 为参数的表达形式。

现设直角坐标系 $x - y$ 的原点与正交曲线坐标系 $\alpha - \beta$ 的原点相重合。α 线上 P 点的切线与 Ox 轴的倾角为 $\varPhi$,则过 P 点的 β 线切线与 Ox 轴的倾角为 $\theta = \pi/2 + \varPhi$。

将式(4-5)第一式乘以 $\cos\varPhi$,第二式乘以 $\sin\varPhi$,然后两式相加,经整理后得

$$\left(\cos\varPhi\, \frac{\partial p}{\partial x} + \sin\varPhi\, \frac{\partial p}{\partial y}\right) + 2k\left(\cos\varPhi\, \frac{\partial \varPhi}{\partial x} + \sin\varPhi\, \frac{\partial \varPhi}{\partial y}\right) = 0$$

由方向导数公式 $\dfrac{\partial f}{\partial \alpha} = \cos\varPhi\, \dfrac{\partial f}{\partial x} + \sin\varPhi\, \dfrac{\partial f}{\partial y}$ 知,上式可变换成沿 α 线的微分方程

$$\frac{\partial p}{\partial \alpha} + 2k\frac{\partial \varPhi}{\partial \alpha} = 0 \quad \text{或} \quad \frac{\partial}{\partial \alpha}(p + 2k\varPhi) = 0 \tag{4-6a}$$

同理,将式(4-5)第一式乘以 $\sin\varPhi$,第二式乘以 $\cos\varPhi$,然后两式相减,经整理后,得

$$\left(\sin\varPhi\, \frac{\partial p}{\partial x} - \cos\varPhi\, \frac{\partial p}{\partial y}\right) - 2k\left(\sin\varPhi\, \frac{\partial \varPhi}{\partial x} + \cos\varPhi\, \frac{\partial \varPhi}{\partial y}\right) = 0$$

根据方向导数公式,得沿 β 线的微分方程:

$$\frac{\partial p}{\partial \beta} - 2k\frac{\partial \varPhi}{\partial \beta} = 0 \quad \text{或} \quad \frac{\partial}{\partial \beta}(p - 2k\varPhi) = 0 \tag{4-6b}$$

将式(4-6a)沿某一 α 线积分,则得

$$p = 2k\varPhi = C_1(\beta)$$

因为沿 α 线族中的某一条滑移线移动时,β 坐标为定值,因此积分常数 $C_1(\beta)$ 为常数,即沿某一 α 线积分,得到

$$p_a + 2k\varPhi_a = p_b + 2k\varPhi_b = C_1(\beta) = 常数$$

或得关系式

$$p_a - p_b = 2k(\varPhi_b - \varPhi_a) \tag{4-7a}$$

同理,沿某一 β 线积分,则得

$$p - 2k\varPhi = C_2(\alpha)$$

得

$$p_a + 2k\varPhi_a = p_b + 2k\varPhi_b = C_1(\beta) = 常数$$

或得关系式

$$p_a - p_b = 2k(\varPhi_a - \varPhi_b) \tag{4-7b}$$

上式还表达成

$$\Delta p_{ab} = \pm 2k\Delta\varPhi_{ab} \quad （对 \beta 线取 " + " 号）$$
$$（对 \alpha 线取 " - " 号） \tag{4-8}$$

式中，$\Delta p_{ab} = p_a - p_b$

$\quad\quad \Delta\varPhi_{ab} = \varPhi_a - \varPhi_b$

上式表明，沿滑移线的静水压力差（Δp_{ab}）与滑移线上相应的倾角差（$\Delta\varPhi_{ab}$）成正比。故式（4-8）表明了滑移线的沿线性质。

式（4-7）或式（4-8）为1923年由 Hencky 导出，称为汉盖应力方程。由于式（4-6）是根据应力微分平衡方程和塑性条件而导出的，因此，汉盖应力方程不仅体现了应力微分平衡方程，同时也满足了塑性条件方程。

根据以上分析，对 k 为定值的理想刚塑性材料，如给定了滑移线场，则滑移线上的 $\varPhi$ 角便是确定的。根据边界应力条件，确定边界上的 $\varPhi_o$ 与 p_o 值后，按式（4-8）便可计算出该滑移线场内上任意一点的 p 值，进而按式（4-3）求出该点的 σ_x、σ_y 和 τ_{xy}。依此逐渐求得整个塑性区内各点的应力值。现在的问题是如何绘制出变形区的滑移线场，这就需要进一步了解滑移线的几何性质。

4.3　滑移线的几何性质

一、汉盖第一定理

同族的两条滑移线（如 α_1 和 α_2 线）与另一族任意一条滑移线（如 β_1 或 β_2）相交两点的倾角差 $\Delta\varPhi$ 和静水压力变化量 Δp 均保持不变。

证明：如图4-3所示，两对 α、β 线相交构成曲线四边形 $ABCD$。按汉盖应力方程式（4-7），有沿 α_1 线从点 $A \rightarrow$ 点 B。

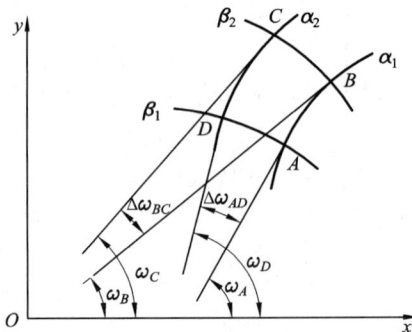

图4-3　证明 Hencky 第一定理的两对滑移线

$$p_A + 2k\Phi_A = p_B + 2k\Phi_B$$

再沿 β_2 线从点 $B \to C$ 点

$$p_B - 2k\Phi_B = p_C - 2k\Phi_C$$

于是,得沿路径 $A \to B \to C$ 的静水压力差:

$$p_C - p_A = 2k(\Phi_A + \Phi_C - 2\Phi_B) \tag{a}$$

同理,沿 β_1 线从点 $A \to$ 点 D 和沿 α_2 线从点 $D \to$ 点 C 的路径,得

$$p_C - p_A = 2k(2\Phi_D - \Phi_A - \Phi_C) \tag{b}$$

由式(a)和式(b),得

$$\Phi_C - \Phi_B = \Phi_D - \Phi_A \tag{4-9a}$$

同理,可证得

$$p_C - p_B = p_D - p_A \tag{4-9b}$$

式(4-9)叫汉盖第一定理,它表明了同族的两条滑移线的有关特性,常称滑移线的跨线定理。

由汉盖第一定理,可知滑移线场有以下几种简单的情况:

(1)同族滑移线中有一条为直线的话,则该族滑移线的其他各条滑移线必然全是直线。由于直线滑移线的倾角差为零,所以直线滑移线上的静水压力保持恒定。

(2)若一族滑移线为直线,则与之正交的另一族滑移线或为直线[见图 4-4(a)],或为曲线[如图 4-4(b)、(c)]。

图 4-4(a)所示的滑移线场由两组正交的平行直线构成,叫直线场。由于直线上任意点的 Φ 角和静水压力 p 值均相同,所以各点的应力分量 σ_x、σ_y 和 τ_{xy} 也是相等的,故直线场即为均匀应力场。

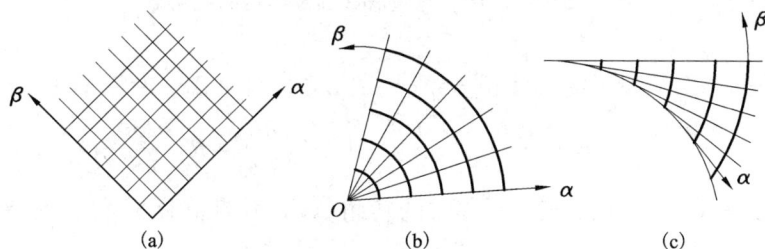

图 4-4　常见的简单滑移线场

(a)正交直线场;(b)有心扇形场;(c)无心扇形场

图 4-4(b)所示的滑移线场由一族汇集于一点的辐射线,和与之正交的另一族为同心圆弧所构成,叫有心扇形场。由于该场中每一条直线滑移线上的 Φ 角和静水压力 p 不相同,因此,扇形圆心 O 处将有无限多个静水压力值对应着,出现所谓应力分布的奇异现象(Singularity),该点叫做应力奇异点。它通常出现在模具的

拐角点或工具截面的突变处,以及应力或应变激剧变化的部位。

图4-4(c)所示的滑称线场由一族为不汇集于一点的直线和一族为不同心的圆弧线所构成的滑移线场,叫无心扇心场。图中曲线 E 为 α 线的包络线(往往是塑性变形区的边界线),即 β 线是以一族渐伸线,而与包络线 E 相切的一族为 α 线。

*二、汉盖第二定理

一动点沿某族任意一条滑移线移动时,过该动点起、始位置的另一族两条滑移线的曲率变化量(如 dR_β)等于该点所移动的路程(如 dS_α)。

证明:设 α、β 线上任一点的曲率半径分别为 R_α、R_β,由曲率半径的定义知

$$1/R_\alpha = \partial\Phi/\partial S \quad \text{和} \quad 1/R_\beta = -\partial\Phi/\partial S \quad\quad (d)$$

式中,R_α、R_β 的正负号法则为:如果 α 族滑移线的曲率中心 O_α 在 β 族滑移线的正侧为正,反之为负;β 族亦然。图4-5中 R_α、R_β 均为正的。式(d)的第二式右边的负号是因为沿 S_β 增加的方向上 Φ 角是减小的。因而 $\partial\Phi/\partial S_\beta < 0$。

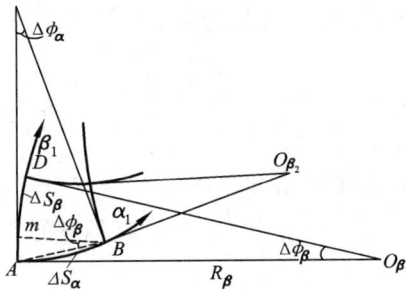

图4-5　沿 α 线 β 族滑移线曲率半径的变化量

从图4-5知无限小的圆弧长 $\Delta S_\beta = -R_\beta\Delta\Phi_\beta$,因而 ΔS_β 沿弧 S_α 的变化率为

$$\frac{d(\Delta S_\beta)}{dS_\alpha} = -\frac{d(R_\beta\Delta\Phi_\beta)}{dS_\alpha} = -\left(\Delta\Phi_\beta\frac{\partial R_\beta}{\partial S_\alpha} + R_\beta\frac{\partial\Delta\Phi_\beta}{\partial S_\alpha}\right)$$

根据汉盖第一定理,β 族线滑移线的转角 $\Delta\Phi_\beta$ 不随点沿 S_α 移动而变化,上式右边第二项为零,于是有

$$\frac{d(\Delta S_\beta)}{dS_\alpha} = -\Delta\Phi_\beta\frac{\partial R_\beta}{\partial S_\alpha} \quad\quad (f)$$

当曲线四边形单元趋近无限小时(见图4-5)可认为 Am 等于 $d(\Delta S_\beta)$,于是

$$\tan\Delta\Phi_\beta = \frac{Am}{AB} = \frac{d(\Delta S_\beta)}{dS_\alpha} = -\Delta\Phi_\beta\frac{\partial R_\beta}{\partial S_\alpha} = \Delta\Phi_\beta \quad\quad (g)$$

比较式(f)和(g),可得

$$\frac{\partial R_\beta}{\partial S_\alpha} = -1 \qquad (4-10a)$$

同理,可得到

$$\frac{\partial R_\alpha}{\partial S_\beta} = -1 \qquad (4-10b)$$

汉盖第二定理表明,同族滑移线必然具有相同的曲率方向。

综上所述,滑移线的基本性质可归纳如下:

(1)滑移线为最大切应力等于材料屈服切应力为 k 的迹线,与主应力迹线相交成 $\pi/4$ 角。

(2)滑移线场由两族彼此正交的滑移线构成,布满整个塑性变形区。

(3)滑移线上任意一点的倾角 Φ 值与坐标的选择相关,而静水压力 p 的大小与坐标选择无关。

(4)沿一滑移线上的相邻两点间静水压力差(Δp_{ab})与相应的倾角差($\Delta \Phi_{ab}$)成正比。

(5)同族的两条滑移线(如 α_1 和 α_2 线)与另族任意一条滑移线(如 β_1 或 β_2 线)相交两点的倾角差 $\Delta \Phi$,和静水压力变化量 Δp 均保持不变。

(6)一点沿某族任意一条滑移线移动时,过该动点起、始位置的另一族两条滑移线的曲率变化量(如 $\mathrm{d}R_\beta$)等于该点所移动的路程(如 $\mathrm{d}S_\alpha$)。

(7)同族滑移线必然有个相同的曲率方向。

4.4　应力边界条件和滑移线场的绘制

一、应力边界条件

塑性加工问题的应力边界条件,有四种情况[见图 $4-6$(a)、(b)、(c)、(d)和(e)]:

(1)自由表面

塑性加工时塑性区可能扩展到自由表面,如平冲头压入半无限体工件[见图 $4-10$(a)]。因为自由表面(设为 x 轴)上的法向应力($\sigma_n = \sigma_y = 0$)和切应力($\tau_k = 0$)。根据式($4-3$),可知滑移线边界点上的 Φ_k 角和静水压力 p_k 分别为

$$2\Phi_k = \arccos(\tau_k/k) = \pm \pi/2 \qquad (4-11)$$
$$p_k = -\sigma_n + k\sin(2\Phi_k) = 0 + k$$

和

$$\sigma_x = -k - k\sin(2\Phi_k) = -2k$$

可见,变形区的自由表面上的 $\Phi_k = \pm \pi/4$ 和 $p_k = +k$。

依照 4.1 节所述方法,可绘制出自由表面上任一点应力的莫尔圆,并根据 σ_y 为主应力 σ_1(即自由表面的外法线方向)确定 α 线、β 线方向[见图 $4-6$(a)]。

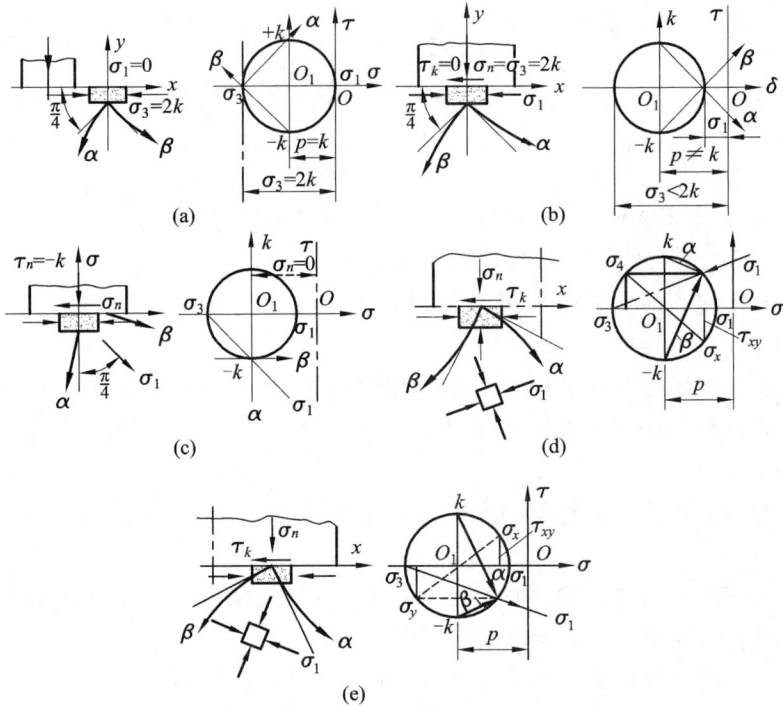

图4-6　边界面上的滑移线和莫尔圆

(a)自由表面;(b)无摩擦接触表面;

(c)粘着摩擦接触表面;(d)、(e)库仑摩擦接触表面

(2)光滑(无摩擦)接触表面

接触表面光滑且润滑良好时,可认为接触摩擦切应力为零($\tau_k = 0$),按式(4-11)第一式,可知滑移线与接触表面相交的 $\Phi_k = \pm \pi/4$,而且接触表面上的正应力 σ_n 一般为代数值最小的主压应力(即为 σ_3),σ_1 为其垂直方向。据此,可依前法确定 α、β 方向[见图4-6(b)]。

(3)粘着摩擦接触表面

高温塑性加工且无润滑时,如热挤压、热轧和热锻等,工件与工具间易出现全粘着现象,以致接触表面上的摩擦应力 $|\tau_k| = k$ 为最大,按式(4-11)第一式可知,滑移线与接触表面的夹角 Φ_k 为零或 $\pi/2$,此时 α 线与 β 线应根据接触表面切应力 τ_k 的正负指向情况来确定。图4-6(c)所示为 $\tau_k = \tau_{yx} = -k$ 时所确定的 α 线与 β 线方向情况。

(4)滑动摩擦接触表面

许多金属塑性加工过程,如冷轧、拉拔等,接触表面摩擦应力 $\tau_k = f\sigma_n$,库仑摩擦系数的范围为($0 < f < 0.5$)。因此,滑移线与接触表面的交角 $\Phi_k = (1/2)\arccos$

$(f\sigma_n/k) \neq \pi/4$，同时 σ_n 一般为工作压力，其绝对值是最大的。据此，所作的莫尔圆如图 4-6(d)、(e) 所示，利用 Prager 极点方法可确定 α 线与 β 线的方向。

二、滑移线场绘制的数值计算方法

滑移线数值计算方法的实质是：利用差分方程近似代替滑移线的微分方程，计算出各结点的坐标位置，建立滑移线场，然后利用汉盖应力方程计算各结点的平均应力 p 和 Φ 角。

根据滑移线场块的邻接情况，滑移线场的边值有三类：

（1）特征线问题

这是给定两条相交的滑移线为初始线，求作整个滑移线网的边值问题，即所谓黎曼（Riemann）问题。设选定相邻两结点的等倾角差为 $\Delta\Phi_\alpha = \Delta\Phi_\beta = \Delta\Phi$，沿已知 α 滑移线 OA 取点 $(1,0),(2,0),(3,0),\cdots,(m,0)$ 和 β 线 OB 取点 $(0,1),(0,2),(0,3),\cdots,(0,n)$。$(m,n)$ 表示第 m 条 α 线和第 n 条 β 线的结点编码（见图 4-7）。

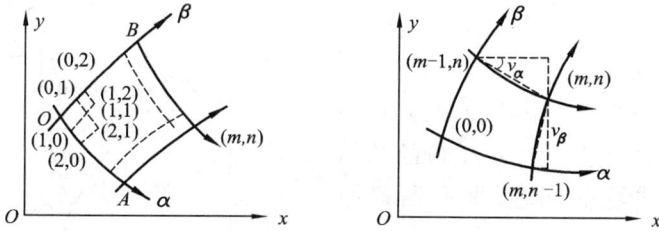

图 4-7　特征线边值计算示意图

任意网点 (m,n) 上的参数 $p(m,n)$ 和 $\Phi(m,n)$，可根据汉盖第一定理式 (4-9)，得沿 α 线从点 $(m-1,n-1)$ 到点 $(m,n-1)$，再沿 β 线从点 $(m,n-1)$ 到点 (m,n)，有

$$p(m,n) = p(m-1,n) + p(m,n-1) - p(m-1,n-1)$$
$$\Phi(m,n) = \Phi(m-1,n) + \Phi(m,n-1) - \Phi(m-1,n-1) \tag{4-12}$$

式中，$\Phi(m,n-1) = \Phi(m-1,n-1) + \Delta\Phi$

$\Phi(m-1,n) = \Phi(m-1,n-1) + \Delta\Phi$

任意网点 (m,n) 的坐标 (x,y)，可将滑移线的微分方程 (4-4) 写成差分形式：

$$\left.\frac{\mathrm{d}y}{\mathrm{d}x}\right|_\alpha = \frac{\Delta y}{\Delta x} = \tan\Phi \quad \text{（对 α 线）}$$

$$\left.\frac{\mathrm{d}y}{\mathrm{d}x}\right|_\beta = \frac{\Delta y}{\Delta x} = \tan\left(\Phi + \frac{\pi}{2}\right) = -\cot\Phi \quad \text{（对 β 线）} \tag{4-13}$$

这实质上是以弦代替微分弧，弦的斜率为两端结点的斜率的平均值，则上式可写成：

$$\frac{y(m,n) - y(m-1,n)}{x(m,n) - x(m-1,n)} = \tan v_\alpha$$

$$\frac{y(m,n) - y(m,n-1)}{x(m,n) - x(m,n-1)} = -\cot v_\beta$$

式中 $v_\alpha = \frac{1}{2}[\varPhi(m-1,n) + \varPhi(m,n)] = \varPhi(m-1,n) + \Delta\varPhi/2 = A$

$v_\beta = \frac{1}{2}[\varPhi(m,n-1) + \varPhi(m,n)] = \varPhi(m,n-1) + \Delta\varPhi/2 = B$

则得　$x(m,n) = [y(m,n-1) - y(m-1,n) + Ax(m-1,n) + Bx(m,n-1)]/(A+B)$

$y(m,n) = [Ay(m,n-1) + By(m-1,n) + ABx(m-1,n) - ABx(m,n-1)]/(A+B)$

$$\tag{4-14}$$

据此,可依次逐渐求得场内全部结点的坐标,依编码连线,从而绘制出等倾角差为 $\Delta\varPhi$ 的滑移线网。

（2）特征值问题

这是已知一条不为滑移线的边界 AB 上任一点的应力分量（σ_x、σ_y、τ_{xy}）的初始值,求作滑移线场的问题,即所谓柯西（Cauchy）问题。

如图 4 - 8 所示,将边界线 AB 分成若干等分,等分点的编码为 $(1,1)$,$(2,2)$,$\cdots$,(m,m)。由莫尔圆的关系式,计算出该边界上等分点的参数 $p(m,m)$ 和 $\varPhi(m,m)$

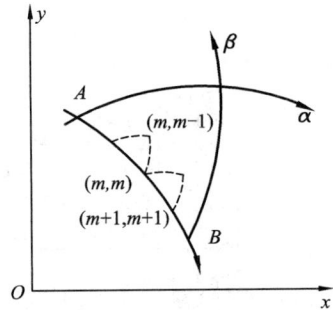

图 4 - 8　特征值问题计算示意图

$$-p_k = \frac{\sigma_x + \sigma_y}{2} = -p(m,m)$$

$$\varPhi_k = (1/2)\arctan[(\sigma_x - \sigma_y)/(-2\tau_{xy})] = \varPhi(m,m) \tag{4-15}$$

再利用汉盖第一定理,计算出形区内结点 $(m, m+1)$ 上的 $p(m,m+1)$ 和 $\varPhi(m,m+1)$：

$$p(m,m+1) = \frac{1}{2}[p(m,m) + p(m+1,m+1)] +$$

$$k[\varPhi(m,m) - \varPhi(m+1,m+1)]$$

$$\varPhi(m,m+1) = \frac{1}{2}[\varPhi(m,m) + \varPhi(m+1,m+1)] +$$

$$[p(m,m) - p(m+1,m+1)]/(4k)$$

依次计算出所需结点的 p 和 $\varPhi$ 值,以及坐标 (x,y) 的位置,并依编码大小连续,得到整个滑移线场。

对于边界线 AB 为直线的简单问题，且为均匀应力场的情况，如直线自由表面，由式（4－12）可知，此时将得到一个以 AB 为斜边的等边直角三角形均匀场块。

（3）混合问题

这是给定一条 α 线 OA，和与之相交的另一条不是滑移线的某曲线 OB（可能是接触边界线或变形区中的对称轴线）上倾角 Φ_1 值（见图4－9）。如对称轴线上，其 Φ_1 等于 $\pi/4$。

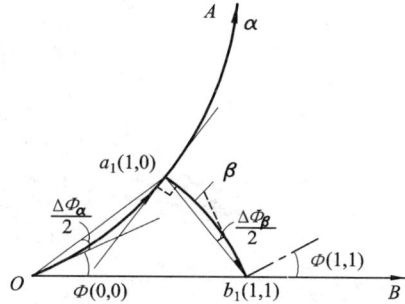

图4－9　混合问题计算示意图

先假设找到了给定滑移线上点 O 附近的第一条 β_1 线，它与滑移线 α 和边界线的交点为 $a_1(1,0)$ 和 $b_1(1,1)$，根据以弦代弧的几何关系，得

$$\angle a_1 O b_1 = \frac{1}{2}\left[\Phi(0,0) + \Phi(1,0) \right] = \Phi(0,0) + \Delta\Phi_\alpha/2$$

$$\begin{aligned}\angle O b_1 a_1 &= \pi - \pi/2 - \Phi(1,1) - \Delta\varphi_\beta/2 \\ &= \pi/2 - \Phi(1,1) - \Delta\Phi_\beta/2\end{aligned}$$

$$\angle O a_1 b_1 = \pi/2 + \Delta\Phi_\alpha/2 - \Delta\Phi_\beta/2$$

由于三角形三个内角之和为 π，因此得

$$\Delta\Phi_\beta = \Phi(0,0) - \Phi(1,1) + \Delta\Phi_\alpha$$

式中，$\Delta\Phi_\alpha$ 和 $\Delta\Phi_\beta$ 分别为所预选的 α、β 线的倾角差。

于是由汉盖第一定理，可计算出点 a_1 和 b_1 的静水压力：

$$p(1,1) = p(0,0) - 2k(\Delta\Phi_\alpha + \Delta\Phi_\beta)$$

至于点 a_1 和 b_1 的坐标位置，可根据三角形正弦定理求出。

找到 β_1 后，便可按黎曼问题计算出其余各结点的坐标，绘制出滑移线场。

例题：张角为 $3\pi/4$ 的双心扇形场的结点计算。

当 A、B 为模角接触点（应力奇异点）时，考虑表面无接触摩擦，即 AB 上没有切应力 τ_k 作用时，可绘制出图4－10（a）所示的两条滑移线；绘制时以 A、B 为圆心，$\sqrt{2}AO$ 为半径绘制两圆弧线 CD 和 CE，于是可连接成滑移线 ACE（α 线）及 BCD（β 线），因而可按黎曼问题计算出其余各结点的坐标，最后连成光滑曲线，得整个滑移线场［见图4－10（b）］。

若选取倾角差 $\Delta\Phi_\alpha = \Delta\Phi_\beta = \Delta\Phi = 5°$，将弧 CD 和 CE 等分成 27 份，设各等分点的编码为 $(1,0),(2,0),\cdots,(27,0)$ 和 $(0,1),(0,2),\cdots,(0,27)$。由图可知：

$$\Phi(m,0) = \Phi(0,0) - m\Delta\Phi$$

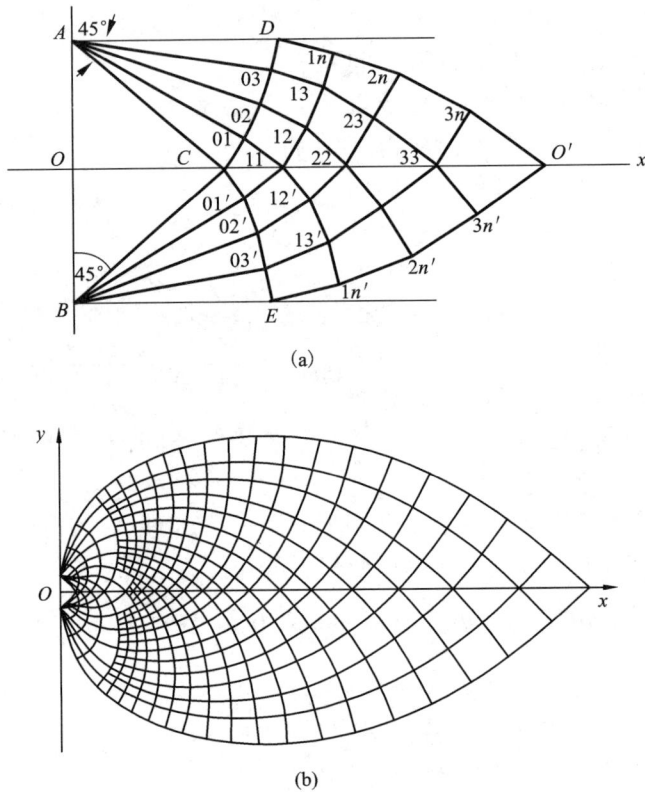

图 4 – 10　双心扇形场

（a）有心扇形场的近似图解法（张角 $\theta = 45°$）；（b）双心扇形场（张角 $\theta = 135°$）

$$\Phi(0,n) = \Phi(0,0) - n\Delta\Phi$$

式中，$\Phi(0,0) = \pi/4$ 为对称轴上的倾角值，$n = m = 1 \sim 27$。

　　于是，按式（4 – 12）可计算出相邻结点 $(1,1)$，$(1,2)$，$(1,3)$，$\cdots$，$(2,1)$，$(2,2)$，$(2,3)$，$\cdots$，(m,n) 的 $\Phi(m,n)$ 值（$m \leqslant 27$，$n \leqslant 27$）。

　　由于，$OA = OB = \sqrt{2}$，并根据几何关系知：

$$x(0,n) = \sqrt{2}\sin(\pi/4 + n\Delta\Phi) = x(n,0)$$

$$y(0,n) = 1 - \sqrt{2}\cos(\pi/4 + n\Delta\Phi) = y(n,0)$$

　　将它们代入式（4 – 13），便可计算出其余结点 (m, n) 的坐标值，连接成滑移线场［图 4 – 10（b）］。

4.5　三角形均匀场与简单扇形场组合问题及实例

　　金属塑性加工中，许多平面应变问题的滑移线场是由三角均匀场和简单扇形场组合而成的,称为简单滑移线场问题,如平冲头压入半无限体、平冲头压入、某些特定挤压比下的挤压、剪切乃至切削加工,如图 4 – 11 所示。

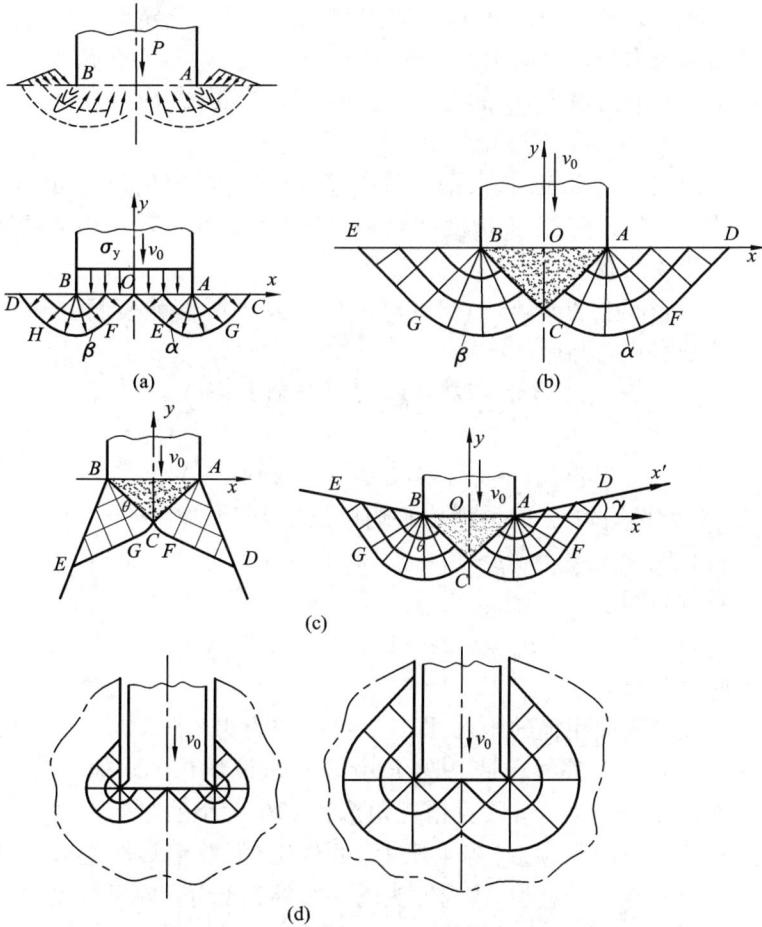

图 4 – 11 不同平冲头压入时的滑移线场

(a)光滑平冲头压入(扇形张角 $\theta = \pi/2$);(b)粗糙光滑平冲头压入(扇形 $\theta = \pi/2$);
(c)平冲头压入(扇形张角 $\theta = \pi/2$);(d)平冲头压入(扇形张角 $\theta = \pi/2$)

例 1 平冲压入半无限体。

平冲头压入半无限体是指窄形冲头单侧压入厚工件(工件高 h 与冲头宽度 W 比≥8.3)的塑性变形过程。冲头压入时,冲头下部的金属受到压缩变形,同时使冲头下部受压挤的金属向冲头两侧附近的自由表面流动而隆凸[见图 4 – 11(a)]。若冲头 z 向的接触尺寸比冲头宽度大得多,便可作平面应变题处理。这类问题用工程法是无法解决的,而用滑移线法求解却十分方便。

　　根据上述变形特点,若设 AB 为光滑接触表面时,可取摩擦应力 $\tau_k = 0$ 和工作压力 σ_y 为均匀分布。AC 和 BD 为自由表面,但都不是滑移线。由以上边界上的应力特点,按柯西问题可绘出其滑移线场块,如 $\triangle AOE$、$\triangle BOF$、$\triangle ACG$ 和 $\triangle BDH$ 均为均匀应力场块。因冲头角部 A、B 为应力突变点,即为奇异点,于是按黎曼问题可作出四个均匀应力场块之间由两个有心扇场形相连接,扇心张角为 $\pi/2$,根据自由表面部位 y 方向为主应力 σ_1 的方向,可确定 GC 为 α 线、GA 为 β 线[见图 4 – 11(b)]。

　　由于冲头两侧为自由表面,根据上节所述应力边界条件,可得 $\Phi_C = \pi/4$ 和 $p_C = k$,金属塑性加工中,许多平面应变问题是由三个均匀场和简单扇形场组合而成,称为简单滑移线场问题。

　　已知由自由表面上的 $\Phi_C = \pi/4$ 和 $p_C = k$,以及光滑接触表面上 $\Phi_O = -\pi/4$。根据汉盖应力方程式,得到

$$p_O = p_C + 2k(\Phi_C - \Phi_O) = k(1 + \pi)$$

　　因而,得

$$\sigma_{yO} = -p_O + k\sin 2\Phi_O = -k(2 + \pi)$$

因为 AB 面上应力是均匀分布的,所以平均单位压力为

$$p = -\sigma_{yO} = k(2 + \pi)$$

　　以及相对应力因子

$$n_\sigma = p/2k = 1 + \pi/2 = 2.57$$

　　以上解叫 Hill 解。

　　对于冲头接触表面粗糙的压入,即接触摩擦应力为 $\tau_k = k$ 时,其滑移线场如图 4 – 11(b)所示。这个滑移线场是 1920 年由 L. Prandtl 绘出的。他从实验中观察到粗糙冲头下面存在一个接近等腰直角三角形 $\triangle ABC$ 大小的难变形区,该区内的金属受到强烈的等值三向压应力(静水压力)的作用,不发生塑性变形,好像是一个粘附在冲头下面的刚性金属楔,成为冲头的一个补充部分。和前述情况一样,可以绘制滑移线场[见图 4 – 11(b)],并计算出平均单位压力:

$$p = -\sigma_{yO} = k(2 + \pi)$$

以及相对压力因子:

$$n_\sigma = p/2k = 1 + \pi/2 = 2.57$$

　　此外,上述组合滑移线场还适用其他一些场合,如图 4 – 11(c)所示,只是扇形张角 $\theta \neq \pi/2$。

　　对于上述扇形张角 $\theta \neq \pi/2$ 的情况,只要沿自由表面取一辅助坐标 $x' - y'$,并利用滑移线场中,只有 Φ 角与坐标选择有关,而静水压力与坐标选择无关的性质。由自由表面上 D 点处 $\sigma'_{yD} = 0$ 和 $\Phi'_D = \pi/4$,可得 $p'_D = k = p_D$,由图可知

$$\Phi_D = \Phi'_D + \gamma$$

可得

$$n_\sigma = p/2k = 1 + (\pi/2 + \gamma) = 1 + \theta$$

式中，$\theta = (\pi/2 + \gamma)$，为扇形张角。

如果扇形张角 $\theta = \pi$，便是平面压印的情况 [见图 4 - 11(d)]

例 2　光滑模面的平面应变挤压。

平面应变挤压是一种无宽向变形，只有厚度的减薄与长度增加的挤压过程。现讨论光滑模面平面应变挤压板条，且挤压比 $(H/h) = 3$ 的情况。

这种特殊挤压比的平面应变板条挤压的滑移线场如图 4 - 12 所示。它也是由均匀三角形场块和有心扇形场构成，其中由于 AB 界面上无摩擦，按柯西问题可作出均匀应力场块 $\triangle ABC$。在对称轴的出口处 $\sigma_{xD} = 0$，为代数值最大的主应力 σ_1，据此可确定场中 α、β 线的方向。

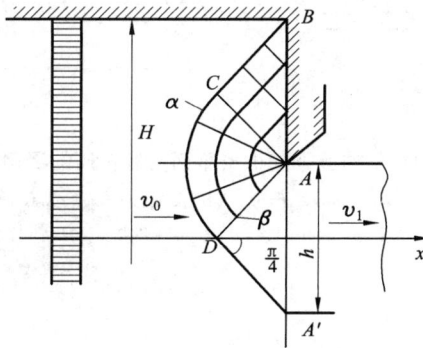

图 4 - 12　板条平面应变正挤压

$(f = 0, \dfrac{H}{h} = 3, 不计死区)$

由出口处 $\sigma_{xD} = -p_D - k\sin2\varPhi_D = 0$，得 $p_D = k$。由图知 $\varPhi_D = -\pi/4$，$\varPhi_C = -3\pi/4$，因此沿 α 线，得

$$p_C = p_D + 2k(\varPhi_D - \varPhi_C) = k(1 + \pi)$$

$$\sigma_{xC} = -p_C - k\sin2\varPhi_C = -k(2 + \pi)$$

根据力平衡条件，得单位挤压力

$$p = -\sigma_{xC}\frac{H - h}{H} = -\frac{2}{3}\sigma_{xC} = \frac{2}{3}k(2 + \pi)$$

$$n_\sigma = p/2k = (2 + \pi)/3 = 1.71$$

图 4 - 13 列举了其他几种特殊挤压情况的板条平面应变正挤压、反挤压及不对称挤压时滑移线场。

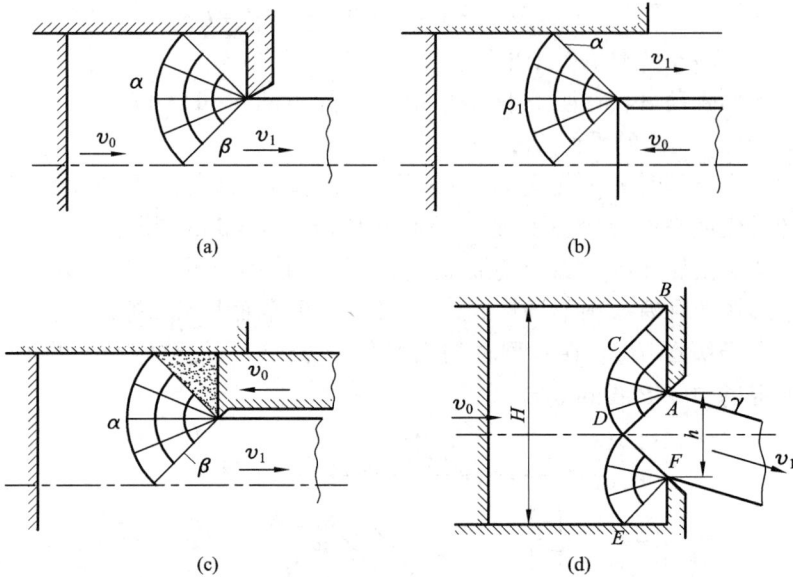

图 4 - 13 几种特殊情况下的板条平面应变挤压的滑移线场及速端图

(a)正挤压($H/h=2$,$f=0$);(b)反挤压($H/h=2.0$,$f=0$);
(c)反挤压($H/h=2$,$f=0$);(d)不对称正挤压($H/h=2.5$,$f=0$)

4.6 双心扇形场问题及实例

这类滑移线场在塑性加工平面应变问题上应用十分广泛:有对称双心扇形场,如厚件压缩和简单模锻等;不完全对称双心扇形场,如挤压、厚板轧制与拉拔等;以及扇形场扩张的滑移线场,如薄板压缩和薄板轧制等(见图 4 - 14)。

例1 平砧压缩高件——对称双心扇形场。

上节讨论过平冲头压入半无限高件的情况,塑性变形只发生在冲头下和两侧附近的自由表面。当上下锤头上下对称压缩工件的相对高度为 $1 \leqslant h/w \leqslant 8.3$ 时,塑性变形将深入到工件的整个高度内,锤头两侧的金属不再隆凸。若 z 向尺寸比压头宽度大得多,则可作为平面应变问题对待。由于对称关系,只分析右上半部分。

根据接触应力边界条件 $\tau_k=0$ 和正应力 σ_y 为均匀分布状态,可作出均匀应力场$\triangle ABC$,AC 和 BC 为两条滑移线,然后以锤头边角 A、B 两个应力奇异点为圆心,以两滑移线 AC 和 BC 为半径作出圆弧形滑移线 CD 和 CE。再根据 CD 和 CE 为初始滑移线,按黎曼问题向纵深拓展下去,直至左右边界滑移线相交于点 M。因为左

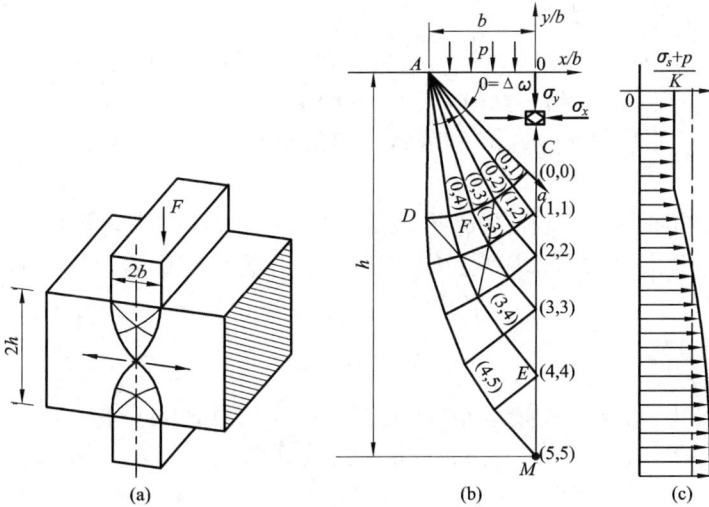

图 4 – 14 平砧压缩高件的滑移线场(对称双心扇形场)

(a)压缩高坯料;(b)滑移线场;(c)OM 线上的 σ_z

右两侧无外力作用的边界条件,知 σ_1 指向为 x 轴方向,可确定 α、β 线及方向,这是一典型对称双心扇形滑移线场(图 4 – 14)。显然扇形张角 θ 与滑移线及工件的相对高度 $\lambda(=h/w)$ 有关,根据计算,可得其近似关系式:

$$\theta = 0.625\ln\lambda - 0.025/\lambda \quad (当 h > w 时) \tag{4 – 16}$$

计算表明,上式的偏差值不超过 5%。

当接触表面粗糙时,即 $|\tau_k| = k$ 时,与平冲头压入半无限体一样,可认为锤头下面存在一个等腰直角三角形 $\triangle ABC$ 大小的难变形区,因此它的滑移线场与上相同。

已知滑移线场,根据边界条件和汉盖应力方程,计算出各点的转角和静水压力值。由图(8 – 14)知,C 点的倾角 $\Phi(0,0) = -\pi/4$、$\sigma_y = -q$,由塑性条件 $\sigma_x - \sigma_y = 2k$ 得,$\sigma_x = -q + 2k$。(q 为接触表面的平均单位压力)

由点 $(0,0)$ 到点 $(0,n)$,每顺时针转一个 $\Delta\Phi$ 角,α 线与 x 轴的倾角便减小一个 $\Delta\Phi$ 角,所以,有

$$\Phi(0,n) = \Phi(0,0) - n\Delta\Phi = -\pi/4 - n\Delta\Phi$$

和点 $(0,0)$ 的静水压力:

$$p(0,0) = -\sigma_m = -(\sigma_x + \sigma_y)/2 = q - k$$

再从点 $(0,n)$ 到点 (m,n) 点,沿 α 线,α 线与 x 轴的倾角为

$$\Phi(m,n) = \Phi(0,n) + m\Delta\Phi = -\pi/4 - n\Delta\Phi + m\Delta\Phi$$

$$= -\pi/4 + (m - n)\Delta\Phi \tag{a}$$

和点 (m, n) 的静水压力

$$p(m,n) = p(0,n) - 2k[\Phi(0,n) - \Phi(m,n)]$$

$$= q - 2k[1 + (m + n)\Delta\Phi] \tag{b}$$

根据点 (m, n) 的倾角 $\Phi(m, n)$ 和静水压力值 $p(m, n)$，便可按式（4-3）求得场各点的应力值。

接触表面的平均单位压力 q，可根据压缩过程板坯左右两侧的刚性外端没有任何外力作用，沿滑移线 ADM 上作用的水平力 $\sum F_x = 0$ 的边界条件来确定（图8-15），即

$$\int_0^h \sigma_x \mathrm{d}y = 0 \tag{c}$$

沿对称轴 Oy 上 $(m = n)$，倾角 $\Phi(m, m) = -\pi/4$，由式（b），有

$$p(m,n) = q - 2k(1 + 2m\Delta\Phi)$$

代入式（c），有

$$\int_0^h \sigma_x \mathrm{d}y = \int_0^h [q - 2k(1 + 2m\Delta\Phi)]\mathrm{d}y = 0$$

于是

$$q = 2k\frac{\int_0^h (1 + 2m\Delta\Phi)]\mathrm{d}y}{h} \tag{4-17}$$

实际上，式（4-17）的理论计算仍然十分困难，用数值方法计算繁琐，需重复多次。若用近似法就比较简单些。

现取参数 $\lambda' = y/w$，y 为双心扇形场对称轴 y 上任意一点的坐标值，相应的扇形场中心角为 θ，如图4-14所示，不难看出，$\theta' = m\Delta\Phi$。由式（4-16），可知

$$\theta' = 0.625\ln\lambda' - 0.025/\lambda' \tag{d}$$

根据力平衡条件，式（c）在滑移线场内也是满足的，即有关系式

$$\int_0^h \sigma_x \mathrm{d}y = 0$$

式中 $\mathrm{d}y = w\mathrm{d}\lambda'$。

将式（d）代入，得

$$\int_0^h \sigma_x \mathrm{d}y = \int_0^h [q - 2k(1 + 2\theta')]\mathrm{d}y = 0$$

因为 σ_x 在 OC 段为均匀应力场，上式积分应依两段进行

$$\int_0^1 (-q + 2k)\mathrm{d}\lambda' + \int_1^\lambda [-q + 2k(1 + 2\theta')]\mathrm{d}\lambda' = 0$$

上式积分后，得

$$q = 2k + (4k/\lambda)\int_1^\lambda \theta'\mathrm{d}\lambda'$$

$$= 2k(1.25\ln\lambda + 1.25/\lambda - 0.25 - 0.05\ln\lambda/\lambda)$$

$$\approx 2k(1.25\ln\lambda + 1.25/\lambda - 0.25) \tag{4-18}$$

$$n_\sigma = 1.25(\ln\lambda + 1/\lambda) - 0.25 \tag{4-19}$$

由上式算出的 q 值与精确计算结果比较，偏差不超过 2%。并且由式 (4-19) 的计算表明，当 $\lambda = h/w = 8.3$，即 $\theta = 75.2°$ 时，$n = 2.57$，与 Hill 解的结果相同，说明当 $\lambda = h/w > 8.3$ 时，应按转化成平冲头压入半无限体问题处理。

求出平均单位压力后，对图 4-14 所示滑移线场内的应力分布作一简单分析。这里以场内任意一点 (m,n) 为例，由式 (a) 和 (b) 知其倾角和静水压力分别为

$$\Phi(m,n) = -\pi/4 + (m - n)\Delta\Phi$$

$$p(m,n) = q - 2k[1 + (m + n)\Delta\Phi]$$

因此，该点的应力分量为

$$\sigma_x = -p(m,n) - k\sin2\Phi(m,n)$$

$$\sigma_y = -p(m,n) + k\sin2\Phi(m,n)$$

$$\tau_{xy} = k\cos2\Phi(m,n)$$

当在对称轴 Oy 上 $(m = n)$，有 $\Phi(m,m) = -\pi/4$，$p(m,n) = q - 2k(1 + 2m\Delta\Phi)$ 和 $m\Delta\Phi = \theta = 0.625\ln\lambda - 0.025$。再将式 (d) 和式 (4-17) 代入，得

$$\sigma_x = -q + 2k(1 + 2\theta) = 2k(1.2 - 1.25/\lambda)$$

$$= 2k(1.2 - 1.25w/h)$$

$$\sigma_y = -q - 2k(1 + 2\theta) = 2k(0.2 - 1.25/\lambda) \tag{4-20}$$

$$= 2k(0.2 - 1.25w/h)$$

$$\tau_{xy} = 0$$

由此可见，当 $\lambda(= w/h) > 1.04$ 时，σ_x 将为拉应力，而当 $\lambda > 6.25$ 时，σ_y 也将为拉应力，同时 $\sigma_z = (\sigma_x + \sigma_y)/2$ 也为拉应力。这说明 $\lambda > 6.25$ 时，将出现三向拉应力。这表明，高件压缩时中心部位易于出现三向拉应力状态，且 σ_x 大于 $2k$ 值，这便是厚件压缩以及圆棒横锻拔长时芯部易于开裂的力学原因，这一现象在低塑性材料加工中特别值得注意。为了改善这一力学状态，低塑性材料圆棒的锻造应采用 "V" 形锤头，如钨、钼等难熔金属的旋锻加工，旋锻模的正确设计可以消除中心部位的拉应力（见图 4-15）。

然而，事物总是一分为二的，对于斜轧穿孔，则希望中心部位造成三向拉应力状态，这利于中心孔腔的形成，如图 4-16 所示，三辊斜轧比两辊斜轧易于产生中心环腔，这是由于 O_1、O_2 和 O_3 处产生了较大的拉应力，加上轧辊的旋转，有利于环腔的形成。

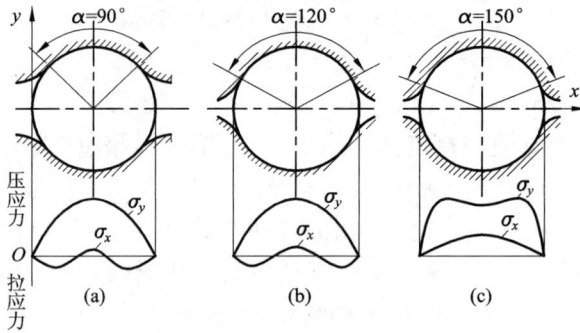

图 4 – 15　旋锤模包角(α)对断面上 σ_x、σ_y 分布的影响

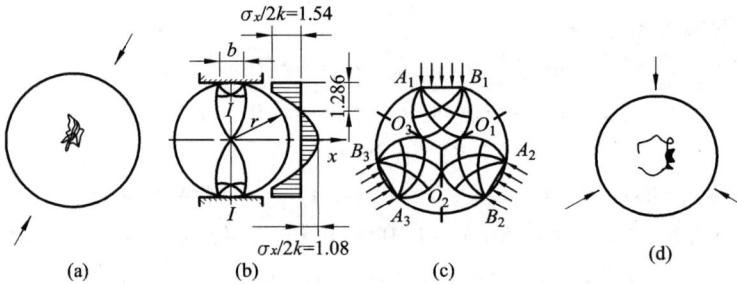

图 4 – 16　二辊和三辊斜轧的滑移线场和出现的孔腔

（a）二辊斜轧出现的孔腔；（b）二辊斜轧的滑移线场及 Ⅰ—Ⅰ 断面上 σ_x 的分布；

（c）三辊斜轧的滑移线场；（d）三辊斜轧出现的环腔

思考题和习题

1. 滑移线理论法基本原理是什么？有何特点？

2. 何谓滑移线？它的力学特点是什么？

3. 何谓汉盖应力方程？它的力学意义如何？

4. 滑移线的主要几何性质有哪些？

5. 滑移线的边值问题有哪几种？

6. 已知塑性流动平面上一点的应力状态为：$\sigma_x = -100$ MPa，$\sigma_y = -180$ MPa，$\tau_{xy} = 30$ MPa，试利用应力莫尔圆确定 σ_1、σ_2 的大小和方向，以及 α、β 线及其走向。

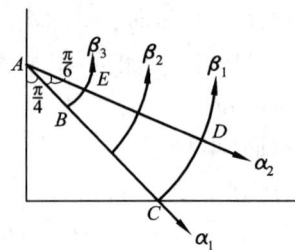

题 7 图

7. 如附图所示的滑移线场，α 线为直线，β 线为同心圆弧线。已知 $p_C = -90$ MPa，$k = 60$ MPa，试求：

(1)C 点的 σ_x、σ_y 和 τ_{xy} 值;(2)E 点的 σ_x、σ_y 和 τ_{xy} 值。

8. 试绘出附图所示光滑模面情况板条反挤压的滑移线场,并计算所需挤压力?

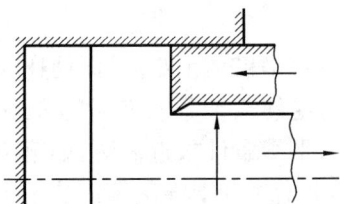

题 8 图　($H/h = 3$)

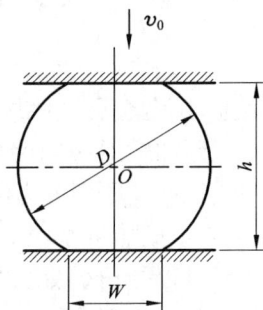

题 9 图

9. 用滑移线场理论计算圆棒横向锻造时,当 $w/h = 0.181$ 和材料的 $k = 150$ MPa 时,圆棒中心处的应力值 σ_x、σ_y 为多少?

10. 正八边形型棒横向锻造时,有两种可能的滑移线场(见附图),试问哪种是可行的,试分析之。

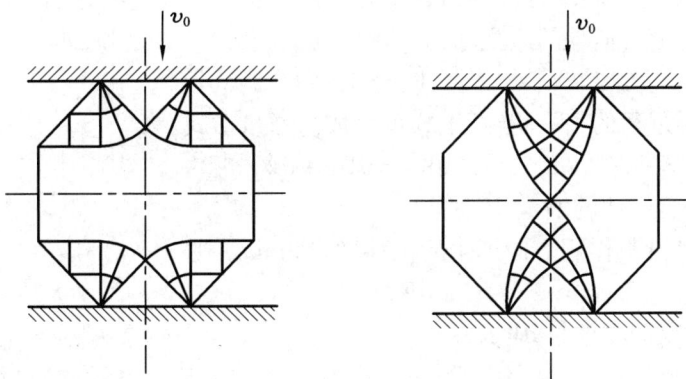

题 10 图

第 5 章　功平衡法和上限法及应用

如前所述,确定金属塑性加工变形力学的理论解是极为困难的,即使比较简单的平面应变问题和轴对称问题也不易办到。于是促使人们寻找各种近似求解方法。近似解法依据其原理分为两类:一类是根据力平衡条件求近似解,如第 7 章工程法;另一类是根据能量原理求近似解,如本章功平衡法和上限法等。功平衡法是利用塑性变形过程的功平衡原理来确定变形力的近似解;极值原理是根据虚功原理和最大塑性功耗原理,确定物体总位能接近于最低状态下,即物体处于稳定平衡状态下变形力的近似解。

5.1　功平衡法

功平衡法是利用塑性变形过程中的功平衡原理来计算变形力的一种近似方法,又称变形功法。

功平衡原理是指:塑性变形过程中外力沿其位移方向上所作的外部功(W_P)等于物体塑性变形所消耗的应变功(W_d)和接触摩擦功(W_f)之和,即

$$W_P = W_d + W_f$$

对于变形过程的某一瞬时,上式可写成功增量形式:

$$\mathrm{d}W_P = \mathrm{d}W_d + \mathrm{d}W_f$$

(1)外力所作功的增量 $\mathrm{d}W_P$

设外力 P 沿其作用方向产生的位移增量为 $\mathrm{d}u_P$,则

$$\mathrm{d}W_p = P \times \mathrm{d}u_P$$

(2)塑性变形功增量 $\mathrm{d}W_d$

$\mathrm{d}W_d$ 为变形物体内力所作功增量。当变形物体中某一单元体积为 $\mathrm{d}V$,所处主应力状态为 σ_1、σ_2、σ_3,相应的主应变增量分别为 $\mathrm{d}\varepsilon_1$、$\mathrm{d}\varepsilon_2$、$\mathrm{d}\varepsilon_3$ 时,则该单元体积的塑性变形功增量为

$$\mathrm{d}W_d = \sigma_{ij}\mathrm{d}\varepsilon_{ij}\mathrm{d}V = (\sigma_1\mathrm{d}\varepsilon_1 + \sigma_2\mathrm{d}\varepsilon_2 + \sigma_3\mathrm{d}\varepsilon_3)\mathrm{d}V$$

根据应力应变增量理论方程:

$$\frac{\mathrm{d}\varepsilon_1}{\sigma_1 - \sigma_m} + \frac{\mathrm{d}\varepsilon_2}{\sigma_2 - \sigma_m} + \frac{\mathrm{d}\varepsilon_3}{\sigma_3 - \sigma_m} = \frac{3\mathrm{d}\varepsilon_e}{2\sigma_e}$$

可求得 $\mathrm{d}\varepsilon_1$、$\mathrm{d}\varepsilon_2$、$\mathrm{d}\varepsilon_3$,考虑到塑性变形时 $\sigma_e = \sigma_T$,代入上式,经整理后得,整个塑性变形体 V 内所消耗的塑性变形功增量为

$$W_d = \int dW_d = \sigma_T \int_V d\varepsilon_e dV$$

式中，σ_T——变形抗力；

　　$d\varepsilon_e$——等效应变增量。

（3）接触摩擦所消耗功的增量 dW_f

若接触面 S 上摩擦切应力 τ_f 及其方向上的位移增量为 du_f，则

$$dW_f = \int_F \tau_f du_f dS$$

式中，$\tau_f = m\sigma_T, m(=0 \sim 1)$ 为摩擦因子。

于是由功平衡方程，得总的变形力 P 为

$$P = \frac{\sigma_T \int_V d\varepsilon_e dV + \int_F \tau_f du_f dF}{du_P} \qquad (5-1)$$

由此可见，求解的关键在于能否利用给定的变形条件，求出 $d\varepsilon_{ij}$ 和 du_f。由于塑性变形总是不均匀的，计算 $d\varepsilon_{ij}$ 是比较困难的，通常可按均匀变形假设确定 $d\varepsilon_{ij}$，故变形功法又称为均匀变形功法。

例1　平锤压缩圆柱体（摩擦因子为 m）。

现以圆柱体压缩为例，说明功平衡法的解题步骤。

圆柱体工件的尺寸如图 5 - 1 所示，设作用的外力为 F，接触面上的摩擦切应力为 $\tau_f = m\sigma_T, m(=0 \sim 1)$。在力 F 的作用下，圆柱体产生一个微小的压缩量 dh 时，则径向将产生微小位移 du。根据均匀变形假设，由轴对称圆柱坐标系的几何方程，可得各方向上的位移增量分别为

$$d\varepsilon_z = -dh/h$$
$$d\varepsilon_\rho = \partial du/\partial\rho \qquad (a)$$
$$d\varepsilon_\theta = du/\rho$$

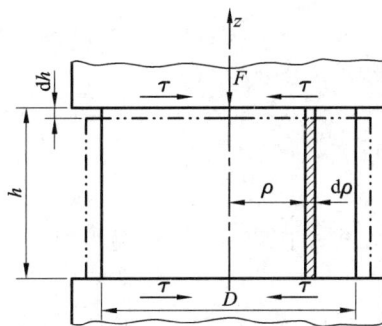

图 5 - 1　平锤压缩圆柱体

由体积不变条件

$$d\varepsilon_\rho + d\varepsilon_\theta + d\varepsilon_z = \partial du/\partial\rho + du/\rho - dh/h = 0$$

于是

$$\partial(\rho du)/\partial\rho = \rho(dh/h)$$

积分后得

$$du = \frac{1}{2}\rho(dh/h) + C$$

当 $\rho = 0$ 时，即圆柱体中心轴上，$du = 0$，积分常数 $C = 0$，于是径向位移为

$$du = \frac{1}{2}\rho(dh/h)$$

代入式（a），得径向和周向应变增量为

$$d\varepsilon_\rho = \frac{1}{2}dh/h \quad d\varepsilon_\theta = \frac{1}{2}du/h \quad d\varepsilon_z = -dh/h$$

即等效应变增量：

$$d\varepsilon_e = \frac{\sqrt{2}}{3}\sqrt{(\varepsilon_z - \varepsilon_\rho)^2 + (\varepsilon_\rho - \varepsilon_\theta)^2 + (\varepsilon_\theta - \varepsilon_z)^2} = dh/h$$

下面按式（5-1），计算各项功的消耗，并求变形力：

$$W_d = \sigma_T\int_V d\varepsilon_e dV = \sigma_T\int_V \frac{dh}{h}dV = \frac{\pi}{4}D^2\sigma_T dh$$

圆柱体上、下接触面上消耗的摩擦功增量，考虑到 $dF = 2\pi\rho d\rho$ 及 $\tau_f = m\sigma_T$，得

$$W_f = 2\sigma_T\int_F m du dF = m\sigma_T(dh/h)2\pi\int_0^{(D/2)} p^2 dp$$

$$= (2/3)mG\pi(D/2)^3(dh/h)$$

外力所作功为

$$W_P = Pdh$$

将以上各式代入功平衡方程式（5-1）中，可求得圆柱体压缩时的外力 P 和单位变形力 p 分别为

$$P = (\pi/4)D^2\sigma_T(1 + mD/3h)$$

及

$$p/\sigma_T = 1 + (m/3)(D/h)$$

这一结果与工程法所得结果相同。

5.2 极值原理及上限法

极值原理包括上限定理和下限定理，它们都是根据虚功原理和最大塑性功耗原理得出的，但各自分析问题的出发点不同。上限定理是按运动学许可速度场（主要满足速度边界条件和体积不变条件）来确定变形载荷的近似解，这一变形载荷它总是大于（理想情况下才等于）真实载荷，即高估的近似值，故称上限解；下限定理仅按静力学许可应力场（主要满足力的边界条件和静力平衡条件）来确定变形载荷的近似解，它总是小于（理想情况下才等于）真实载荷，即低估的近似解，故称下限解（见图5-2所示）。

由于上限解所确定的载荷是高估的，这对于保证塑性变形过程的顺利进行，有利于选择设备和设计模具，而且设定一个比较接近实际金属流动行为的运动学许

可速度场比较易于办到,因为变形区内质点的流动景象直观、形象,也便于通过网格法等直接观察,或用视塑性法等进行测量计算。因此,上限定理在金属塑性加工上得到了广泛应用,不仅用来解平面应变问题和轴对称问题,而且也可以解某些三维问题,如非轴对称型材的挤压、拉拔、轧制与锻压等。此外,还可用于求解高速变形的温度场,以及金属材料的性能与组织关系等。本章主要叙述上限定理及其应用。

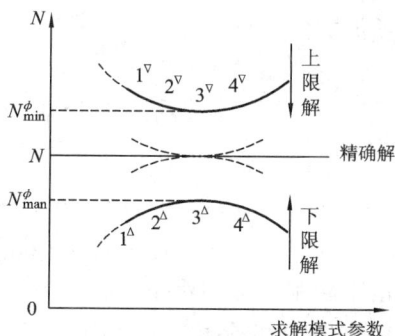

图 5 - 2　上限解、下限解与精确解的比较

虚功原理:稳定平稳状态的变形体中,当给予该变形体一几何约束所许可的微小位移(因为该位移只是几何约束所许可,实际上并未发生,故称虚位移)时,则外力在此虚位移上所作的功(称虚功),必然等于变形体内的应力在虚应变上所作的虚应变功,其表达式为

$$\iint_S p_1 \delta u_i \mathrm{d}S = \iiint_V \sigma_{ij} \mathrm{d}\varepsilon_{ij} \mathrm{d}V + \sum \iint_S \tau_t \, \mathrm{d}u_i \mathrm{d}S + \sum A_k \qquad (5-2)$$

实际应用常用功率形式表达:

$$\iint_{S_p} p_i v_i \mathrm{d}S = \iiint_V \sigma_{ij} \dot{\varepsilon}_{ij} \mathrm{d}V + \sum \iint_S \tau_t \Delta v_i \mathrm{d}S + \sum N_k \qquad (5-3)$$

式中,左边为外力所作虚功或虚功率,右边第一项为虚应变功耗或虚应变功率消耗;第二项为接触摩擦与刚性界面上剪切功耗或功率消耗等(Δv_i 为所在界面上的相对滑动速度);第三项为裂纹形成等的功耗或功率消耗。虚功原理对于弹性变形、弹塑性变形或塑性变形力学问题都是适用的。

最大塑性功消耗原理:在一切许可的塑性应变增量(应变速度)或许可的应力状态中,以符合增量理论关系的应力状态或塑性应变增量(应变速度)所耗塑性应变功(或功率消耗)最大。

证明:设变形体内一点的应力状态向量为 σ_{ij}^*,而为运动学许可的某一应变增量向量为 $\mathrm{d}\varepsilon_{ij}^p$,与之符合塑性变形增量理论关系的应力状态为 σ_{ij},用向量 $\overrightarrow{OQ}$ 表示(如图 5 - 3),向量 $\overrightarrow{OQ}^*$ 表示应力状态为 σ_{ij}^* 在 π 平面的投影,两者都处在屈服

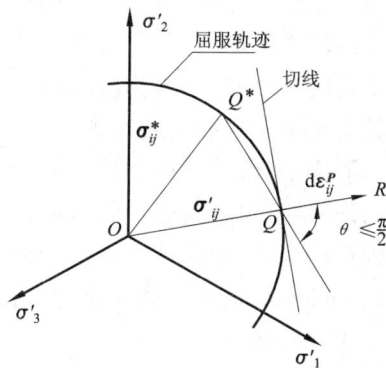

图 5 - 3　最大塑性功耗原理示意图

轨迹 L 线上,向量 $\overrightarrow{OR}$ 表示应变增量 $\mathrm{d}\varepsilon_{ij}^p$ 在 π 平面的投影。则两种状态下的塑性功耗之差值的向量形式为

$$
\begin{aligned}
\mathrm{d}A_p - \mathrm{d}A_p^* &= \overrightarrow{OQ} \cdot \overrightarrow{QR} - \overrightarrow{OQ^*} \cdot \overrightarrow{QR} \\
&= (\overrightarrow{OQ} - \overrightarrow{OQ^*}) \cdot \overrightarrow{QR} \\
&= \overrightarrow{QQ^*} \cdot \overrightarrow{QR} \\
&= \sigma_{ij} \cdot \mathrm{d}\varepsilon_{ij}^p - \sigma_{ij}^* \cdot \mathrm{d}\varepsilon_{ij}^p \\
&= (\sigma_{ij} - \sigma_{ij}^*) \cdot \mathrm{d}\varepsilon_{ij}^p
\end{aligned}
$$

由于屈服轨迹相对于中心点 O 是外凸的,即 L 线位于过 Q 点的切线左侧,所以 $\overrightarrow{QQ^*}$ 与 $\overrightarrow{QR}$ 间的夹角 θ 必小于 $\pi/2$。因此,以上向量的点积必大于零,即有以下关系:

$$
\mathrm{d}A_p - \mathrm{d}A_p^* = (\sigma_{ij} - \sigma_{ij}^*)\mathrm{d}\varepsilon_{ij}^p \geqslant 0
$$

常用功率形式表达成

$$
\mathrm{d}N_p - \mathrm{d}N_p^* = (\sigma_{ij} - \sigma_{ij}^*)\dot{\varepsilon}_{ij}^p \geqslant 0
$$

这就是最大塑性功耗原理的表达式。它表明符合增量理论关系的应力状态与塑性应变增量(应变速度)所耗塑性应变功(或功率消耗)为最大。

上限定理是根据运动学许可速度场来分析变形载荷的。设所拟运动学许可速度场为 v',由几何关系确定的应变速度场为 $\dot{\varepsilon}_{ij}$,再由该应变速度场按几何方程与增量理论确定的应力场为 σ_{ij}。而变形体中实际的应力场为 σ_{ij}^*,于是根据虚功原理和塑性功耗原理可以导出在一般情况下塑性加工中常用的上限定理的功率表达形式为

$$
\iint_{Sp} p_i v'_i \mathrm{d}S \leqslant \iiint_V \sigma_{ij} \dot{\varepsilon}_{ij} \mathrm{d}v + \sum \iint_{Sv} \tau_t \Delta v'_i \mathrm{d}S + \sum N_k \qquad (5-4)
$$

式中,p_i——真实载荷。

用上限法计算塑性加工过程的极限载荷的关键在于拟设塑性变形区内的虚拟运动学许可速度场,这种速度场应满足以下三个条件:①速度边界条件;②体积不变条件;③保持变形区内物质的连续性。而与此速度场对应的应力场则不一定要求满足力平衡条件和力的边界条件。

一般说来,为了获得更接近真实载荷的上限解,通常需设计多种运动学许可的速度场,分别求得各自的上限载荷,从中选择最小者,即为最佳上限解。

到目前为止,上限法中虚拟的运动学许可速度场模式大体有三种模式:

(1)Johnson 模式。通常称为简化滑移线场的刚性三角形上限模式,主要适用于平面应变问题。

(2)Avitzur 模式。通常称为连续速度场的上限模式,它既适用于平面应变问题、轴对称问题,也适用于某些三维问题,应用比较广泛。

（3）上限单元技术（UBET）。目前比较实用的是圆柱坐标系的圆环单元技术。它可用于解轴对称问题，以及某些非对称轴的三维问题。

5.3　速度间断面及其速度特性

一、速度间断面

如图 5 -4（a）所示，某一单位厚度的刚性平行四边形 $ABCD$，以速度 v_1 向上左运动，从（1）区穿过速度间断面 $x-x$ 进入（2）区。在通过速度间断面时，由于切应力的作用，四边形发生歪斜变为 $A'B'C'D'$，并朝着与原方向成 α 角的方向继续运动，速度为 v_2。

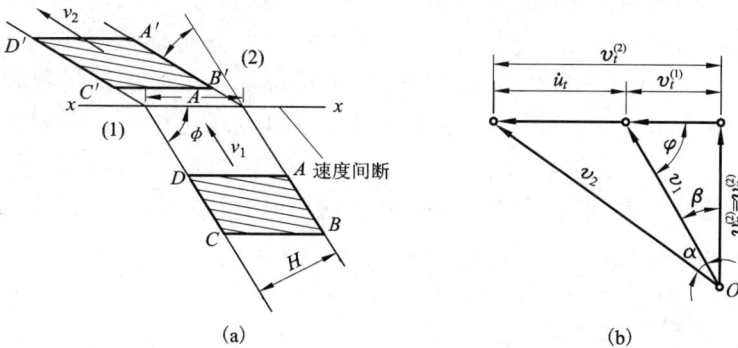

图 5 -4　速度间断面上的速度间断

（a）物理平面；（b）速度图

四边形的速度图如图 5 -4（b）所示。速度 v_1 分解为垂直于 $x-x$ 方向的法向分量 $v_{1(n)}$ 和平行于 $x-x$ 的切向分量 $v_{1(t)}$。同理，速度 v_2 也可以分解为垂直于 $x-x$ 方向的法向分量 $v_{2(n)}$ 和平行于 $x-x$ 的切向分量 $v_{2(t)}$。由于塑性变形必须遵守体积保持不变，即材料在速度间断面两侧不允许出现间隙或空穴与物质的重叠或堆积，即根据秒流量相等关系，因此有

$$v_1 \cdot L \cdot \sin\theta = v_2 \cdot L \cdot \sin\theta'$$

式中，$\theta' - \theta = \alpha$。可见，穿过 $x-x$ 时其法向速度分量相等，即满足

$$v_{1(n)} = v_{2(n)}$$

而只有速度切向分量不相等，即

$$v_{1(t)} \neq v_{2(t)}$$

说明只有切向速度发生不连续变化（或者称速度发生间断变化），也就是说速度间断面两侧的金属发生了相对滑动。所以，整个速度间断量等于切向速度间断量，即速度向量关系式为

$$\Delta v_{(t)} = v_{1(t)} - v_{2(t)} \tag{5-5}$$

四边形 $ABCD$ 从(1)区穿过 $x-x$ 间断面进入(2)区时,需要消耗功率。若 $x-x$ 为直线,穿越的速度间断长度为 L,则所消耗的剪切功率为

$$N_t = \tau_t \cdot \Delta v(t) \cdot L$$

速度间断面上,$\tau_t \leqslant k$。

二、速端图及速度间断量的计算

速端图是以代表刚性区内一不动点 O 为所有速度矢量的起始点(也称为基点或极点),所作变形区内各质点速度矢量端点的轨迹图形,它是研究平面应变问题时,确定刚性界面和接触摩擦界面上相对滑动速度(即速度间断量)的一个重要工具。

现以矩形断面板条平面应变压缩问题为例。板条宽为 $2B$,高为 $2h$,如图5-5所示。板条以速度间断面 S_p 将变形区分割为四个三角形区域 $\triangle AOB$($\triangle$①)、$\triangle COD$($\triangle$②)、$\triangle BOC$($\triangle$③)和 $\triangle DOA$($\triangle$④),每一三角形区都想象和刚体一样以一均匀速度运动。现以压坯横断面中心点为坐标原点,取 $x-y$ 坐标系(见图5-5a)。$\triangle$①随上锤头的速度($-v_0$)向下运动,$\triangle$②以速度(v_0)向上运动,$\triangle$③和$\triangle$④由于运动的约束,根据体积不变条件,只能分别以速度 $-v_L = v_R = (B/h)v_0$ 向左、右作水平运动。

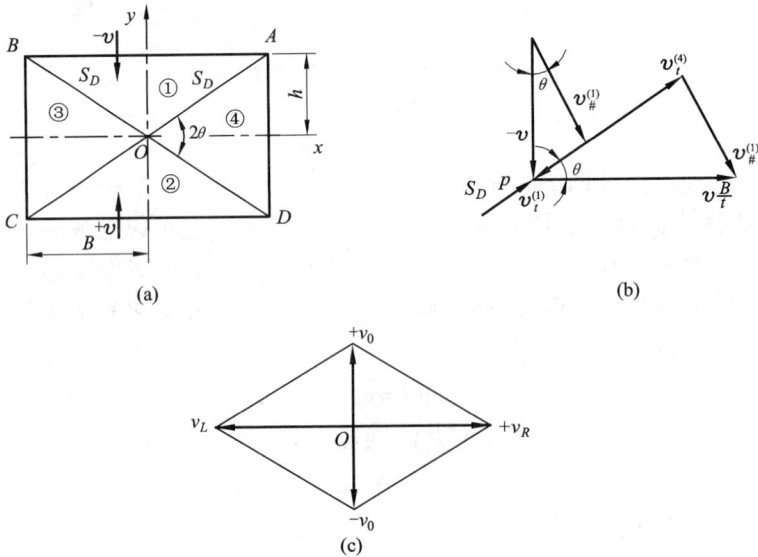

(a)

(b)

(c)

图5-5　矩形断面板条平面应变压缩(a)的流动
速度分析(b)及其速端图(c)

由图 5 –5(b)可知,沿与间断面 S_p 成法线方向的速度分量为

$$v_n^{(1)} = v_0\cos\theta, \quad v_n^{(4)} = v_0(B/h)\sin\theta$$

因为

$$v_n^{(4)}/v_n^{(1)} = (B/h)\tan\theta$$

但

$$\tan\theta = h/B$$

故有

$$v_n^{(4)} = v_n^{(1)}$$

即坯料保持不可压缩性与连续性,各三角形沿平行于每一个 $S\,p$ 面互相滑动,平行于 $S\,p$ 面的速度分量分别为

$$v_t^{(1)} = -v_0\sin\theta \quad \text{和} \quad v_t^{(4)} = v_0(B/h)\cos\theta$$

式中,$\sin\theta = h/\sqrt{B^2+h^2} = \left[1+(B/h)^2\right]^{-1/2}$

$$\cos\theta = B(B^2+h^2)^{-1/2} = (B/h)\left[1+(B/h)^2\right]^{-1/2}$$

速度间断面上的速度不连续量的绝对值为

$$\left|\Delta v_{OB}^{(t)}\right| = \left|v_1^{(t)} - v_4^{(t)}\right| = \left|v_0(B/h)\cos\theta - (v_0\sin\theta)\right|$$

$$= \left|\left[(B/h)\cos\theta + \sin\theta\right]v_0\right| = v_0/\sqrt{1+(B/h)^2}$$

同理其他各速度间断面上的速度间断量为

$$\left|\Delta v_{OC}^{(t)}\right| = v_2^{(t)} - v_4^{(t)} = v_0\sqrt{1+(B/h)^2}$$

$$\left|\Delta v_{OD}^{(t)}\right| = v_2^{(t)} - v_3^{(t)} = v_0\sqrt{1+(B/h)^2}$$

$$\left|\Delta v_{OA}^{(t)}\right| = v_1^{(t)} - v_3^{(t)} = v_0\sqrt{1+(B/h)^2}$$

据此,根据速度间断量与速度间断面平行的关系以及速度边界条件,也可绘出其速端图,如图 5 –5(c)。

5.4 Johnson 上限模式及应用

Johnson 上限模式是 W. Johnson 于 20 世纪 50 年代末用来研究平面应变问题所采用的上限法求解方法。它的基本思路是设想塑性变形区由若干个刚性三角形构成,塑性变形时完全依靠三角形场间的相对滑动产生,变形过程中每一个刚性块是一个均匀速度场,块内不发生塑性变形,于是块内的应变速度 $\dot{\varepsilon}_{ij} = 0$。因此,式(5 –6)的能量基本方程中,若不计附加外力及其他功率消耗的话,其塑性变形功率消耗部分也为零,则上限功率表达式变为

$$\iint_{Sp} p_i v_i' \mathrm{d}S \leqslant \sum \iint_{Sv} \tau_t \Delta v_i' \mathrm{d}S \tag{5 –6}$$

Johnson 上限模式求解的基本步骤为

（1）根据变形的具体情况，或参照该问题的滑移线场，确定变形区的几何位置与形状，再根据金属流动的大体趋势，将变形区划分为若干个刚性三角形块；

（2）根据变形区划分刚性三角形块情况，以及速度边界条件，绘制速端图；

（3）根据所作几何图形，计算各刚性三角形边长及速端图计算各刚性块之间的速度间断量，然后按式（5-6）计算其剪切功率消耗；

（4）求问题的最佳上限解，一般划分刚性三角形块时，几何形状上包含若干待定几何参数，所以须先对待定参数求极值确定其具体数值，进而求得最佳的上限解。

这里应指出的一点是，刚性三角形块划分时，要注意任一刚性三角形的任意两边不能同时邻接同一速度边界条件，否则绘不出该三角形的速端图。

例1 平冲头压入半无限体。

参照该问题的滑移线场，设想其上限模式如图5-6所示，由于对称性，只研究其右半部分。变形区由三个刚性等腰三角形块构成，设其底角为α（待定参数）。并设接触表面光滑无摩擦。三角形各边，除两侧自由表面外，都是速度间断面。图中虚线表示金属质点的流线。设冲头压下速度为$v_0 = 1$。据此，可绘出其速端图，如图5-6（b）所示。因此，可写出各块间的剪切功率计算式，为

$$p \cdot \frac{W}{2} \cdot v_0 = k(OB \cdot \Delta v_{OB} + AB \cdot \Delta v_{AB}$$
$$+ BC \cdot \Delta v_{BC} + AC \cdot \Delta v_{AC} + CD \cdot \Delta v_{CD})$$

式中，p为平均单位压力。

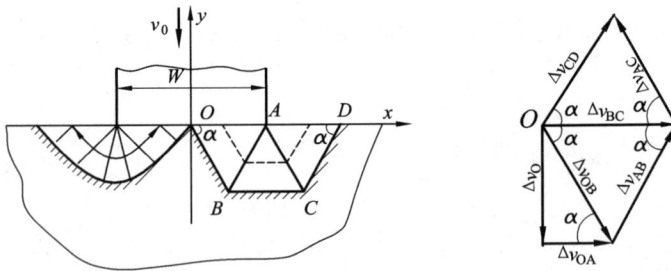

图5-6 平冲头压入半无限体的速端图

根据图5-6的图形的几何关系，各速度间断线的长度为

$$OB = AB = AC = CD = W/(4\cos\alpha) \quad \text{和} \quad BC = AD = OA = W/2$$

式中，W——冲头宽度。

同样根据速端图，可计算出各速度间断面上的速度不连续量分别为

$$\Delta v_{OB} = \Delta v_{AB} = \Delta v_{AC} = \Delta v_{CD} = v_0/\sin\alpha$$

$$\Delta v_{BC} = 2v_0 \cot\alpha$$

将它们代入上式,经整理后,得

$$p \cdot (W/2) \cdot v_0 \leqslant k \cdot W \cdot v_0 [1/(\sin\alpha\cos\alpha) + \cot\alpha]$$

其应力状态系数(上限法中常称之为功率消耗系数)

$$n_\sigma = p/2k = (1 + \cos^2\alpha)/\sin\alpha\cos\alpha$$

$$= (\tan^2\alpha + 2)/\tan\alpha$$

对待定参数 $\tan\alpha$ 进行优化,即取极值 $\mathrm{d}p/\mathrm{d}(\tan\alpha) = 0$,得 $\tan\alpha = \sqrt{2}$,即 $\alpha = 54°44'$,将其代回原式,得这一问题在该上限模式下的最佳上限解为 $n_\sigma = 2\sqrt{2} = 2.83$,而这一问题的滑移线场解为 $n_\sigma = 2.57$,高了约 10%。如选用更接近滑移线场的上限模式,则精度可以提高。

例 2 板条平面应变挤压。

首先讨论不考虑死区的光滑模面板条挤压。参照其滑移线场,将变形区简化为由一对刚性三角形块构成(其中 θ 为待定几何参数),其速度间断线和速端图如图 5 – 7 所示。图中虚线为金属质点的流动情况。

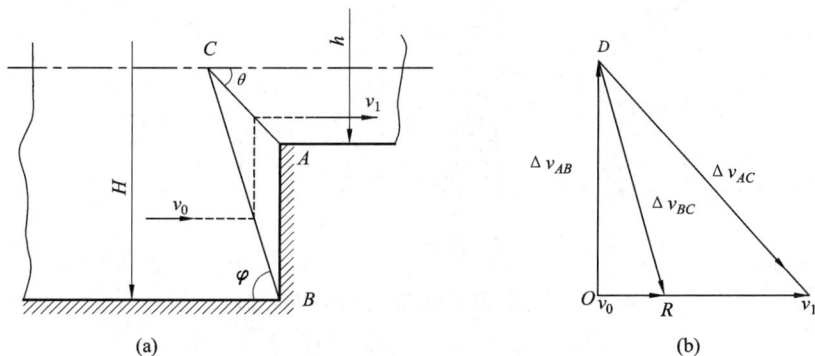

图 5 – 7 不考虑死区的光滑模面的板条挤压$\left(\dfrac{H}{h} = \lambda\right)$

(a)上限模式 (b)速端图

设挤压轴以速度 v_0 向右运动,挤压垫上平均单位压力为 p。由于光滑模面上 $\tau_k = 0$,因此,可写其能量关系式:

$$p \cdot v_0 \cdot (H/2) = k(BC \cdot \Delta v_{BC} + AC \cdot \Delta v_{AC}) \qquad (\text{a})$$

由变形区的几何关系,知 $H/h = \lambda$(挤压比)和体积不变条件 $v_1 = \lambda \cdot v_0$,得

$$BC = H/(2\sin\varphi) \qquad AC = h/(2\sin\theta) = H/(2\lambda\sin\theta)$$

$$\Delta v_{BC} = v_0/\cos\varphi \qquad \Delta v_{AC} = v_1/\cos\theta = \lambda \cdot v_0/\cos\theta$$

将其代入式(a)并化简后,得

$$p = k(1/\sin\varphi\cos\varphi + 1/\sin\theta\cos\theta)$$

由图知，$H = \lambda h$，故有 $\tan\varphi = \lambda\tan\theta$，代入上式，得

$$p = k(1 + \lambda)(1 + \lambda\tan^2\theta)/(\lambda\tan\theta)$$

对待定参数 $\tan\theta$ 进行优化，即由 $\mathrm{d}p/\mathrm{d}\tan\theta = 0$，得 $\tan\theta = 1/\sqrt{\lambda}$ 时的上限解为最佳值

$$p = 2k[(1 + \lambda)/\sqrt{\lambda}] \quad 或 \quad n_\sigma = p/2k = (1 + \lambda)/\sqrt{\lambda}$$

当 $\lambda = 3$ 时，$n_\sigma = 2.31$，而由上一章知，这一问题的滑移线理论解为 1.71。

这一上限解比滑移线理论解高出约 35%，究其原因是变形区只取了一对刚性三角形，与实际变形区范围相差较大。如果划分为两对，或三对，或四对三角形的话，使之尽可能接近实际变形区的大小（如图 5 - 8 所示），各自对应的上限解结果见表 5 - 1，可见精度有很大提高。

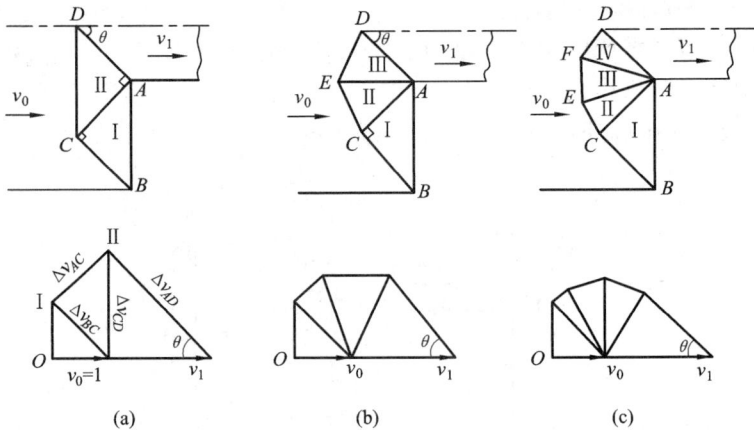

图 5 - 8　光滑模面挤压（$\lambda = 3$）变形区划分为

两对（a）三对（b）四对（c）三角形时及其速端图

表 5 - 1　不同刚性三角形速度模式的计算结果

速度模式	滑移线法	上 限 模 式 （见图 5 - 8）			
		（a）	（b）	（c）	（d）
$p/2k$	1.71	2.31	2.00	1.77	1.75

由以上计算结果表明，随着变形区内刚性三角形块布满程度与实际变形区的接近，其上限解结果的精度也提高。

其次，当模面粗糙并考虑死区时，板条平面应变挤压的上限模式与速端图分别如图 5 - 9 所示，图（a）中死区角度为 α；图（b）中挤压比很大时，死区界面为曲线，简化成两个死区角度的情况，图中 Φ 角为待定几何参数。

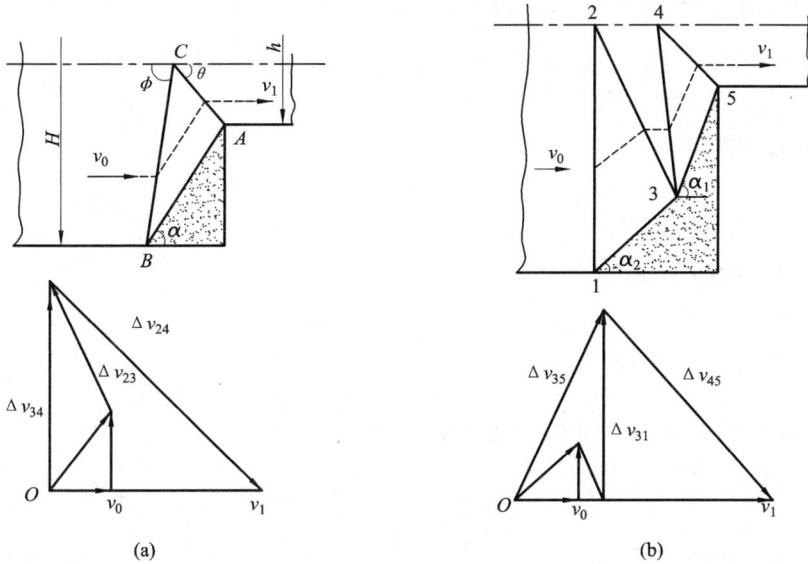

图 5-9 挤压比很大时考虑死区的上限模式其他方案及速端图

5.5 Avitzur 上限模式及应用

B. Avitzur 上限模式为连续速度场模式,其基本思路是把整个变形区内金属质点的流动用一个连续速度场 $v_i = f_i(x, y, z)$ 来描述。同时考虑塑性区与刚性区界面上速度的间断性及摩擦功率的影响。因此,Avitzur 上限模式的基本能量方程与式(5-4)是一致的,常简化为

$$N = N_d + N_t + N_f + N_q$$

式中

$$N_d = \iiint_v \sigma_{ij} \dot{\varepsilon}_{ij} \mathrm{d}v \qquad (5-7)$$

为塑性变形功率消耗;

$$N_t = \sum \iint_{St} \tau_t \Delta v_t \mathrm{d}S \qquad (5-8)$$

为速度间断面上剪切功率消耗;

$$N_q = \sum \iint_{Sv} \tau_f \Delta v_i \mathrm{d}S \qquad (5-9)$$

为接触面上摩擦功率消耗;

$$N_q = \iint_{Sp} q_i v_i \mathrm{d}S \qquad (5-10)$$

为附加外力消耗的(取"＋"号)或向系统输入的附加功率(取"－"号)。

但应注意,以上各式右边中的速度场 v_i、$\dot{\varepsilon}_{ij}$ 以及 σ_{ij} 等都是运动学许可的。

现讨论一下塑性变形功耗的计算。

由应力张量分解方程

$$\sigma_{ij} = \sigma'_{ij} + \delta_{ij}\sigma_m \quad (i=j,\delta_{ij}=1;i\neq j,\delta_{ij}=0) \tag{a}$$

式中,σ_m——平均应力;

和塑性变形体积不变条件

$$\dot{\varepsilon}_x + \dot{\varepsilon}_y + \dot{\varepsilon}_z = 0 \tag{b}$$

得

$$\sigma_{ij}\dot{\varepsilon}_{ij} = \sigma'_{ij}\dot{\varepsilon}_{ij} + \delta_{ij}\sigma_m\dot{\varepsilon}_{ij} = \sigma'_{ij}\dot{\varepsilon}_{ij} \tag{c}$$

根据 Levy – Mises 流动法则

$$\sigma'_{ij} = \dot{\varepsilon}_{ij}/\mathrm{d}\lambda' \tag{d}$$

和 Mises 塑性条件

$$I'_2 = \frac{1}{2}\sigma'_{ij}\cdot\sigma'_{ij} = k^2 \tag{e}$$

将式(e)代入式(d),得

$$\mathrm{d}\lambda' = (\sqrt{\sigma'_{ij}\cdot\sigma'_{ij}/2})/k \tag{f}$$

再将式(f)代入式(d),便得

$$\sigma'_{ij} = k\dot{\varepsilon}_{ij}/\sqrt{\dot{\varepsilon}_{ij}\cdot\dot{\varepsilon}_{ij}/2} \tag{g}$$

因此,总的塑性变形功耗的计算式为

$$
\begin{aligned}
N_d &= \iiint_V \sigma_{ij}\dot{\varepsilon}_{ij}\mathrm{d}v = \iiint_V \sigma'_{ij}\dot{\varepsilon}_{ij}\mathrm{d}V \\
&= 2k\iiint_V \sqrt{\frac{1}{2}\dot{\varepsilon}_{ij}\cdot\dot{\varepsilon}_{ij}}\mathrm{d}V \\
&= \sigma_T\iiint_V \dot{\varepsilon}_e\mathrm{d}V
\end{aligned}
\tag{5－11}
$$

式中,$\sigma_T = \sqrt{3}k$——变形材料的流变应力;

$\dot{\varepsilon}_e = \sqrt{(2/3)\cdot\dot{\varepsilon}_{ij}\cdot\dot{\varepsilon}_{ij}}$——等效应变速度。

一、直角坐标平面应变问题——考虑侧鼓时板坯的平锤压缩

平锤压缩板坯时,由于接触表面摩擦的阻碍作用,使表面层的水平流动速度 v_x 小于中心层的,因而导致出现侧面鼓形,如图 5－10 所示。若 z 轴向(垂直纸面)的应变极小,仍是一个适合于用直角坐标描述的平面应变问题。由于变形的对称性,坐标原点取在中心点 O 上,可以研究右上部分。

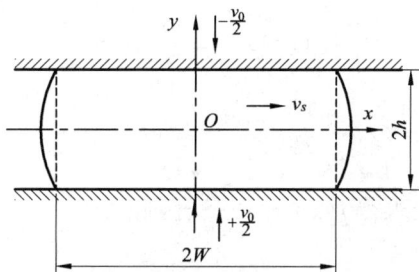

图 5 - 10　带侧鼓时的板坯平锤压缩

为了建立考虑侧面鼓形时的运动学许可速度场。首先分析不考虑侧鼓时的运动学许可速度场。

由边界条件 $y=0, v_y=0$ 和 $y=\pm h, v_y=\pm \dfrac{v_0}{2}$，设 v_y 与坐标成线性关系，即

$$v_y = -\frac{v_0}{2} \cdot \frac{y}{h} \quad (\text{第一象限内})$$

按体积不变条件，平面应变问题有 $\dot{\varepsilon}_x = -\dot{\varepsilon}_y$，于是 $\dot{\varepsilon}_x = \dfrac{\partial v_x}{\partial x} = +\dfrac{v_0}{2h}$，积分得

$$v_x = \int \dot{\varepsilon}_x \mathrm{d}x = \frac{v_0}{2h}x + C$$

由边界条件 $x=0, v_z=0$，得 $C=0$，于是得

$$v_x = \frac{v_0}{2} \cdot \frac{x}{h}$$

可见不考虑侧鼓时，v_x 与 y 无关，即 v_x 从中心至表层是均匀的。当考虑侧鼓时，v_x 沿 y 的分布不均匀，即 $v_x = f(x,y)$。现根据 v_x 从表层至中心逐渐增大的特点，假设 v_x 沿坐标 y 轴是按指数规律变化，可令

$$v_x = A\frac{v_0}{2}\frac{x}{h}\mathrm{e}^{-by/h} \quad (A、b \text{ 为待定参数})$$

以此作为设计考虑侧鼓时的平锤压缩板坯的运动学许可速度场的出发点，来研究整个运动学许可速度场的情况。

根据平面应变的几何方程和体积不变条件得

$$\left.\begin{aligned}
\dot{\varepsilon}_x &= \frac{\partial v_x}{\partial x} = \frac{Av_0}{2h}\mathrm{e}^{-by/h} \\
\dot{\varepsilon}_y &= \frac{\partial v_y}{\partial y} = -\dot{\varepsilon}_x = -\frac{Av_0}{2h}\mathrm{e}^{-by/h} \\
\dot{\varepsilon}_z &= 0
\end{aligned}\right\} \tag{a}$$

由式(a)第二式,得

$$v_y = \int \dot{\varepsilon}_y \mathrm{d}y = -\frac{Av_0}{2h} \int e^{-by/h} \mathrm{d}y$$

$$= \frac{Av_0}{2b} e^{-by/h} + f(x)$$

由边界条件 $y = 0, v_y = 0$,求得 $f(x) = -\dfrac{Av_0}{2b}$,因此

$$v_y = \frac{A}{2b} v_0 (e^{-by/b} - 1)$$

在 $y = h$ 的表面上,$v_y = -\dfrac{v_0}{2}$,所以,求得待定参数

$$A = b/(1 - e^{-b})$$

于是,

$$\left. \begin{array}{l} v_x = \dfrac{b}{1 - e^{-b}} v_0 \dfrac{x}{2h} e^{-by/h} \\[3mm] v_y = \dfrac{1}{2(1 - e^{-b})} v_0 (e^{-by/h} - 1) \\[3mm] v_z = 0 \end{array} \right\} \tag{b}$$

这样,该式便只剩下一个待定参数 b 了。

将式(b)代入式(a),得

$$\left. \begin{array}{l} \dot{\varepsilon}_x = \dfrac{bv_0}{2h(1 - e^{-b})} e^{-by/h} \\[3mm] \dot{\varepsilon}_y = \dfrac{-bv_0}{2h(1 - e^{-b})} e^{-by/h} = -\dot{\varepsilon}_x \\[3mm] \dot{\varepsilon}_{xy} = \dfrac{1}{2}\left(\dfrac{\partial v_x}{\partial y} + \dfrac{\partial v_y}{\partial x} \right) = \dfrac{1}{2}\dfrac{\partial v_x}{\partial y} = \dfrac{-b^2 v_0 x}{2h^2(1 - e^{-b})} e^{-by/h} \\[3mm] \dot{\varepsilon}_z = \dot{\varepsilon}_{yz} = \dot{\varepsilon}_{xz} = 0 \end{array} \right\} \tag{c}$$

将式(c)代入式(5-11),积分经整理后得

$$N_d = 2k \int_v \sqrt{\dot{\varepsilon}_x^2 + \dot{\varepsilon}_{xy}^2} \, \mathrm{d}v$$

$$= 2k \frac{2v_0 b}{2h(1 - e^{-b})} \int_0^h \int_0^w e^{-by/h} \sqrt{1 + \left(\frac{b}{h} \right)^2 x^2} \, \mathrm{d}x \mathrm{d}y$$

$$= 2k v_0 \left\{ w \sqrt{1 + \frac{1}{4}\left(\frac{b}{h} \right)^2 w^2} + 2\frac{h}{b} \ln\left[\frac{wb}{2h} + \sqrt{1 + \frac{1}{4}\left(\frac{b}{h} \right)^2 w^2} \right] \right\} \tag{d}$$

Avitzur 设接触表面上摩擦应力 $\tau_k = mk$，m 为摩擦因子，$m = 0 \sim 1.0$。接触表面上的速度不连续量 $\Delta v_t = v_x \big|_{y=h} = \left(\dfrac{bv_0}{1-e^{-b}}\right)\dfrac{x}{2h}e^{-b}$。代入式（5 - 9），得

$$N_f = \int_0^w mk \cdot \frac{bv_0}{2(1-e^{-b})}\frac{x}{h}e^{-b}\,\mathrm{d}x = \frac{1}{2}mk\frac{be^{-b}}{2(1-e^{-b})}v_0\frac{w^2}{h} \tag{e}$$

于是，

$$n_\sigma = \frac{p}{2k} = \frac{1}{2k} \cdot \frac{(N_d + N_f)}{wv_0}$$

$$= \frac{1}{2}\sqrt{1+\frac{b^2}{4}\left(\frac{w}{h}\right)^2} + \frac{h}{wb}\ln\left[\frac{b}{2}\frac{w}{h} + \sqrt{1+\frac{b^2}{4}\left(\frac{w}{h}\right)^2} + \frac{m}{4}\frac{b}{e^b-1}\frac{w}{h}\right] \tag{f}$$

对上式求极值可确定待定参数 b，即 $\dfrac{\partial n_\sigma}{\partial b} = 0$，经一系列数学推导求出

$$b = \frac{3}{1+\left(\dfrac{2}{m}\right)\left(\dfrac{w}{h}\right)} \tag{g}$$

将 b 值代入式（f），得该模式下的最佳上限解为

$$n_\sigma = 1 + \frac{m}{4} \cdot \frac{w}{h} - \frac{3}{2}\frac{\left(\dfrac{m}{4}\right)^2}{1+2\left(\dfrac{m}{4}\right)\left(\dfrac{h}{w}\right)} \tag{5-12}$$

若不计侧面鼓形，上式右边第三项为零，得到与式（5 - 10）同样的结果。

二、极坐标平面应变问题——宽板的平辊轧制

宽板平辊轧制是一个常见的平面应变问题，若接触弧用弦代替，便类似于楔形件在斜锤间的平面应变压缩。对于这种问题，除了能用工程法按直角坐标分析方法外，也能用上限法按极坐标进行分析（见图 5 - 11），而且往往更切合实际。

由图 5 - 11 可知，接触弦线的倾角 $\varphi_0 = \dfrac{\alpha}{2}$，$\alpha$ 为轧制时的接触角，从几何关系上知

$$\cos\alpha = 1 - \frac{\Delta h}{D}$$

式中，D——轧辊直径；

　　$\Delta h = H - h$——绝对压下量；

　　H、h——轧制前、后轧件的厚度。

为便于用极坐标进行分析，设变形区的入口界面、出口界面以及中性界面的方程分别为

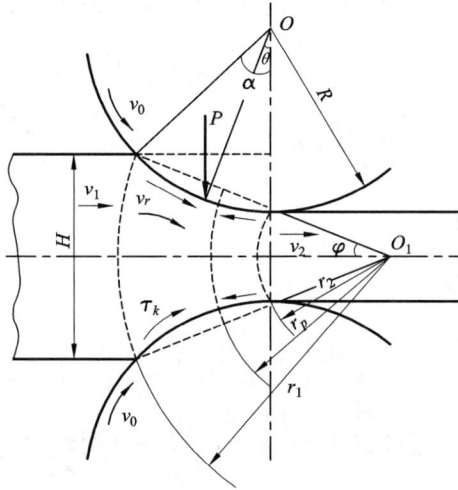

图 5 - 11 宽板平辊轧制的极坐标平面应变分析

$$入口界面:r_1 = \frac{H}{2\sin\varphi_0}$$
$$出口界面:r_2 = \frac{h}{2\sin\varphi_0} \qquad\qquad (a)$$
$$中性界面:r_v = \frac{h_\gamma}{2\sin\varphi_0}$$

并设变形区内的金属仅有沿径向的流动,即设运动学许可流速场为

$$v_r = f(r,\varphi), v_\varphi = v_z = 0$$

根据几何方程式和体积不变条件方程,得一偏微分方程

$$\frac{\partial v_r}{\partial r} + \frac{v_r}{r} = 0$$

解该偏微分方程式,得

$$v_r = C(\varphi)/r$$

设轧件进入辊缝的水平速度为 v_1。根据边界条件 $r = r_1$ 时,$v_{r1} = v_1\cos\varphi$,得积分常数

$$C(\varphi) = r_1 v_1 \cos\varphi$$

因此,变形区内的速度

$$v_r = \frac{r_1 v_1 \cos\varphi}{r} \qquad\qquad (b)$$

式(b)反映了 v_r 满足刚端速度的要求。但是 v_1 并不是原始速度,轧制时的原始速度是轧辊辊面上的线速度 v_0。v_1 与 v_0 之间的关系可以根据滑动摩擦轧制状态下中

性点处,即 $r = r_v, \varphi = \varphi_0$ 的点上 $v_{rv} = v_0$ 的条件来确定。于是有

$$v_1 = \frac{r_v v_0}{r_1 \cos\varphi_0}$$

将它代入式(b),得

$$v_r = \frac{r_v v_0 \cos\varphi}{r \cos\varphi_0} \tag{c}$$

将式(c)代入几何方程式,得应变速度场为

$$\left.\begin{array}{l}
\dot{\varepsilon}_r = \dfrac{\partial v_r}{\partial r} = -\dfrac{r_v v_0 \cos\varphi}{r^2 \cos\varphi_0} \\[4mm]
\dot{\varepsilon}_\varphi = \dfrac{v_r}{r} = \dfrac{r_v v_0 \cos\varphi}{r^2 \cos\varphi_0} = -\dot{\varepsilon}_r \\[4mm]
\dot{\varepsilon}_{r\varphi} = \dfrac{1}{2r}\dfrac{\partial v_r}{\partial \varphi} = -\dfrac{r_v v_0 \sin\varphi}{2r^2 \cos\varphi_0} \\[4mm]
\dot{\varepsilon}_z = \dot{\varepsilon}_{zr} = \dot{\varepsilon}_{z\varphi} = 0
\end{array}\right\} \tag{d}$$

将式(d)代入式(5-11),并考虑到式(a)的关系得

$$\begin{aligned}
N_d &= \frac{2 \times 2 k r_v v_0}{\cos\varphi_0} \int_0^{\varphi_0} \int_{r_2}^{r_1} \frac{1}{r} \sqrt{1 - \frac{3}{4}\sin^2\varphi}\, \mathrm{d}\varphi \mathrm{d}r \\
&= \frac{2 k h_v v_0}{\cos\varphi_0} f(\varphi_0) \ln\frac{H}{h}
\end{aligned} \tag{e}$$

式中, $f(\varphi_0) = \dfrac{g(\varphi_0)}{\sin\varphi_0}, f(\varphi_0)$ 的值见下表;

$$g(\varphi_0) = \int_0^{\varphi_0} \sqrt{1 - \frac{3}{4}\sin^2\varphi}\, \mathrm{d}\varphi = E\left(\frac{\sqrt{3}}{2}, \varphi_0\right) \text{为椭圆积分值。}$$

φ_0	10°	15°	20°	25°	30°	45°	60°	75°	90°
$f(\varphi_0)$	1.0014	1.0031	1.0051	1.0083	1.0122	1.0298	1.0605	1.1139	1.1211

轧制时的接触角 α 一般不大于 25°。由上表可见,当 $\varphi_0 = \dfrac{\alpha}{2} < 12.5°$ 时,完全可取 $f(\varphi_0) = 1$。

为了计算摩擦功率消耗,设接触摩擦应力 $|\tau_k| = mk\,(m = 0 \sim 1)$。对于轧制过程来说,接触面上的速度不连续量分别为

后滑区 $(r \geqslant r_\varphi): \Delta v_{f_1} = v_0 - v_r (\varphi = \varphi_0)$

前滑区 $(r \leqslant r_\varphi): \Delta v_{f_2} = v_r - v_0 (\varphi = \varphi_0)$

于是,由式(5-9)得

$$N_f = 2\left\{\int_{r_\varphi}^{r_1} mkv_0\left(1 - \frac{r_\varphi}{r}\right)\mathrm{d}r + \int_{r_2}^{r_\varphi} mkv_0\left(\frac{r_\varphi}{r} - 1\right)\mathrm{d}r\right\}$$

$$= \frac{mkv_0}{\sin\varphi_0}\left[(H + h - 2h_v) + h_v\ln\left(\frac{h_v^2}{Hh}\right)\right] \tag{f}$$

在入口刚、塑性区界面上 $\tau_t = k$,速度不连续量为 $\Delta v_{t1} = v_1\sin\varphi = \dfrac{r_v v_0\sin\varphi}{r_1\cos\varphi_0}$,由式(5 - 8)第二项,知入口界面上的剪切功率消耗为

$$N_{t1} = 2\int_0^{\varphi_0} kv_0\frac{r_v\sin\varphi}{r_1\cos\varphi_0}\mathrm{d}\varphi = 2kv_0\frac{h_v(1 - \cos\varphi_0)}{H\cos\varphi_0}$$

同理,在出口刚、塑性区界面上

$$N_{t2} = 2kv_0\int_0^{\varphi_0}\frac{r_v\sin\varphi}{r_1\cos\varphi_0}\mathrm{d}\varphi = 2kv_0\frac{h_v(1 - \cos\varphi_0)}{H\cos\varphi_0}$$

于是,刚、塑性区界面上总的剪切功率消耗为

$$N_t = N_{t1} + N_{t2} = 2kv_0\frac{(1 - \cos\varphi_0)}{\cos\varphi_0}h_v\left(\frac{1}{H} + \frac{1}{h}\right) \tag{g}$$

由图 5 - 11 知,轧制压力 P 所供的外部功率可近似地认为是

$$N_p = 2M\omega = 2PR\omega\sin\theta = 2\bar{p}lR \cdot \frac{v_0}{R}\sin\theta = 2\bar{p}lv_0\sin\theta \tag{h}$$

式中,ω——轧辊的角速度$\left(\omega = \dfrac{v_0}{R}\right)$;

$R = \dfrac{D}{2}$——轧辊半径;

θ——轧制压力角,一般可取 $\theta = \dfrac{\alpha}{2}$;

$l = \sqrt{R \cdot \Delta h}$——接触弧长的水平投影;

$\bar{p}$——平均单位轧制压力。

根据上限定理 $N_p \leqslant N_d + N_f + N_t$,得平均单位轧制压力的上限解为

$$\bar{p} = \frac{k}{l\sin\theta\cos\varphi_0}\left\{h_v\left[\ln\frac{H}{h} + (1 - \cos\varphi_0)\left(\frac{1}{H} + \frac{1}{h}\right)\right] + \right.$$

$$\left.\frac{m}{2}\cot\varphi_0\left[(H + h - 2h_v) + h_v\ln\left(\frac{h_v^2}{Hh}\right)\right]\right\}$$

设 $\theta = \dfrac{\alpha}{2}$,并由图 5 - 11 知,$\varphi_0 = \dfrac{\alpha}{2}$,代入上式,得

$$\bar{p} = \frac{2k}{l\sin\alpha}\left\{h_v\left[\ln\frac{H}{h} + (1 - \cos\frac{\alpha}{2})\left(\frac{1}{H} + \frac{1}{h}\right)\right] + \right.$$

$$\left.\frac{m}{2}\cot\frac{\alpha}{2}\left[(H + h - 2h_v) + h_v\ln\left(\frac{h_v^2}{Hh}\right)\right]\right\}$$

或

$$n_{\sigma} = \frac{\bar{p}}{2k} = \frac{1}{l\sin\alpha}\left\{ h_v\left[\ln\frac{H}{h} + \left(1 - \cos\frac{\alpha}{2}\right)\left(\frac{1}{H} + \frac{1}{h}\right)\right] + \right.$$
$$\left. \frac{m}{2}\cot\frac{\alpha}{2}\left[(H + h - 2h_v) + h_v\ln\left(\frac{h_v^2}{Hh}\right)\right]\right\} \tag{i}$$

式(i)对 h_v 取极值,即取 $\dfrac{\mathrm{d}n_{\sigma}}{\mathrm{d}h_v} = 0$,便可确定本问题有最佳上限解时的中性面位置

$$\frac{\mathrm{d}n_{\sigma}}{\mathrm{d}h_v} = \frac{1}{l\sin\alpha}\left\{\left[\ln\frac{H}{h} + \left(1 - \cos\frac{\alpha}{2}\right)\left(\frac{1}{H} + \frac{1}{h}\right)\right] + \right.$$
$$\left. \frac{m}{2}\cot\frac{\alpha}{2}\left[-2 + \ln\left(\frac{h_v^2}{Hh} + 2\right)\right]\right\} = 0$$

得

$$\ln\left(\frac{h_v^2}{Hh}\right) = -\frac{2}{m}\tan\frac{\alpha}{2}\left[\ln\frac{H}{h} + \left(1 - \cos\frac{\alpha}{2}\right)\left(\frac{1}{H} + \frac{1}{h}\right)\right] \tag{5-13}$$

将式(5-13)代入式(i),经整理后,得

$$n_{\sigma} = \frac{m}{4l\sin^2\dfrac{\alpha}{2}}(H + h - 2h_v) \tag{5-14}$$

若近似地取 $\cos\dfrac{\alpha}{2} \approx 1$,$\sin\dfrac{\alpha}{2} \approx \dfrac{\alpha}{2}$,则式(5-13)和式(5-14)可分别简化成

$$\ln\left(\frac{h_v^2}{Hh}\right) = -\frac{\alpha}{m}\ln\frac{H}{h} \tag{5-15}$$

和

$$n_{\sigma} = \frac{m}{l\alpha^2}(H + h - 2h_v) \tag{5-16}$$

三、圆柱坐标轴对称问题——圆盘的镦粗

圆盘镦粗是一个典型的适合于用圆柱坐标描述的轴对称问题。为便于分析,将坐标原点取在圆盘中心点上,并不考虑侧鼓,如图 5-12 所示。

根据圆柱坐标轴对称问题金属流动的特点 $v_{\varphi} = 0$,并设 v_z 沿坐标 z 呈线性分布,即

$$v_z = -\frac{zv_0}{h}$$

由于锤头向下压缩时,半径为 r 的圆周界面便向外扩大,根据体积不变条件,有

$$\pi r^2 v_0 + 2\pi r h v_r = 0$$

所以

$$v_r = \frac{1}{2}\frac{r}{h}v_0$$

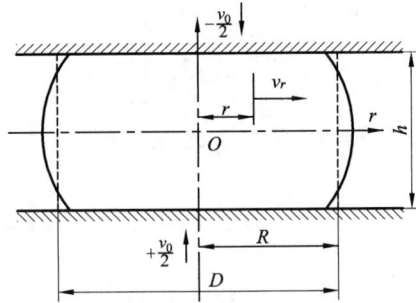

图 5 - 12　圆柱体镦粗

于是,此时的运动学许可速度场为

$$v_\varphi = 0, v_r = \frac{1}{2}\frac{r}{h}v_0, v_z = -\frac{v_0 z}{h}$$

根据几何方程式得

$$\dot{\varepsilon}_z = \frac{\partial v_r}{\partial r} = \frac{v_0}{2h}, \dot{\varepsilon}_\varphi = \frac{v_r}{r} = \frac{v_0}{2h} = \dot{\varepsilon}_r$$

$$\dot{\varepsilon}_z = \frac{\partial v_z}{\partial z} = -\frac{v_0}{h} = -2\dot{\varepsilon}_r = -2\dot{\varepsilon}_\varphi$$

这是符合体积不变条件 $\dot{\varepsilon}_r + \dot{\varepsilon}_\varphi + \dot{\varepsilon}_z = 0$ 的。

由于不考虑侧面鼓形,因此有

$$\dot{\varepsilon}_{r\varphi} = \dot{\varepsilon}_{\varphi z} = \dot{\varepsilon}_{zr} = 0$$

由式(5 - 11)得

$$N_d = 2k \int_V \frac{1}{2}\sqrt{3(\dot{\varepsilon}_z^2)} dV \quad (dV = 2\pi r dr dz)$$

$$= \sqrt{3} k \pi R^2 v_0 = \sigma_T \pi R^2 v_0$$

接触表面的相对滑动速度 $\Delta v_t = v_r \big|_{z=h/2} = \frac{v_0 r}{2h}$,而 $\tau_k = mk = \frac{m}{\sqrt{3}}\sigma_T$,所以

$$N_f = 2 \int_{2f} \tau_k |\Delta v_t| dS = \frac{m\sigma_T}{\sqrt{3}} \cdot \frac{v_0}{h} \int_0^R 2\pi r^2 dr$$

$$= m\frac{2\sigma_T}{3\sqrt{3}} \cdot \frac{v_0}{h} \cdot \pi R^3$$

于是,得

$$n_\sigma = \frac{\bar{p}}{\sigma_T} = \frac{(N_d + N_f)}{\sigma_T v_0 \pi R^2} = 1 + \frac{m\sqrt{3}}{9}\frac{D}{h} \tag{5 - 17}$$

当 $m=1$ 时,接触表面为全粘着摩擦状态,则式(5-17)与工程法结果相同。

当考虑侧鼓形,参照本节(一),可设

$$v_r = Av^0 \frac{r}{h} e^{-bz/h}$$

式中,A、b 为待定参数,可参照类似方法来确定。

这样可求得考虑侧鼓时圆盘镦粗时的应力状态系数:

$$n_\sigma = \frac{1 + \frac{2}{3}\left(\frac{2h}{b} + \frac{D}{2h}\right)\frac{m}{\sqrt{3}} + \frac{1}{9}\left(\frac{m}{\sqrt{3}}\right)^2}{1 + \frac{4}{3}\frac{m}{\sqrt{3}}\frac{h}{D}} \tag{5-18}$$

四、球坐标轴对称问题——圆棒的拉拔或挤压

圆棒的拉拔或挤压是一个典型的球坐标轴对称问题。当用 Avitzur 上限模式进行分析时,通常将两同心球面和模壁锥面所围成的区域看做塑性变形区,并设变形区内金属仅有沿球径方向的流动(如图 5-13 所示),即设变形区内的运动学许可速度场为

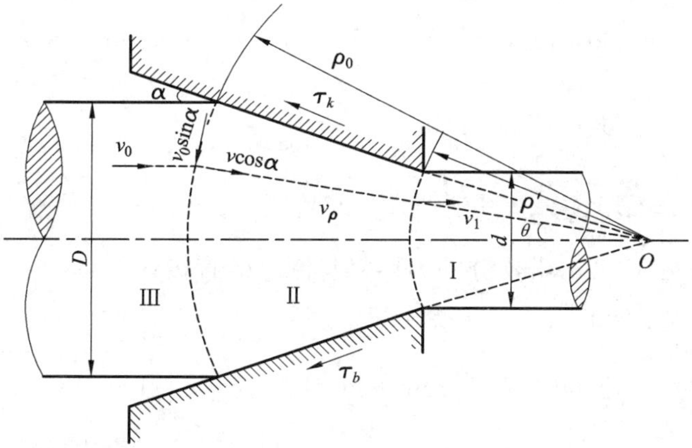

图 5-13　圆棒拉拔的速度场

$$v_\rho = f(\rho, \theta)$$
$$v_\theta = v_\varphi = 0$$

根据几何方程式和体积不变条件方程,得偏微分方程

$$\frac{\partial v_\rho}{\partial \rho} + \frac{2v_\rho}{\rho} = 0$$

解以上偏微分方程,得

$$v_\rho = \frac{C(\theta)}{\rho^2}$$

由 $\rho = \rho_1$ 时，$v_\rho = v_1\cos\theta$ 的边界条件，求得 $C(\theta) = v_1\rho_1^2\cos\theta$，于是得到速度

$$v_\rho = v_1\frac{\rho_1^2}{\rho^2}\cos\theta, v_\theta = v_\varphi = 0 \tag{a}$$

将式（a）代入几何方程式，得变形区内的运动学许可应变速度场为

$$\dot{\varepsilon}_\rho = -2\rho_1^2 v_1\cos\theta/\rho^3$$

$$\dot{\varepsilon}_\theta = \dot{\varepsilon}_\varphi = \rho_1^2 v_1\cos\theta/\rho^3 = -\frac{1}{2}\dot{\varepsilon}_\rho$$

$$\dot{\varepsilon}_{\rho\theta} = \frac{1}{2\rho}\frac{\partial v_\rho}{\partial\theta} = -\rho_1^2 v_1\sin\theta/2\rho^3 \tag{b}$$

$$\dot{\varepsilon}_{\theta\varphi} = \dot{\varepsilon}_{\rho\varphi} = 0$$

将式（b）代入式（5-11），得

$$N_d = 2k\int_V \sqrt{\frac{1}{2}\left(\frac{3}{2}\dot{\varepsilon}_\rho^2 + 2\dot{\varepsilon}_{\rho\theta}^2\right)}\mathrm{d}V(\mathrm{d}V = \rho^2\sin\theta\mathrm{d}\theta\mathrm{d}\varphi\mathrm{d}\rho)$$

$$= 2\sigma_T v_1\rho_1^2\int_0^{2\pi}\mathrm{d}\varphi\int_0^\alpha\int_{\rho_1}^{\theta_0}\frac{1}{\rho^3}\sqrt{1 - \frac{11}{12}\sin^2\theta}\rho^2\sin\theta\mathrm{d}\theta\mathrm{d}\rho$$

$$= \sigma_T v_1\frac{\pi d^2}{4}f(\alpha)\ln\lambda \tag{c}$$

式中，$\lambda = \left(\dfrac{D}{d}\right)^2 = (\rho_0/\rho_1)^2$ ——延伸系数或挤压比；

$D = 2\rho_0\sin\alpha, d = 2\rho_1\sin\alpha$ 分别为坯料与制品的直径；

$f(\alpha) = g(\alpha)/\sin^2\alpha, f(\alpha)$ 值见下表。

$$g(\alpha) = \int_0^\alpha\sin\theta\sqrt{1 - \frac{11}{12}\sin^2\theta}\mathrm{d}\theta = 1 - \cos\alpha\sqrt{1 - \frac{11}{12}\sin^2\theta} +$$

$$\frac{1}{\sqrt{11\times 12}}\ln\left(\frac{1 + \dfrac{11}{12}}{\sqrt{\dfrac{11}{12}}\cos\alpha + \sqrt{1 - \dfrac{11}{12}\sin^2\alpha}}\right)$$

$\alpha°$	5	10	15	20	30	40
$f(\alpha)$	1.00016	1.00064	1.00146	1.00264	1.00625	1.01198
$\alpha°$	50	60	65	70	80	90
$f(\alpha)$	1.02075	1.03430	1.04384	1.05613	1.09404	1.16660

对于拉拔过程，一般模角 $\alpha < 15°$，由上表可见，可近似地取 $f(\alpha) \approx 1.0$。

模面上的接触摩擦应力设为 $\tau_k = mk = \dfrac{m}{\sqrt{3}}\sigma_T$，沿模面的速度不连续量 $\Delta v_t = \rho_1^2 v_1 \cos\alpha / \rho^2$，于是得

$$N_f = \int_{\rho_1}^{\rho_0} \frac{mk\rho_1^2 v_1 \cos\alpha}{\rho^2}\mathrm{d}S \quad (\mathrm{d}S = 2\pi\rho\sin\alpha\mathrm{d}\rho)$$

$$= \frac{\pi d^2}{4} \cdot \frac{m\sigma_T}{\sqrt{3}} \cdot v_1 \cot\alpha \int_{\rho_1}^{\rho_0} \frac{\mathrm{d}\rho}{\rho}$$

$$= \frac{\pi d^2}{4} \cdot \frac{m\sigma_T}{\sqrt{3}} \cdot v_1 \cot\alpha \ln\lambda \qquad (\mathrm{d})$$

在入口刚、塑性区界面上，存在速度不连续量（见图 5 - 13），$\Delta v_{t0} = v_0\sin\theta = v_1\sin\theta / \lambda$，且界面上作用有剪切力 $\tau_{t0} = k$，于是该界面的剪切功率消耗为

$$N_{t0} = \int_0^\alpha k\,|\,\Delta v_{t0}\,|\,\mathrm{d}S \quad (\mathrm{d}S = 2\pi\rho_0^2\sin\theta\mathrm{d}\theta)$$

$$= 2\pi\rho_1^2 \cdot kv_b \int_0^\alpha \sin^2\theta\mathrm{d}\theta$$

$$= \frac{\pi d^2}{4} \cdot \frac{\sigma_T v_0}{\sqrt{3}}\left(\frac{\alpha}{\sin^2\alpha} - \cot\alpha\right)$$

同理，在出口刚、塑性区界面上有

$$N_{t1} = \frac{\pi d^2}{4} \cdot \frac{\sigma_T v_1}{\sqrt{3}}\left(\frac{\alpha}{\sin^2\alpha} - \cot\alpha\right)$$

于是，总剪切功率消耗

$$N_t = N_{t0} + N_{t1} = \frac{\pi d^2\sigma_T v_1}{2\sqrt{3}}\left(\frac{\alpha}{\sin^2\alpha} - \cot\alpha\right) \qquad (\mathrm{e})$$

因此，得圆棒拉拔时的应力状态系数

$$N_\sigma = \frac{\overline{p}}{\sigma_T} = \frac{N_d + N_t + N_f}{\sigma_T v_1 \cdot \dfrac{\pi d^2}{4}}$$

$$= \left[f(\alpha) + \frac{m}{\sqrt{3}}\cot\alpha\right]\ln\lambda + \frac{2}{\sqrt{3}}\left(\frac{\alpha}{\sin^2\alpha} - \cot\alpha\right) \qquad (5 - 19)$$

以上 N_d、N_f、N_t 三项分别反映了塑性应变、接触摩擦以及刚、塑性区界面上的剪切功率（即多余功）对拉拔力的影响，应力状态系数 n_σ 与模角的关系见图 5 - 14 的曲线，可见存在一个最佳的模角 $\alpha_合$。

$\alpha_合$也可通过$\dfrac{\mathrm{d}n_\sigma}{\mathrm{d}\alpha} = 0$求得。因拉拔模角较小,计算时取$f(\alpha) = 1$和$\cot\alpha = \dfrac{1}{\alpha} - \dfrac{\alpha}{3}$,则可得

$$\alpha_合 = \frac{1}{2}\sqrt{3m\ln\lambda} \quad (当\ \alpha < \frac{\pi}{4}) \tag{5-20}$$

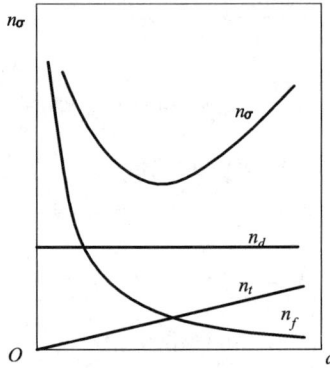

图 5 - 14　拉拔时模角 α 对 n_σ 的影响曲线

$$(m = 0.03 \quad \frac{D^2}{d^2} = \frac{4}{3})$$

　　对于单孔模挤压圆棒的挤压力,变形区部分的情况与以上分析完全一样,只是挤压力作用在后端,但结果完全一致。此外,由于挤压模孔定径带部分的摩擦阻力较大,必须加以考虑。对于正挤压还应考虑挤压筒壁摩擦阻力的影响。按上限法所得结果与工程法的结果一致。因此得反挤压时的挤压力计算公式为

$$n_\sigma = \left(f(\alpha) + \frac{m}{\sqrt{3}}\cot\alpha\right)\ln\lambda + \frac{2}{\sqrt{3}}\left(\frac{\alpha}{\sin^2\alpha} - \cot\alpha\right) + \frac{4m_1 l_d}{\sqrt{3}d} \tag{5-21}$$

和正挤压时的挤压力计算公式为

$$n_\sigma = \left(f(\alpha) + \frac{m}{\sqrt{3}}\cot\alpha\right)\ln\lambda + \frac{2}{\sqrt{3}}\left(\frac{\alpha}{\sin^2\alpha} - \cot\alpha\right) + \frac{4m_1 l_d}{\sqrt{3}d} + \frac{4L_D}{\sqrt{3}D} \tag{5-22}$$

式中,m_1——定径带部分的摩擦因子,热挤压时常取$m_1 = \dfrac{\sqrt{3}}{2}$;

　　　　l_d——定径带高度;

　　　　L_D——挤压筒内坯料长度。

　　另外,由于挤压时的模角均大于$\dfrac{\pi}{4}$,所以式(5 - 20)也需修正,根据实验数据,可近似取

$$\alpha_{合} \approx 0.65 \sqrt{m\ln\lambda} \quad \left(当 \alpha > \frac{\pi}{4}\right) \tag{5-23}$$

在平面模挤压情况下,由于存在明显"死区",可将 $m=1$,代入式(5-22)计算出相应的"死区"锥角 α_D 值。

思考题与习题

1. 上限法的基本原理是什么?

2. 何谓速度间断线(或速度不连续),它具有哪些速度特性?

3. 何谓速端图? 如何绘制速端图?

4. 上限法的基本能量方程包括哪几项? 各项的力学意义是什么?

5. 上限法求解变形力有哪几种基本方法,它们的基本要点是什么?

6. 试指出附图所示两种 Johnson 上限模式的刚性三角形块的划分上的错误,并予以更正。

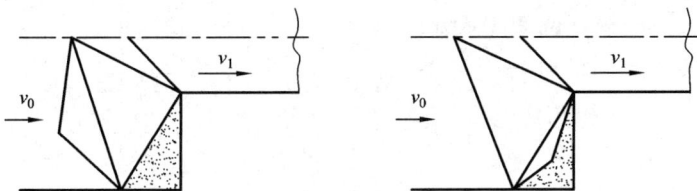

题 6 图

7. 试比较板条平面应变挤压时,附图所示两种 Johnson 上限模式的上限解。

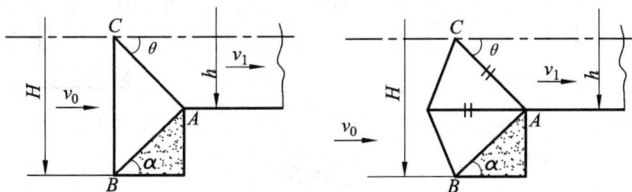

题 7 图

$$\left(\frac{H}{h}=2, \theta=\alpha=\frac{\pi}{4}\right)$$

8. 试绘出附图所示板条平面应变拉拔时的速端图,并标明沿各速度不连续线的速度不连续量的位置,及计算出刚性三角形块△BCD 的速度表达式。

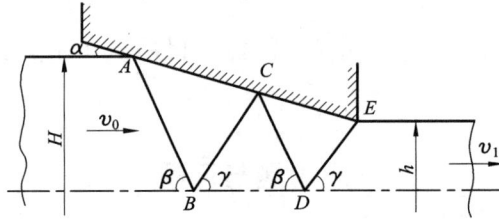

题 8 图

9. 试按附图所示的板条不对称平面应变挤压的 Johnson 上限模式,绘制速端图,并确定流出速度的大小及方向(v 角)。

10. 平锤头平面应变局部压缩薄板坯的示意图如附图所示,设接触摩擦应力 $\tau_k = mk$。试用 Avitzur 上限模式求其不计侧鼓时的平均单位挤压力的表达式(或 n_σ)。

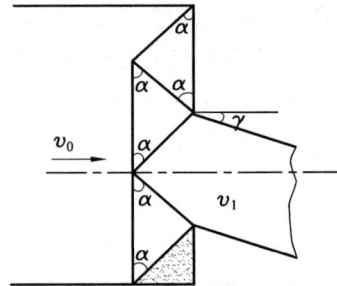

题 9 图

$$\left(\alpha = \frac{\pi}{4}\right)$$

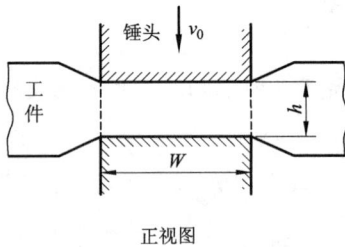

正视图

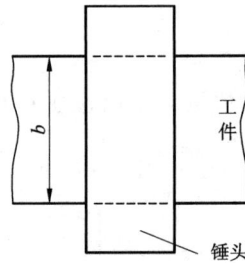

俯视图

题 10 图

第 6 章　金属塑性有限元简介

6.1　金属塑性有限元法发展简史

有限元法起源于 20 世纪 40 年代提出的结构力学中的矩阵法。有限元这一术语是克拉夫(Clough)于 1960 年提出来。它起初是作为一种力学分析的数值计算方法,后来发展成为求解偏微分方程边值、初始问题的一种离散化方法。目前有限元法已从力学领域发展到电磁学、热力学、流体力学和材料科学等领域。在金属塑性加工领域得到了迅速而广泛的发展。

在金属塑性加工过程中,工件发生很大的塑性变形,在位移与应变的关系中存在几何非线性,在材料的本构关系(应力－应变关系)中存在材料的非线性,即物理非线性。不仅如此,成形所用模具型面的几何形状往往比较复杂,工件与模具的接触状态不断改变,摩擦规律也难以精确描述。由于以上原因,金属塑性加工问题难以求得精确解。而有限元法是目前进行非线性分析的最强有力的工具。因此也成为模拟金属塑性加工过程最流行的方法。

在塑性加工过程的有限元模拟中,根据材料应变与位移以及应变与应力之间关系的不同,可分为:小变形弹塑性有限元、有限应变弹塑性有限元法、刚塑性有限元法和粘塑性有限元法等几种。

1967 年,Marcal 和 King 首先提出了弹塑性有限元法。1968 年,Yamadat 等推导了塑性应力－应变矩阵。1970 年,Hibbitt 等人提出了建立在有限应变理论基础上大变形有限元列式。20 世纪 70 年代中期,Osias、McMeeking 等采用欧拉法建立了大变形有限元列式。此后大变形塑性有限元不断完善。采用弹塑性有限元法金属塑性成形问题,不仅能计算工件的变形和应力,应变分布,而且还能有效地处理卸载问题,计算金属塑性成形结束后工件的回弹和残余应力、残余应变的分布。因此,它适应于模拟板料成形等问题。但是,弹塑性有限元法采用的增量本构关系不允许使用大的变形量,而且总的计算时间也很长。

在大变形的金属塑性加工中,有时可以忽略其中的弹性变形,而采用刚塑性材料模型。1971 年德国的 Lung 和 1973 年美国的 Lee,Kobayashi 分别提出了刚塑性有限元法。采用刚塑性有限元法,由于不需考虑材料弹塑性状态的变化,所以可采用比弹性有限元大的增量步长,从而减少计算时间。但刚塑性有限元法不能确定刚性区的应力,应变的分布,也不能处理卸载问题。在锻造体积成形问题中,金属变形量很大,由于温度的影响,材料的弹性参数难以确定,同时回弹的影响不大。因此,用刚塑性有限元法模拟成形过程是比较适宜的。为了考虑应变速率对金属塑性流动和变形抗力的影响,可采用由刚塑性有限元法扩展而得的粘塑性有限元法。

根据变形特点金属塑性加工可分为两大类工艺问题,即体积成形问题和板料成形问题。在板料成形工艺中,由于金属材料在变形中既有弹性变形又有塑性变形,且弹性变形占有相当的比例,因此常采用弹塑性有限元法进行工艺过程模拟与分析,而在体积成形工艺中,金属材料产生较大的塑性变形,而弹性变形相对较小,可以忽略不计,因此常采用刚塑性有限元法。

6.2　有限元法的基本思路和金属塑性有限元法分析步骤

有限元法的基本思路是把连续物体视为离散单元的集合体来考虑,假想地划分成有限个简单的单元,简称离散化。首先采用化整为零的办法,将连续体分解为有限个形态比较简单的单元,用这些有限单元的集合代替原来的物体。对这些单元分别进行力学分析时,各单元之间靠结点相连,结点相当于一个铰链。单元之间的相互作用力靠结点传递,称结点力。作用在结点上的外力,称为载荷。结点力与结点载荷不

图6-1　齿轮传动受力有限元分析图

同,前者是内力,后者是外力(见图6-1)。然后采用集零为整的办法,将各单元重新组合为原来的连续体的简化模型,引入边界条件,通过求解这个模型的基本未知数(例如位移),最后,根据得到的数值解再回到各个单元中计算其他物理场(如应变场、应力场与温度场等)。

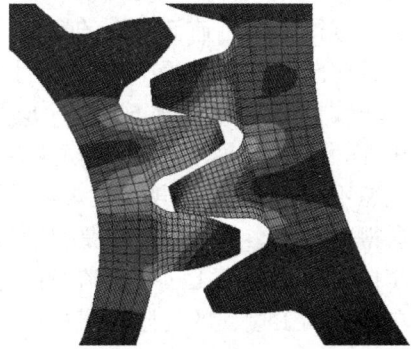

单元的划分和结点选择,主要考虑物体形状特点、承受载荷的情况、计算精度要求、以及计算机的能力等因素。

1. 有限元法单元分析的思路(见图6-2)

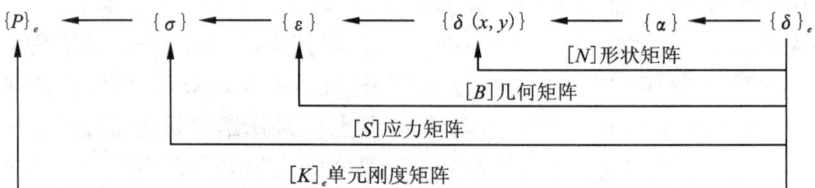

$$\{P\}_e \longleftarrow \{\sigma\} \longleftarrow \{\varepsilon\} \longleftarrow \{\delta(x,y)\} \longleftarrow \{\alpha\} \longleftarrow \{\delta\}_e$$

$[N]$形状矩阵

$[B]$几何矩阵

$[S]$应力矩阵

$[K]_e$单元刚度矩阵

图6-2　有限元单元分析思路

2. 有限元法分析的基本步骤

（1）变形区域离散化

用假想的线和面将变形区划分成有限个简单形状的单元,单元的类型有多种,如二维问题的三角形、四边形,三维问题中有四面体、六面体等。合理的选择单元类型、数目、大小的排列,依一定顺序为编结点和单元序号,可有效表示所研究的物体形状和提高计算效率。单元之间靠结点相连。单元之间既不能出现裂缝,也不能发生重迭。外力也应分别置于结点上。

（2）确定单元的几何特性

选择满足某些要求（如单元内保证连线性,其边界上保证形体协调性等）,选择能联系单元结点与单元内部坐标点的位移（或速度）的插值函数,以保证计算结果逼近精确解。插值函数通常选用多项式（以便于微分和积分）,即选择 $\{\delta\}^{(e)} = a_i x_j$（$\alpha$ 为选定单元类型的几何参数）,进而确定体现单元形状特征的形状矩阵 $[N]$。

（3）单元分析

首先根据几何方程确定结点应变量的几何矩阵 $[B]$,再根据本构关系建立结点上的应力与应变关系的应力矩阵 $[S]$,进而建立应力与位移关系方程。最后便得到一个结点力与结点位移分量相关的刚度方程,两者之间仅存在一个刚度系数,称单元刚度矩阵 $[K]_e$,它代表单元抵抗变形的能力。

（4）整体分析

在单元分析的基础上,引入边界条件（载荷或位移等）和虚位移原理,依结点编号和单元编号排列将所有单元刚度矩阵迭加到一块,组装成总体的平衡方程式,即整体刚度方程,这是常用位移法求解的基本方程 $\{P\} = [K]\{\delta\}$,式中 $[K] = \sum_{e=1}^{m}[K]^e$ 称为刚度矩阵（m 为 – 单元数）,代表整个物体抵抗变形的能力,整体刚度系数与变形体的全部单元相关。建立的方法有结点对号入座法和扩大阶数法两种。

对于刚塑性有限元分析,则要建立整个变形体的能量泛涵变分方程组,即

$$\delta\left\{\sum_{e=1}^{m}\Phi^e(u_i)\right\} = 0$$

整体刚度方程和变分方程组都是一个庞大的线性方程组。

（5）整体有限元的庞大线性方程组求解

在弹性有限元分析中这一方程组是线性的;而在塑性有限元分析中它是一非线性的,因此,求解需采用线性化,以便于计算机求解。

（6）模拟计算结果的图形处理

利用几何方程、本构方程求得整个变形体内所有结点上的位移（速度）、应变和应力等参数,并将全部计算结果列表和绘制成彩色图或等值线图等。

3. 有限元法的优点

大量实践表明,对于金属塑性加工问题的分析相对于其他理论分析比较,有限元法具有如下优点:

(1)适合于各类金属塑性加工过程的分析,不受具体加工问题的限制。

(2)能提供丰富的单元类型,从而具有很高的边界拟合精度,同时也使复杂加工过程的分析变成可能。

(3)能够较安全地考虑多种因素对成形的影响,例如温度、摩擦润滑条件、材料特性、应变速度以及模具的几何形状等影响。

(4)能够在假设条件少的前提下,提供相近的变形力学信息,例如应力、应变场、温度场的分布,金属的塑性流动规律,成形载荷等力能参数等,这些信息可供成形过程工艺参数的优化和控制。

6.3　金属塑性成形的弹塑性有限元简介

对塑性加工过程的分析,当变形过程中的几何非线性性质不显著时,例如金属流动过程中转动很小的挤压、锻造、平轧轧制等过程,可把成形过程划分成一系列微小变形增量的步进过程,每一增量步长中采用小变形弹塑性理论求解,在每一增量步中物体的初始构形与变形后的构形相近,位移梯度很小,采用欧拉变量描述,为小应变张量和柯西应力张量。整个弹塑性有限元过程由一系列增量过程累加而成。小应变弹塑性有限元分析比有限应变弹塑性有限元分析较为简单。对于大变形的情况,即变形过程几何非线性性质的情况,例如大变形的弯曲成形、复杂形状板料件的成形过程和金属流动过程中转动大的体积成形过程,需同时考虑物理非线性和几何非线性,采用有限应变弹塑性有限元分析,才能逐次地分析和模拟这类过程。

在塑性加工过程中的弹塑性有限元分析中,对弹塑性变形时的物理非线性性质,通常是用增量的方法将非线性材料的本构关系,在一小段增量的范围内进行线性化处理。而在整个变形过程中,仍具有它原有的非线性性质。为此在分析计算中,载荷是逐步加上的,或者说在工件与工具接触面上工具强迫工件位移是逐步产生的。所以,塑性加工过程的有限元分析是用增量法通过一系列增量来完成的。

6.4　金属塑性成形的刚塑性有限元法

考虑到在很多生产实践中,金属的变形量远远大于弹性变形量,故可以忽略总变形中的弹性部分,所以就出现了刚塑性有限元法。这种方法最初是将上限法用有限元求极小值开始发展的。但用上限法求不出应力,是其不足之处。后来,在20世纪70年代初期,Lee 和 Kobayashi 等人使用拉格朗日乘子法所导变分原理处理体积不变条件,使应力计算成为可能,并将这种方法命名为刚塑性分析的矩阵法。另外,Ziekiewicz 的罚函数法和小坂田宏造的可压缩法,也是应力计算的代表性方法。

刚塑性有限元法不需要像弹塑性列式那样求解应力增量,而是每一时间增量中直接求出应力,所以没有应力的误差累积,并且,因为它有一种流动型列式,故可以取较大的增量步长,以缩短计算时间,在保证足够精度提高计算效率。在刚塑性有限元分析中,向前计算携带的历史变量仅仅与材料结构变化量(例如加工硬化)有关。它通过采用率方程,即列式本身是根据小应变增量建立的,这样变形后的构形可通过在离散空间上对速度积分而获得,从而避开了几何非线性问题,这些特点使刚塑性有限元列式比较简单,易于编写实现。由于简单性和效率,使其方便用于分析稳态和非稳态大塑性变形问题,并得到了广泛应用,也成为一些商业软件(如DEFORM)的核心算法。

刚塑性有限元的局限性是忽略了弹性变形,仅仅适合塑性变形区的分析,不能直接分析弹性区内的应变和应力状态,但对于大变形过程,采用刚塑性有限元分析是可行的,得到了广泛的应用。

6.5　金属体积成形有限元模拟系统

1.基本结构及框架

(1)模拟系统的结构

成形过程模拟系统的建立,就是将塑性有限元理论、塑性成形工艺学、计算机图形处理技术等相关理论和技术进行有机结合的过程。成形问题有限元分析的流程如图6-3所示。

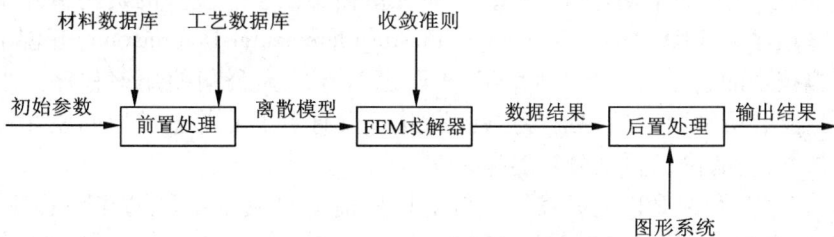

图6-3　成形问题有限元分析流程

模拟系统的功能大致可分为前置处理(Pre-processing)部分、有限元求解(Simulation)部分和后置处理(Post-processing)部分。其中,前置处理部分和后置处理部分又是建立在计算机图形处理系统(或平台)的基础上的。

（2）模拟系统框架设计

如图 6 – 4 所示为有限元分析过程的结构框架图。

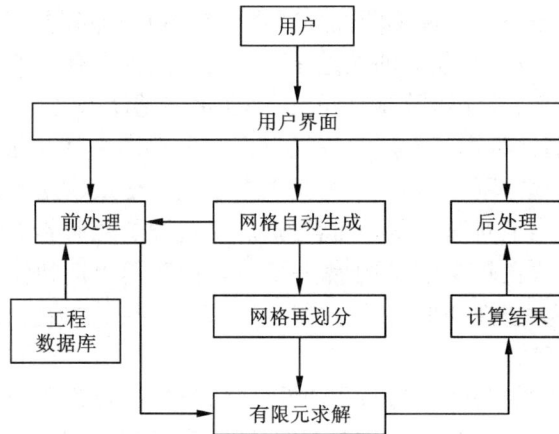

图 6 – 4　有限元分析过程的结构框架图

2. 塑性加工有限元法商品软件简介

随着计算机性能的提高、计算机图形学的发展以及有限元技术的成熟，20 世纪 90 年代以来国际上出现了如法国的 FORGE3，美国的 ALPID、DEFORM、MARC/AutoForge 以及俄罗斯的 QForm 等通用体积成形刚 – 黏塑性有限元数值模拟商业软件。这些软件以其友好、易用的界面和可靠的性能在世界各地的科研院所及锻造企业中得到了广泛应用。

1）DEFORM 软件

20 世纪 80 年代早期，美国 Battelle 研究室在美国空军基金的资助下开发的有限元计算程序 ALPID（Analysis of Large Plastic Incremental Deformation）开创了塑性加工模拟技术的新纪元。到 1985 年，美国已有 6 家大公司使用该程序。当时的 ALPID 只能分析平面问题和轴对称问题，并且没有考虑非等温成形问题和加工设备的形式，也没有网格再划分功能。

随后几年中，ALPID 的开发人员针对用户提出的种种要求，逐渐将程序完善，并采用 Motif 界面设计工具，将计算程序发展为商品化分析软件 DEFORM™（Design Environment for Forming），由美国 SFTC（Scientific Forming Technology Corporation）公司推广应用。

DEFORM 软件是一套基于过程模拟系统的面向金属塑性加工及相关行业的有限元分析软件。利用该软件模拟制件的塑性加工过程，可以显示加工过程中材料的流动规律、预测各种成形缺陷的产生、优化工模具设计和工艺方案、减少现场生产试验和修模时间及费用。

　　DEFORM 软件有别于其他通用的有限元软件,它专为变形模拟而设计,具有良好的用户界面,数据准备和处理简便,从而使设计者能够撇开复杂的计算机系统而专心研究成形工艺。该软件的最大特点是具有分析大变形问题的基于变量密度的自适应网格自动划分功能,实用性强。

　　由于二维和三维图形系统功能的差异,DEFORM 分为 DEFORM – 2D 和 DE-FORM – 3D 两个独立的系统。DEFORM – 2D 主要用于分析轴对称和平面变形问题,其图形建模包括 XYR 和直线圆弧两种数据输入模式,同时还有 IGES 和 DXF 的数据输入接口。DEFORM – 3D 则没有提供自身的建模功能,只有 STL、PATRAN 及 IDEAS 等图形输入接口。

　　2)ABAQUS 软件

　　2005 年 5 月,ABAQUS 软件公司与世界知名的在产品生命周期管理软件方面拥有先进技术的法国达索集团合并,共同开发新一代模拟真实世界的仿真技术平台 SIMULIA。SIMULIA 不断吸取最新的分析理论和计算机技术,领导着全世界非线性有限元技术和仿真数据管理系统的发展。

　　ABAQUS 广泛应用于各个工业领域,包括电子工业中的电子封装、手机和家用电器的跌落分析,土木工程中的岩土工程、道路、桥梁和高层建筑物结构分析等。2008 年 5 月 20 日,达索集团发布了最新版本 ABAQUS6.8。针对在汽车、航空、电子、能源等待业的新挑战,ABAQUS6.8 版本在增强既有分析能力的同时,不断扩展新功能,包括前后处理、结构分析、复合材料失效、通用接触、大规模高性能计算和多物理场等。

　　ABAQUS 有两个主求解器模块:ABAQUS/Standard 和 ABAQUS/Explicit。ABAQUS 还包含一个全面支持求解器的图形用户界面,即人机交互前后处理模块 ABAQUS/CAE。ABAQUS 对某些特殊问题还提供了专用模块来加以解决。

　　3)Simufact 软件

　　Simufact. forming 最新版本 11.0 是基于原 MSC. superform 和 MSC. superforge 开发出来的先进的材料加工及热处理工艺仿真优化平台,包括:辊锻、楔横轧、孔型斜轧、环件轧制、摆碾、径向锻造、开坯锻、剪切/强力旋压、挤压、镦锻、自由锻、温锻、锤锻、多向模锻、板管的液压涨形等材料加工工艺均可用 Simufact 进行仿真。Simufact 还具有模具应力分析、热处理工艺仿真、材料微观组织仿真、焊接仿真等专业的配套模块。

　　Simufact 热处理模块可对正火、退火、淬火、回火、时效、感应加热、冷却相变等材料的热处理工艺和加工过程中的微观组织转变进行模拟仿真。可对热处理和加工过程进行热力耦合分析,充分考虑材料、边界条件、接触等非线性问题,对现实进行虚拟仿真。

Simufact 软件拥有材料数据库和加工设备数据库,数据库为开放式结构,用户可以对数据库进行修改和扩展。设备 数据库中包含锻锤、曲柄压力机、螺旋压力机、液压机、机械压力机和辊锻机的参数,用户也可自定义工模具的运动方式。系统提供多种材料的材料数据库,包括:钢材、工模具钢、铜、铝等有色金属、钛合金和锆基合金等。用户可将描述弹性材料或刚塑性材料流动的选项与引入温度影响的选项组合成四种分析类型,即弹塑性、刚塑性、弹粘塑性和刚粘塑性。simufact. forming SIMUFACT 公司是世界知名的 CAE 公司,成立于 1995 年,总部位于德国。核心业务是金属成形工艺仿真软件的开发、维护及相关技术服务,为其金属成形工艺模拟软件提供源程序并进行开发。2005 年收购 MSC. Software 的 MSC. Maufac-turing(即以前的 MSC. Superform 和 MSC. Superforge)软件,并在此基础上经高度整合研发出 Simufact. forming 软件,产品性能极大提升,使得高度复杂的金属成形工艺仿真成为现实,标志制造业模拟仿真新时代的来临。

4)AutoForm 软件

AutoForm 专门针对汽车工业和金属成形工业中的板料成形而开发和优化的,用于优化工艺方案和进行复杂型面的模具设计,约 90% 的全球汽车制造商和 100 多家全球汽车模具制造商和冲压件供应商都使用它来进行产品开发、工艺规划和模具研发,其目标是解决"零件可制造性(part feasibility)、模具设计(die design)、可视化调试(virtual tryout)"。

AutoForm 的特点:

(1)它提供从产品的概念设计直至最后的模具设计的一个完整的解决方案,其主要模块有 User – Interface(用户界面)、Automesher(自动网格划 分)、Onestep(一步成形)、DieDesigner(模面设计)、Incremental(增量求解)、Trim(切边)、Hydro(液压成形),支持 Windows 和 Unix 操作系统。

(2)特别适合于复杂的深拉延和拉伸成形模的设计,冲压工艺和模面设计的验证,成形参数的优化,材料与润滑剂 消耗的最小化,新板料(如拼焊板、复合板)的评估和优化。

(3)快速易用、有效、鲁棒(robust)和可靠:最新的隐式增量有限元迭代求解技术不需人工加速模拟过程,与显式算法相比能在更短的时间里得出结果;其增量算法比反向算法有更加精确的结果,且使在 FLC - 失效分析里非常重要的非线 性应变路径变得可行。即使是大型复杂制件,经工业实践证实是可行和可靠的。

(4)AutoForm 带来的竞争优势:因能更快完成求解、友好的用户界面和易于上手、对复杂的工程应用也有可靠的结果等。

从数据输入到后处理结果的输出,AutoForm 融合了一个有效开发环境所需的所有模块。其图形用户界面(GUI)经过特殊裁剪更适合于板成形过程,从前处理到后处理的全过程与 CAD 数据的自动集成,网格的自动自适应划分;所有的技术工艺参数都已设置且易变更,设置的过程易于理解且符合工程实际。

5)CASFORM 软件

CASFORM(Computer Aided Simulation for Forming Processes)是由山东大学模具工程技术研究中心开发的一套具有自主版权的体积成形有限元分析软件。该软件能够分析各种体积成形工艺,还包括锻造、挤压、拉拔等工艺;能够预测缺陷的生成,验证和优化工艺 – 模具设计方案;既能模拟等温成形过程,也可以模拟非等温成形过程;既可进行单工位成形分析,也可进行多工位成形分析。

CASFORM 是在 Windows 环境下,使用 VC + + 、OpenGL 和 Fortran PowerStation 等开发工具开发而成的,它很好地实现了图形化用户界面和计算结果的可视化。CASFORM 软件主要由前处理模块、有限元分析模块、后处理模块、有限元网格生成模块、网格再划分及数据传递模块以及材料数据库和模拟结果数据库等模块组成。

下篇

金属塑性加工物理冶金原理

第 7 章　金属塑性加工的宏观规律

由于金属塑性加工过程是在工件整体性不被破坏的前提下,依靠塑性变形实现物质转移的过程,因而,加工过程中金属质点的流动规律是最基本的宏观规律。如果能了解变形体内质点的位移场和速度场,便可根据应变与位移(或应变速度与速度)之间的关系方程——几何方程,确定变形体内的应变场及其尺寸和形状的变化情况,进而合理选择工艺参数,设计和加工模具,以及分析工件加工质量等问题。

在塑性加工过程中影响金属塑性变形的因素十分复杂,要定量描述加工过程中金属的流动规律,目前最有效的方法是现代塑性成形过程的有限元数值模拟。

本章主要讨论金属塑性加工过程中塑性流动的一些宏观规律,如最小阻力定律、不均匀变形(含金属滑移理论)、附加应力与残余应力、各种塑性加工方法变形的基本特点、塑性加工中的裂纹与可加工性等。

7.1　塑性流动规律(最小阻力定律)

金属塑性加工时,质点的流动规律遵从最小阻力定律。最小阻力定律可表述为:变形过程中,物体各质点将向着阻力最小的方向移动,即做最少的功,走最短捷的路径。

可见,它与塑性变形增量理论中应变增量与应力偏量的关系相一致。

最小阻力定律实际上是力学质点流动的普遍规律,可用来分析金属质点的流动方向。它把外界条件和金属流动直接联系起来,很直观,使用方便。

在塑性加工中,既可用最小阻力定律定性地分析各种工序的金属流动,又可通过调整某个方向的流动阻力,来改变金属在某些方向的流动量,使得成形合理。例如,在模锻中增加飞边阻力(图 7 - 1),或修磨圆角 r,可减少金属流向空腔(A)的阻力,使金属充填更完好;在拔长锻造时改变送进比或采用凹型砧座增加金属横向流动阻力,以提高延伸效率。

当接触表面存在摩擦时,矩形断面的棱柱体镦粗时的流动模型如图 7 - 2 所示。因为接触面上质点向周边流动的阻力与质点离周边的距离成正比,因此,离周边的距离愈近,阻力愈小,金属质点必然沿这个方向流动。这个方向恰好是周边的最短法线方向,用点划线将矩形分成两个三角形和两个梯形,形成了四个不同流动区域。点划线是四区域的流动分界线,线上各点至边界的距离相等,各个区域内的质点到各自边界的法线距离最短。这样流动的结果,矩形断面将变成双点划线所示的多边形。继续镦粗,断面的周边将逐渐变成椭圆形。此后,各质点将沿着半径方向流动,相同面积的任何形状,圆形的周边最小。因而,最小阻力定律在镦粗中也称最小周边法则。

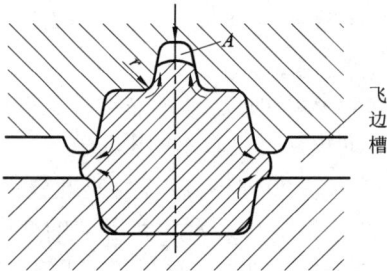

图 7 - 1   开式模锻的金属流动

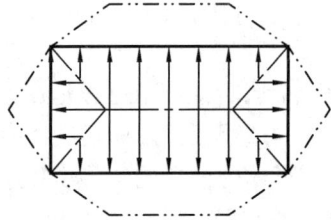

图 7 - 2   最小周边法则图示

对于其他任意断面,金属质点的流动方向也遵守上述定律。方坯在平锤间压缩时如图 7 - 3 所示。随着镦粗的进行,方截面逐渐变为圆截面。

矩形截面坯料在平砧拔长时,当送进量 l 大于坯料宽度 $a(l > a)$ 时[图 7 - 4 (a)],金属多沿横向流动,坯料宽度增加的多。当 $l < a$ 时,金属多沿轴向流动[图 7 - 4(b)],坯料轴向伸长的多。因此,生产操作时,为提高拔长的效率,应适当减少送给量 l(但也不宜太小);若要使坯料展宽时,送进量应大些。图 7 - 4 是假定不考虑外端(不变形部分)影响而得出的。若考虑外端影响,质点位移方向将有改变。

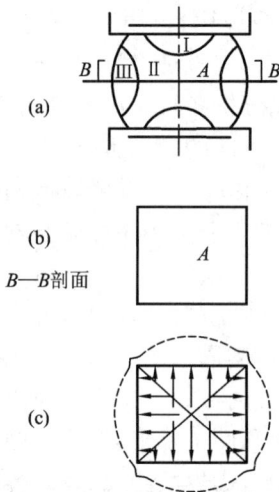

图 7 - 3   正方形断面变形模式

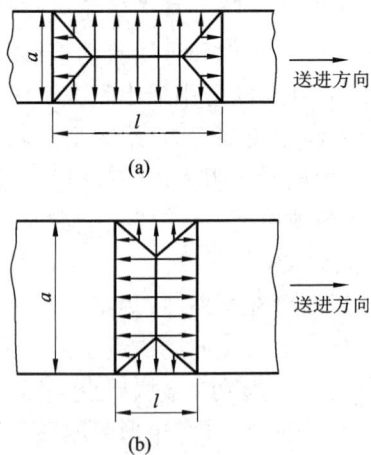

图 7 - 4   拔长坯料的变形模式

金属塑性变形过程应满足体积不变条件。根据体积不变条件和最小阻力定律,便可以大体确定出塑性成形时的金属流动规律。有时还可用来选择坯料的断面和尺寸、加工工具的形状和尺寸等。如在压下量、辊径相同的条件下,坯料宽度不同的轧制情况是不同的。从图 7 – 5 中看出,在(a)、(b)两种情况下,三角形区是完全相同的,即这两种情况下向宽度方向上流动的质点数目是一样的。但与整个接触面上所有质点相比,第一种情况向宽向流动质点所占比例比第二种大,故窄板宽展率比宽板的宽展率大。又如在压下量相同而轧辊直径不同的条件下,当轧制宽度相同的轧件时,则可预计大辊轧制时的宽展大(如图 7 – 6)。精轧时,为了控制宽展,一般多采用工作辊较小的多辊轧机轧制。

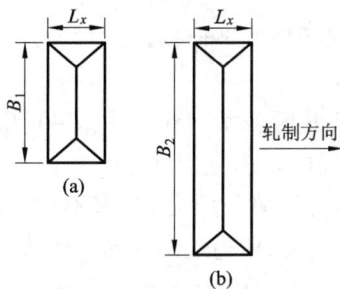

图 7 – 5 不同宽度坯料
轧制时宽展情况

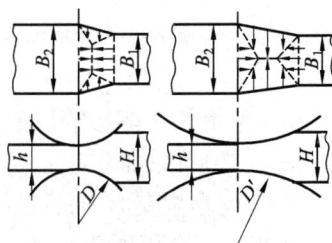

图 7 – 6 轧辊直径不同时轧件
变形区纵横方向阻力图
($D' > D, B'_2 > B_2$)

可见,最小阻力定律在塑性加工工艺分析中得到广泛的应用。但是,最小阻力定律的"阻力"概念是一种定性描述,精确的流动分析需用塑性有限元法模拟计算。

7.2 影响金属塑性流动和变形的因素

影响金属塑性流动和变形的主要因素有:接触面上的外摩擦、变形区的几何因素、变形物体与工具的形状、变形温度及金属本身性质等。这些内外因素的单独作用,或几个因素的交互影响,都可使流动和变形很不均匀。

7.2.1 摩擦的影响

在工具和变形金属之间的接触面上必然存在摩擦。由于摩擦力的作用,在一定程度上改变了金属的流动特性并使应力分布受到影响。

圆柱体镦粗时,由于接触面上有摩擦存在,在接触表面附近金属流动困难,圆柱形坯料转变成鼓形(图 7 – 7)。在此情况下,可将变形金属整个体积大致分为三

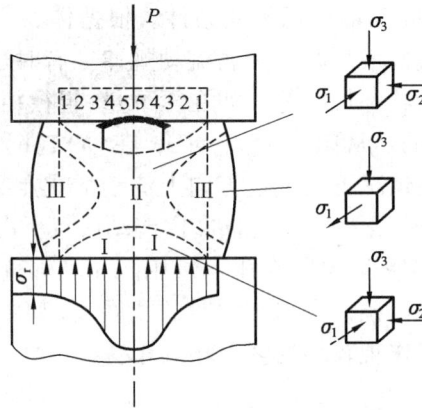

图 7 - 7   圆柱体镦粗时摩擦力对变形及应力分布影响

个区：Ⅰ区表示由外摩擦影响而产生的难变形区，Ⅱ区表示与作用力成45°角的最有利方位的易变形区，Ⅲ区表示变形程度居于中间的自由变形区。

外摩擦不仅影响变形，而且使接触面上的应力（或单位压力）分布不均匀，沿试样边缘的应力等于金属的屈服极限，从边缘到中心部分，应力逐渐升高。此情形可从带孔的玻璃锤头镦粗塑料的实验看出（图7-8）。另外，沿物体高度方向由接触面至变形体的中部，应力的分布是逐渐减小的，这是因外摩擦的影响逐渐减弱所致。

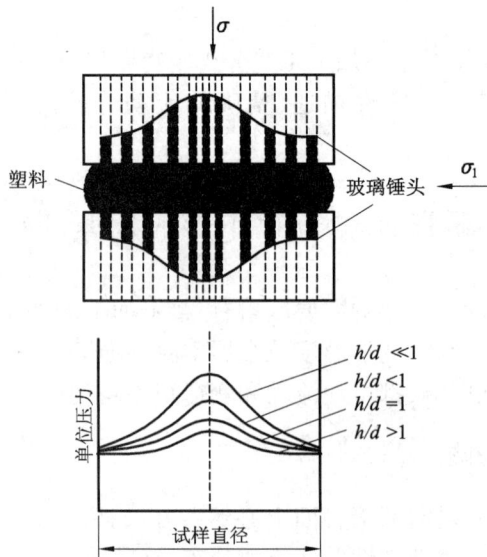

图 7 - 8   用塑料镦粗时单位压力分布图

环形件镦粗时,由于摩擦的作用,还会局部改变金属质点的流动方向。在如图 7-9所示的圆环中,如果接触面上的摩擦系数很小或无摩擦时,根据体积不变条件,圆环上每一质点均沿径向作辐射状向外流动[图 7-9(b)],变形后内外径均增大。如接触面的摩擦系数增加,金属横向流动受到阻碍。当摩擦系数增大到某一临界值时,靠近内径处的金属质点向外流动阻力大于向内流动阻力,从而改变了流动方向。这时在圆环中出现一个半径为 R_n 的分流面(中性面),面以内的金属向中心流动,面以外的金属向外流动,变形后的圆环内径缩小,外径增大[图 7-9(c)]。而且分流面半径 R_n 随着摩擦系数的增加而加大。

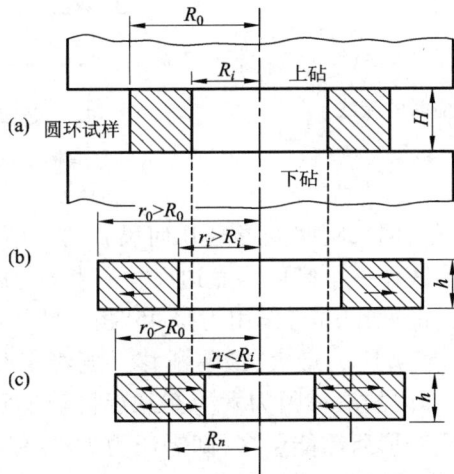

图 7-9　圆环镦粗的金属流动
(a)变形前;(b)摩擦系数很小或为零;(c)有摩擦

此外,接触面上摩擦越大,金属质点移动阻力越大,越不易产生滑动,因而侧面金属转移到接触表面上的数量就越多,侧面翻平现象就越严重。

7.2.2　变形区的几何因素的影响

变形区的几何因子(如 H/D、H/L、H/B 等)是影响变形和应力分布很重要的因素。下面用经典滑移锥理论定性解释。

图 7-10 为钢球对板料进行压缩时,随着变形程度的增加,从试样断面上所观察的内部质点滑移变形(即所谓滑移带)的发生与扩展情况。根据金属塑性屈服准则,滑移带为一些正交的网线,开始时与作用力成 45°,随着压下量的增大而逐渐向深里扩充。图 7-10 中表明 45°方向上滑移带最多,变形最大。

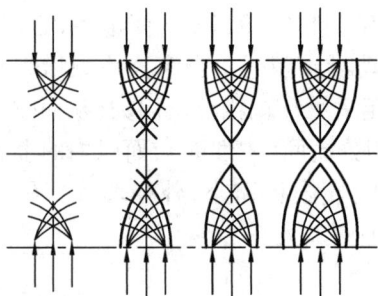

图 7 - 10　钢球压缩时的流线

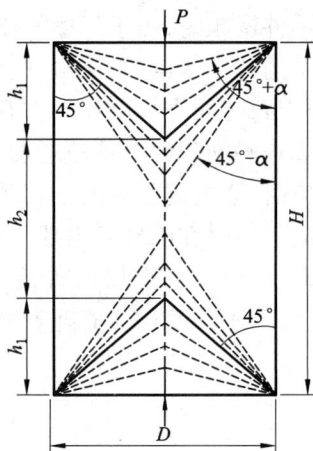

图 7 - 11　受塑压时物体内部质点
滑移变形的近似模型

　　图 7 - 11 为近似模型,用来阐明变形区几何尺寸的作用。当在平锤间塑压圆柱体时,可以接触表面为底作一个高度为底边尺寸一半的等腰直角三角形,这个锥体称为基本锥或主锥,它的两个边与作用力呈 45°角。塑压时柱体首先在主锥附近产生塑性变形,因为 45°剪应力最大,最易滑移。随着变形的继续,主锥内外附近都可能产生滑移。主锥内的滑移因为发生在靠近接触表面处的难变形区附近,这个区静水压力高,产生变形所需能量多,即需压力大;主锥外的外部线虽发生在静水压较小的易变形区内,易于向外扩张,向深处发展,但压下量增加需进一步施以足够的能量。所以随着变形程度的增加,内部线、外部线皆能发生,谁占优势,则依上下两主锥间距离 h_2 而定(图 7 - 12 所示)。

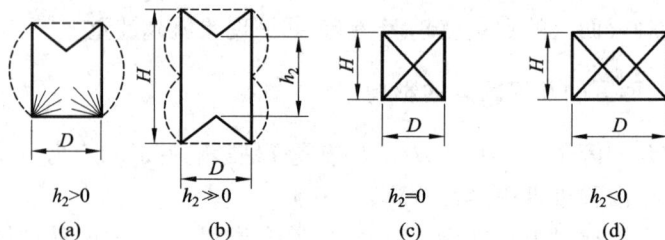

图 7 - 12　h_2 为各种数值时的情况

当 $h_2 > 0$,即 $H/D > 1$ 时,上下主锥不接触,这时外部线发生的条件较好,变形时外部线多,即形成明显单鼓形。但当 $h_2 \gg 0$,即 $H/D \gg 1$ 时,两主锥相距远,外部线虽易发生但又难以深入,变形在主锥与接触表面附近发生,因而形成双鼓形的表面变形,并且接触表面粘着厉害。

当 $h_2 = 0$ 即 $H/D = 1$ 时,虽然内部线产生较困难,但两主锥的外部线发生了干扰,故内、外部线都能产生并集中在 45°线的附近,因之形成明显的单鼓形,这时,表面粘着减小,出现滑动,变形较均匀些了但变形所需之力增加了。

当 $h_2 < 0$ 时,即 $H/D < 1$,上下两主锥相互插入[图 7 - 12(d)],彼此的外部线干扰很厉害,内部线则相应地增加,此时,圆柱体的高度较小,滑移几乎遍及整体,变形趋向均匀,接触表面的粘着区进一步缩小而可能出现全滑动,变形虽较均匀,但所需外力大大增加了。

综上所述,利用近似模型可以说明:①使变形遍及整个体积或使变形深入的条件取决于 H/D 的比值关系;②接触表面的滑动情况与 H/D 值有密切关系;③可解释变形力随 H/D 值减小而增加的原因,即尺寸因素对变形力的影响。

7.2.3　工具的形状和坯料形状的影响

工具(或坯料)形状是影响金属塑性流动方向的重要因素。工具与金属形状的差异,造成金属沿各个方向流动的阻力有差异,因而金属向各个方向的流动(即变形量)也有相应差别。

如图 7 - 13 所示,在圆形砧或 V 形砧中拔长圆断面坯料时,工具的侧面压力使金属沿横向流动受到很大的阻碍,被压下的金属大量沿轴向流动,这就使拔长效率大大提高。当采用图 7 - 13(c)所示的工具时,则产生相反的结果,金属易于横向流动。叉形件模锻时金属被劈料台分开就属于这种流动方式。

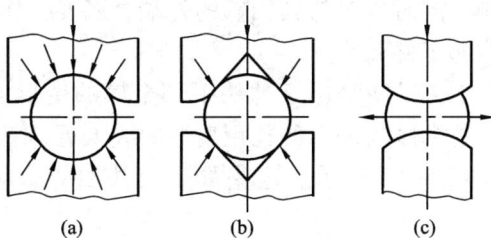

图 7 - 13　型砧中拔长
(a)圆形砧;(b)V 形砧;(c)凸形砧

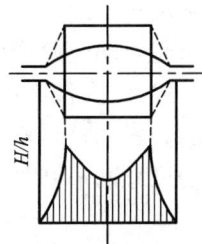

图 7 - 14　沿孔型宽度上延伸分布图

图 7 - 14 为方形断面轧件进入椭圆(或圆形)孔型的轧制,其宽向上所承受的压下量不一致,致使沿轧件宽向上延伸的分布也不均匀,常易造成轧件的歪扭和扭结。

7.2.4　外端的影响

外端(未变形的金属)对变形区金属的影响主要是阻碍变形区金属流动,进而产生或加剧附加的应力和应变。在自由锻造中,除镦粗外的其他变形工序,工具只与坯料的一部分接触,变形是分段逐步进行的,因此,变形区金属的流动是受到外端的制约的。

图7-15(a)所示的坯料拔长,由于外端影响而区别于自由镦粗。在拔长时,变形区金属的横向流动受到外端金属的阻碍,在其他条件相同的情况下,横向流动的金属量比自由镦粗时少,变形情况与自由镦粗情况相比也有差异。例如当送进长度 l 与宽度 a 之比(即进料比,l/a)等于1时,拔长时沿横向流动的金属量小于轴向的流动量,即 $\varepsilon_a < \varepsilon_e$ [图7-15(b)]。而自由镦粗时,$l/a = 1$ 的水平断面为方形,由最小阻力定律知,沿横向和轴向流动的金属量应该相等。

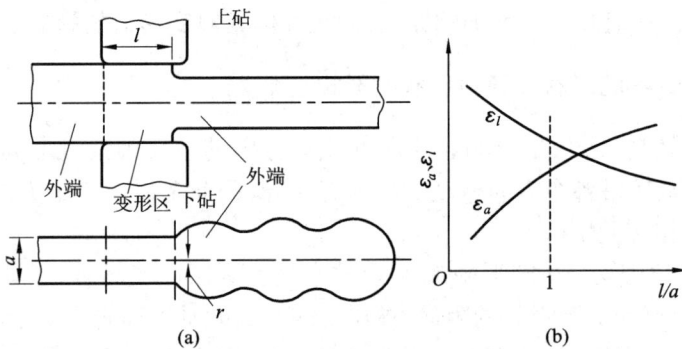

图7-15　拔长时外端的影响

外端对变形区金属流动产生影响,同时也对与其相邻的外端金属发生作用,并可能引起外端金属产生变形,甚至引起工件开裂。

开式冲孔(图7-16)时造成的"拉缩"便是由于冲头下部金属的变形流动所引起的。又如板料弯曲时,如果坯料外端区与冲出的孔距离弯曲线太近,则弯曲后该孔的尺寸和形状要发生畸变,如图7-17所示。这些都是由外端的影响所造成的。

在金属塑性成形中,塑性变形区和不变形的外端之间的相互作用是一个带有普遍性的问题,其影响也是比较复杂的,必须针对具体的变形过程和特点进行分析。

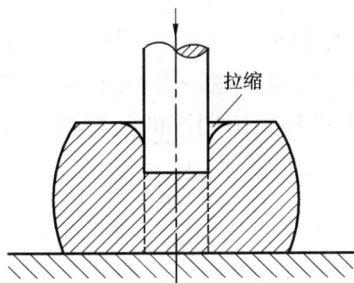

图 7-16 开式冲孔时的"拉缩"

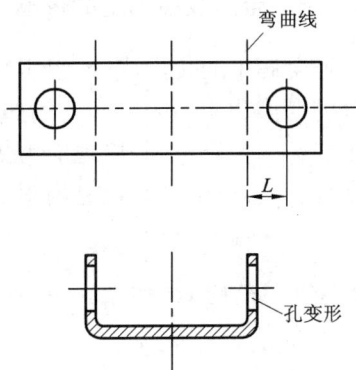

图 7-17 弯曲变形对外端的影响

7.2.5 变形温度的影响

变形物体的温度不均匀,会造成金属各部分变形和流动的差异。变形首先发生在那些变形抗力最小的部分。一般地,在同一变形物体中高温部分的变形抗力低,低温部分的变形抗力高。这样,在同一外力的作用下,高温部分变形量大,低温部分变形量小。而变形物体是一整体,限制了物体各部分不均匀变形的自由发展,从而产生相互平衡的附加应力。此外,在变形体内因温度不同所产生热膨胀的不同而引起的热应力,与由不均匀变形所引起的附加应力相叠加后,有时会增大应力的不均匀分布,甚至会引起变形物体的断裂。在热轧中常见到轧件轧出后会出现上翘或下翘现象,产生此现象的原因之一就是由轧件的温度不均所造成的。例如,轧件在加热炉中加热时由于下面加热不足,轧件上面温度高于下面温度,这样,在轧制时板坯的上层压下率大,产生的延伸就大,下层压下率小,延伸也就小。结果轧出轧件向下弯曲。

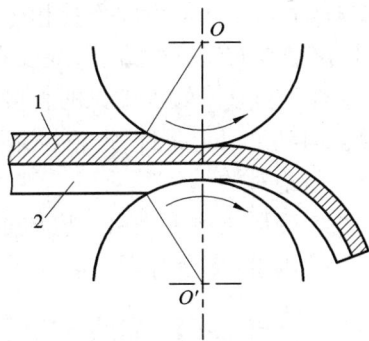

图 7-18 铝-钢双金属轧制时由不均匀变形产生的弯曲现象

1—铝 2—钢

如铝钢双层金属轧制时,由于铝的变形抗力低于钢,在轧制时铝比钢产生更大的延伸,轧件向钢的一面弯曲(图 7-18)。

7.2.6 金属性质不均的影响

变形金属中的化学成分、组织结构、夹杂物、相的形态等分布不均会造成金属各部分的变形和流动的差异。例如,在受拉伸的金属内存在一团杂质,由于杂质和其周围晶粒的性质不同,出现应力集中现象,结果这种缺陷周围的晶粒必须发生不均匀变形,并会产生晶间及晶内附加应力。

7.3 不均匀变形、附加应力和残余应力

金属塑性加工时变形与应力分布的不均匀是最常见、最普遍的现象。它既影响制品的内外质量及其使用性质,也使加工工艺过程复杂化。

7.3.1 均匀变形与不均匀变形

若变形区内金属各质点的应变状态相同,即它们相应的各个轴向上变形的发生情况、发展方向及应变量的大小都相同,这体内的变形可视为均匀的。可以认为,变形前体内的直线和平面,变形后仍然是直线和平面;变形前彼此平行的直线和平面,变形后仍然保持平行。显然,要实现均匀变形状态,必须满足以下条件:

(1)变形物体的物理性质必须均匀且各向同性;

(2)整个物体任何瞬间承受相等的变形量;

(3)接触表面没有外摩擦,或没有接触摩擦所引起的阻力;

(4)整个变形体处于工具的直接作用下,即处于无外端的情况下。

要全面满足以上条件,严格说是不可能的,因此,要实现均匀变形是困难的,不均匀变形是绝对的。

不均匀变形实质上是由金属质点的不均匀流动引起的。因此,凡是影响金属塑性流动的因素,都会对不均匀变形产生影响。

7.3.2 研究变形分布的方法

金属塑性加工中,研究变形物体内变形分布(即金属流动)的方法很多。常用的几种方法如下:

(1)网格法。它是研究金属塑性加工中变形区内金属流动情况常用的方法。其实质是观察变形前后,各网格所限定的区域金属几何形状的变化。从图 7 - 19 中网格的变化看出镦粗时圆柱体变形的不均匀情况。目前网格法可作定量分析。

(2)硬度法。此法的基本原理是:在冷变形情况下,变形金属的硬度随变形程度的增加而提高。从图 7 - 20 可见,中心部分的硬度最高,接触表层的硬度则较

小,越靠近表面的中心越小。在中心部分的同一层上,靠试样中部硬度比最外部(边部)大。这正好说明镦粗时三个区的存在。

硬度法是一种极粗略的定性法,因为只有那些硬化严重的金属,随变形程度的增加,硬度才能发生显著的增长。

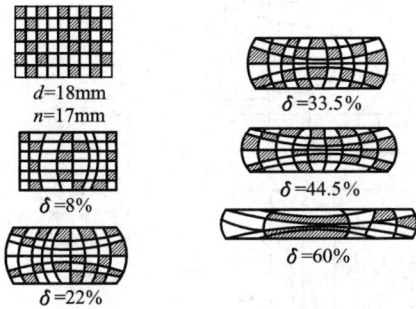

图 7-19　各种不同变形程度下
镦粗圆柱体的不均匀变形

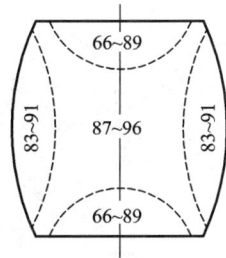

图 7-20　冷镦粗铝合金后
垂直断面上洛氏硬度变化

(3)比较晶粒法。此法的实质是根据再结晶退火后的晶粒大小,与退火前的变形程度的关系,来判断各部位变形的大小。变形越大,再结晶后晶粒越小。利用再结晶图,近似地得出变形体内各处的变形程度。此法也只能定性地显示变形分布情况。对于热变形,因该过程中发生了再结晶现象,就很难判断变形的分布。

除此之外,还有示踪原子法、光塑性法、云纹法等多种定量测试方法。

7.3.3　基本应力与附加应力

金属变形时体内变形分布不均匀,不但使物体外形歪扭和内部组织不均匀,而且还使变形体内应力分布不均匀。此时,除基本应力外还产生附加应力。

由外力作用所引起的应力叫基本应力(也称副应力)。表示这种应力分布的图形叫基本应力图。工作应力图是处于应力状态的物体变形时用各种方法测出来的应力图。均匀变形时基本应力图与工作应力图相同。而变形不均匀时,工作应力等于基本应力与附加应力的代数和。实际上各种塑性加工过程中变形都是不均匀分布的,所以其工作应力都是属于后者。

附加应力是物体不均匀变形受到其整体性限制,而引起物体内相互平衡的应力。仅以凸形轧辊上轧制矩形坯为例加以说明。如图 7-21 所示,坯料边缘部分 a 的变形程度小,而中间部分 b 的变形程度大。若 a、b 部分不是同一整体时,则中间部分将比边缘部分发生更大的纵向伸长,如图 7-21 中点画线所示。轧件实际上是一个整体,虽然各部分的变形量不同,但纵向延伸趋于相等。由于整体性迫使延伸均等的结果,故中间部分将给边缘部分施以拉力使其增加延伸,而边缘部分将给中间部分施以压力,使其减少延伸,这样就产生了相互平衡的内力。即中间产生附加压应力,边部产生附加拉应力。

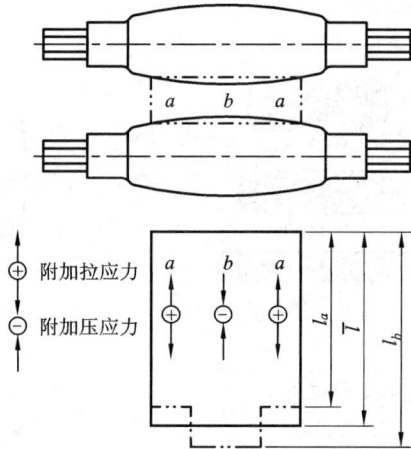

图 7 − 21　在凸形轧辊上轧制矩形坯产生的附加应力

l_a—若边缘部分自成一体时轧制后的可能长度

l_b—若中间部分自成一体时轧制后的可能长度

$\bar{l}$—整个轧制后的实际长度

　　根据不均匀变形的相对范围大小,按宏观级、显微级和原子级的变形不均匀性可把附加应力分为三种:在整个变形区内的几个区域之间的不均匀变形所引起的彼此平衡的附加应力(图 7 − 21)称为第一类附加应力。在晶粒之间的不均匀变形所引起的附加应力,称为第二类附加应力。如相邻晶粒由于位向不同引起变形大小的不同(图 7 − 22),便会产生互相平衡的第二类附加应力。在晶粒内部滑移面附近或滑移带中由各部分变形不均匀而引起的附加应力,称为第三类附加应力。

　　由以上分析可知,附加应力是变形体为保持自身的完整和连续,约束不均匀变形而产生的内

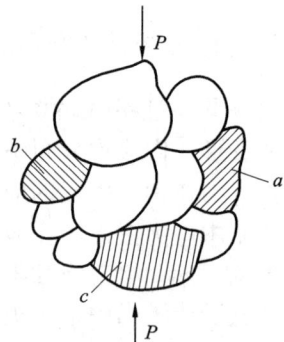

图 7 − 22　相邻晶粒的变形

力。就是说,附加应力是由不均匀变形所引起的,但同时它又限制不均匀变形的自由发展。此外,附加应力是互相平衡、成对出现的,当一处受附加压应力时,另一处必受附加拉应力。

　　由于物体塑性变形总是不均匀的,故可以认为,任何塑性变形的物体内,在变形过程中均有自相平衡的附加应力。这就是金属塑性变形的附加应力定律。

　　由不均匀变形引起附加应力,对金属的塑性变形造成许多不良后果:

　　(1)引起变形体的应力状态发生变化,使应力分布更不均匀。

　　图 7 - 23 所示为正挤压金属通过模孔时某横断面上的应力分布,实线所示是外加载荷引起的基本应力,因挤压筒壁存在摩擦而使其分布不均匀。当锭坯受压而变形时,因摩擦力的阻碍作用,使其边部比中心的金属流动慢,因而边部变形比中心小,故造成边部受拉伸而中部受压缩的附加应力(图中虚线所示)。此时,变形体实际的应力(即工作应力)是基本应力与附加应力的代数和(图中点划线所示)。图 7 - 23(c)中为摩擦很大时的挤压,附加应力的产生可使工作应力图中出现拉应力分量,造成应力分布更不均匀。

　　(2)造成物体的破坏。

　　由图 7 - 23(c)中可知,当坯料表面所受的拉应力分量超过了金属允许断裂强度时,制品表面就会出现裂纹,实际生产中常发现挤压、旋锻制品表面出现周期性裂纹等缺陷就是第一类附加应力的作用。

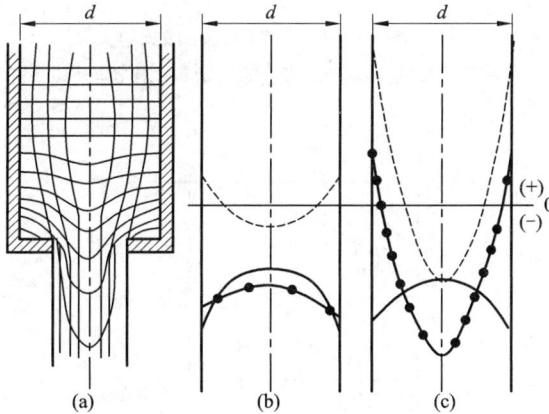

图 7 - 23　挤压时金属流动(a)及纵向应力分布

(摩擦较小时)(b)、(c)

其中(c)为摩擦很大时应力分布

(——)基本应力　(----)附加应力　(-•-•-)工作应力

（3）使材料变形抗力提高和塑性降低。

当变形不均匀分布时,变形体内部将产生附加应力,故变形所消耗的能量增加,从而使变形抗力升高(图7-24)。另外由于内部存在不均匀分布的内应力,物体处于受力的不稳定状态,其塑性变形能力显然比无应力的稳定状态低,在变形中较早达到金属的断裂强度(图7-25中 AB 线)而发生破裂,因而使塑性显著降低(图中 $\varepsilon_a > \varepsilon_b$)。

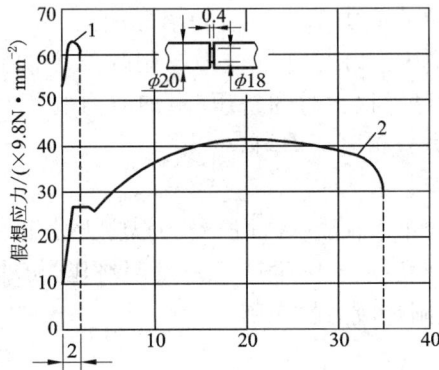

图7-24　拉伸实验曲线

1—带缺口试样 $\delta = 2\%$；2—未带缺口试样 $\delta = 35\%$

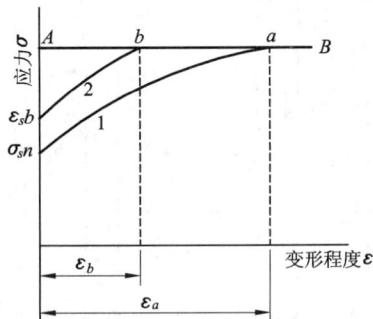

图7-25　拉伸时真应力与变形程度的关系

1—无缺口试样拉伸时的真应力的曲线；
2—有缺口试样拉伸时的真应力曲线

（4）使产品质量降低。

当变形体某方向上各处的变形量差别太大,而物体的整体性不能起限制作用时,所出现的附加应力不能自相平衡而导致变形体外形的歪扭。如薄板(或带)轧制、薄壁型材挤压时出现的镰刀弯、波浪形等,均由此原因所致。另一方面,变形不均匀的材料,经再结晶退火后晶粒大小与原来承受的变形量有关,故使退火后组织不均匀,而使性能不均匀。

(5)使生产操作复杂化。

由于变形与应力分布的不均匀,加工工具各部分受力不同致使工具的磨损与发热等不均匀,工具的设计、制造、使用和维护工作变得复杂化。如孔型轧制孔型磨损不均匀;有时轧件出来时发生弯曲,致使导卫装置安装复杂化;另外不均匀变形的材料进行后续热处理时,使制定热处理规程工作复杂化。

(6)形成残余应力。

由于附加应力是物体内自相平衡的内力,并不与外力发生直接关系,所以当外力去除,变形终止后,仍继续保留在变形体内部,即成为残余应力。附加应力的方向和大小,即是残余应力的方向和大小。

为了克服或减轻变形及应力不均的有害影响,通常采用如下措施:

(1)正确选定变形的温度-速度制度。

合适的变形温度应保证在单相区内完成塑性变形,并尽可能使金属在加热及塑性变形过程中整个体积内温度均匀。此外随着温度的降低使软化过程不能充分进行,而保留部分加工硬化,使附加应力及残余应力增加。因此,在加工中应保证变形温度不低于一定范围。

(2)尽量减小接触面上外摩擦的有害影响。

为了降低摩擦系数,应注意提高和保持工具表面的光洁度;采用适当的润滑剂。在镦粗低塑性材料时,为减少和消除难变形区,使变形不均匀性减少,可将锻坯端面预先做成凹锥形,并采用相应的锥形锤头压缩,或采用超声波加工法,以减轻接触面积的实际接触强度来减少外摩擦的影响。

(3)合理设计加工工具形状。

为了保证变形与应力分布较均匀,须正确选择与设计锻模、轧辊孔型及其他工具,尽量使其形状与坯料断面很好配合。例如热轧板材时,考虑轧辊中部温度升高使其膨胀,它将轧辊设计成凹形,以保证沿轧件宽向上压下均匀;冷轧时,考虑轧辊中部产生弹性弯曲与压扁较大,故应将轧辊设计成凸形。

(4)尽可能保证变形金属的成分及组织均匀。

首先从提高熔炼与浇铸质量方面着手;其次,对已浇铸的坯料采用高温均匀化退火等。

以上仅就减轻变形及应力不均匀分布的基本措施进行了简要说明,至于有关的具体措施要根据具体金属及加工条件而定。

7.3.4　残余应力

1. 残余应力的来源

如前所述,残余应力是塑性变形完毕后保留在变形物体内的附加应力。

在塑性成形过程中,残余应力是由附加应力而来,所以变形体内残余应力也是自相平衡的。由于残余应力的来源与各类加工工艺有关,有如下几种:

（a）第一类残余应力,又称宏观残余应力。它在物体全部或部分范围内平衡。

（b）第二类残余应力,又称显微残余应力。它在各相组成物或各晶粒之间平衡。

（c）第三类残余应力,又称超显微残余应力。它常存在于金属点阵内部,例如位错与溶质原子交互作用引起的应力场等。

2. 变形条件对残余应力的影响

残余应力与附加应力一样,也同样受到变形条件的影响,其中主要是变形温度、应变速度、变形程度、接触摩擦、工具和变形物体形状等等。关于这些因素的影响,在前面讨论物体不均匀变形时亦有论述。现仅就变形温度、应变速度和变形程度的影响作简单论述。

（1）变形温度的影响。在确定变形温度的影响时应注意到在变形过程中是否有相变存在。若在变形过程中出现双相系时,将会引起第二种附加应力的产生,从而使残余应力增大。

但在一般情况下,当变形温度升高时,附加应力以及所形成的残余应力减小。温度降低时,出现附加应力和残余应力的可能性增大。因此,即使是对单相系金属也不允许将变形温度降低到某一定值以下。

在变形过程中温度的不均匀分布是产生附加应力的一个原因,自然也是产生残余应力的一个原因。如果变形过程在高于室温条件下完成,具有某一数值的残余应力时,则此残余应力会因物体冷却到室温而增加:

$$\sigma_0 = \sigma_t \frac{E_0}{E_t} \tag{7-1}$$

式中,σ_0 和 E_0 为室温条件下的应力和弹性模量;σ_t 和 E_t 为高于室温的某一温度条件下的应力和弹性模量。

（2）应变速度的影响。应变速度对残余应力也有如同对附加应力那样的影响。通常,在室温下以非常高的应变速度使物体变形时,其附加应力和残余应力有减小的趋势。而在高于室温的温度下,增大应变速度时,这些应力反而有可能增加。

（3）变形程度的影响。随着变形程度的增加,第一类附加应力,亦即残余应力开始急剧增加。当塑性变形达到 20% ~25% 时,达到最大值。当变形继续增加时,残余应力将开始减小,并当变形程度超过 52% ~65% 时,残余应力几乎接近于零。变形程度的这种影响是指在低于 $T/T_m < 0.3$ 时（T、T_m 分别为金属的变形和熔点的绝对温度）的变形，当温度升高时，在较大的变形程度下才能使第一种残余应力达到最大值，并在高于 60% ~ 70% 的变形条件下，此应力也未降低到零。变形程度对第二种和第三种残余应力的影响则是另一种情况。这些残余应力的数值将随变形程度的增加而增大，而且对于双相系和多相系，比对单相系提高得更强烈。图 7 - 26 示出了产生残余应力所消耗的能量与变形程度的关系。

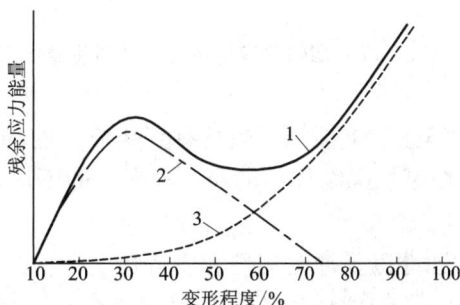

图 7 - 26　变形程度和残余应力能量的关系曲线
1—第一种、第二种及第三种残余应力总能量曲线；
2—第一种残余应力能量的变化曲线；
3—第二种及第三种残余应力总能量的变化曲线

3. 残余应力所引起的后果

（1）引起物体尺寸和形状的变化。当在变形物体内存在残余应力时，则物体将会产生相应的弹性变形或晶格畸变。若此残余应力因某种原因消失或其平衡遭到破坏，此相应的变形也将发生变化，引起物体尺寸和形状改变。对于对称形的变形物体来讲，仅发生尺寸的变化，形状可保持不变。例如，当用表面层具有拉伸残余应力和心部具有压缩残余应力的棒材坯料在车床上车成圆柱形工件时，切削后由于具有拉伸残余应力的表面层被车削掉，成品工件的长度将有所增加（图 7 - 27 中虚线）。若加工件是不对称的，则物体除尺寸变化外，还可能发生形状的改变。引起残余应力的消失或减小的原因，除机械加工外还有时间的延长等因素。有时，具有残余应力的物体在热处理过程中，或受到冲击后也会发生尺寸和形状的变化。

（2）使零件的使用寿命缩短。因残余应力本身是相互平衡的，所以当具有残余应力的物体受载荷时，在物体内有的部分的工作应力为外力所引起的应力与此残余应力之和，有的部分为其差，这样就会造成应力在物体内的分布不均。此时工作应力达到材料的屈服强度时，物体将会产生塑性变形；达到材料的断裂强度时，物体将会产生断裂，从而缩短了零件的使用寿命。

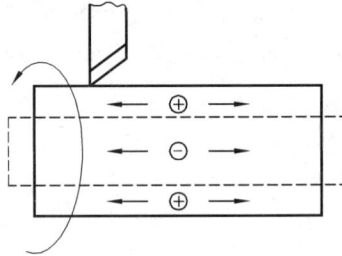

图 7 – 27   切削具有残余力的棒材示意图

（3）降低了金属的塑性加工性能。当具有残余应力的物体继续进行塑性加工时，由于残余应力的存在可加强物体内的应力和变形的不均匀分布，使金属的变形抗力升高，塑性降低。

（4）降低金属的耐蚀性以及冲击韧性和疲劳强度等。

4. 减小或消除残余应力的措施

如前所述，残余应力是由附加应力的变化而来，其根本原因就是物体产生了不均匀变形，使在物体内出现了相互平衡的内力。因此，残余应力不仅产生在塑性加工过程中，而且也产生在不均匀加热、冷却、淬火和相变等过程中。减小或消除残余应力的方法有：①减小材料在加工和处理过程中所产生的不均匀变形；②对加工件进行热处理；③进行机械处理。因减小不均匀变形的具体措施前面已有论述，现仅对后两种减小残余应力的方法予以说明。

1）热处理方法

物体内存在的残余应力可用退火、回火等方式来减小或消除。第一种残余应力可在回火中大大减小。在许多情况下，残余应力只有在再结晶时才能完全消除。究竟采用哪种热处理方法，这要看实用目的而定。如果是为了防止物体在以后停放或加工中由于残余应力而引起的形变和破裂的危险，并要求保证足够的硬度（强度），如黄铜的半硬态制品，则可采用低温回火的方法；若为了完全消除残余应力，使金属软化以利于以后的加工，则可采用再结晶温度附近退火；至于不仅要完全消除残余应力，还要利用相变再结晶来均匀细化晶粒，改善组织，提高性能，则需在高温长时间退火。如钢加热到 AC_3 以上进行完全退火。

必须指出，热处理法的目的是消除残余应力，故而加热速度不宜太快；温度应均匀上升，冷却时亦需缓慢降温，以免产生新的残余应力。另外，热处理法的缺点是大幅度改变晶粒的大小，并降低金属的强度性能。所以，对于不允许退火的制品，则采用机械处理法。

2）机械处理方法

机械处理方法是利用使物体表面产生很小的塑性变形的方法来减小残余应力。属于这种处理方法的有：

（1）使零件彼此碰撞（此方法仅限于尺寸小、形状简单的工件）；

（2）用木槌打击表面，或用喷丸法打击工作表面；

（3）表面辗压和压平；

（4）表面拉制；

（5）在模子中作表面校形或精压。

因这种方法仅使工件产生表面变形，所以在变形中，于工件表面层中产生附加压应力，在工件中层产生附加拉应力。可见，此方法只能减小第一种残余应力，且只当工件表面层中具有残余拉应力时才能适用。

图 7 - 28 示出，表面层中具有纵向残余拉应力的板材经表面辗压后，其残余应力大为减小。在一定限度内，表面变形越大，残余应力减小得越多。

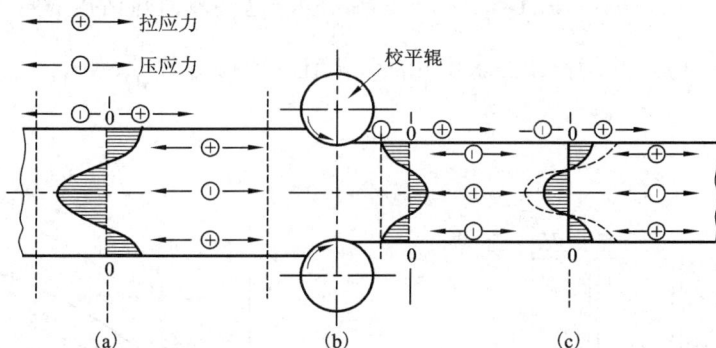

图 7 - 28　用表面变形减小残余应力的方法

（a）体内原有的残余应力分布图；（b）经表面变形所引起的残余应力分布图；（c）合成残余应力

实验证明，拉制黄铜棒经辗压后，其内部的残余应力发生如图 7 - 29 所示的变化。可见，表面变形可使原来的残余应力几乎减小一倍，甚至可使表面拉应力变成压应力。表面变形程度越大，残余应力减小得越多。但此变形程度不应超过某一限度，一般是在 1.5% ~3% 以下。若超过此限度，会造成有害的后果，因为这样不但不会减小残余应力，反而会使残余应力增加。

5. 研究残余应力的主要方法

研究金属物体内残余应力的主要方法是机械法、化学法和 X 光法。

（1）机械法

用此方法可测定棒材、管材等一类物体内的残余应力，其精确度可达每平方厘米内几千克。其具体测量方法是（图 7 - 30）：截取一段长度为其直径三倍的棒材

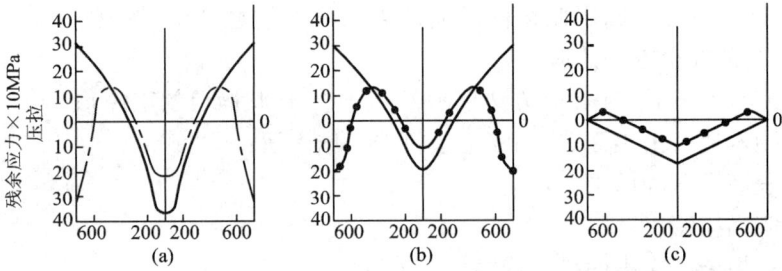

图 7 − 29　黄铜棒在辗平前后的残余应力分布图

(a)纵向应力;(b)切向应力;(c)径向应力

实线表示拉制铜棒的残余应力,虚线和点线表示铜棒在辗平后的残余应力

(或管材),在其中心钻一通孔,然后用膛杆或钻头从内部逐次去除一薄层金属,每次去除约5%的断面积,去除后测量试样长度的延伸率 λ 和直径的延伸率 θ,并计算出下列数值:$\Delta_1 = \lambda + r\theta, \Delta_2 = \theta + r\lambda$,然后,绘制这些数值与钻孔剖面积 F 的关系曲线(图 7 − 31)。并用作图法求出此曲线上任一点的导数 $\dfrac{\mathrm{d}\Delta_1}{\mathrm{d}F}$ 和 $\dfrac{\mathrm{d}\Delta_2}{\mathrm{d}F}$。式中 r 为泊松比。

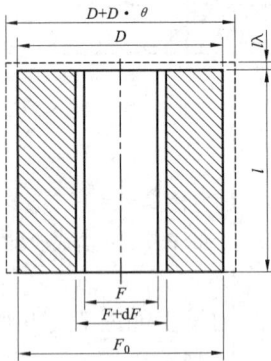

图 7 − 30　棒材中心钻孔测残余应力

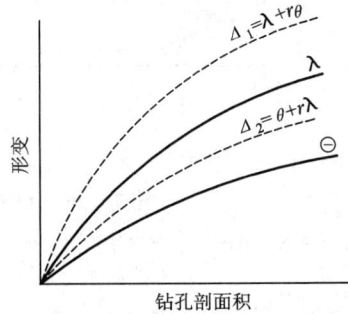

图 7 − 31　变形与钻孔横断面积关系

按 D. Sachs 根据一般弹性力学理论所求得的下述计算公式,逐步求出每去除一微小面积 dF 后的残余应力大小。

纵向应力:

$$\sigma_p = E' \Big[(F_0 - F)\frac{\mathrm{d}\Delta_1}{\mathrm{d}F} - \Delta_1 \Big] \tag{7 − 2}$$

切向应力:

$$\sigma_t = E' \left[(F_0 - F) \frac{\mathrm{d}\Delta_2}{\mathrm{d}F} - \frac{F_0 + F}{2F} \Delta_2 \right] \qquad (7-3)$$

径向应力：

$$\sigma_r = E' \frac{F_0 + F}{2F} \Delta_2 \qquad (7-4)$$

式中 $E' = \dfrac{E}{1 - r^2}$，E 为材料的弹性模量。

测量残余应力除上述的精确的机械法外，还有一些近似的机械方法，举例如下：

为确定管材表面层的应力，可以直接从管壁上切取一个薄的片层，测量其长度的变化 λ_0，然后可用下式计算表面层的纵向应力：

$$\sigma_{p_0} = \lambda_0 E \qquad (7-5)$$

为确定管材上的切向应力，可从管子上切取一个环，并测量此环直径的相对变化 θ。其切向应力可用下式求出：

$$\sigma_{t_0} = \theta_0 E$$

为确定轴向应力，可从薄壁管切下一个轴向的窄条，测量此窄条呈弧形后的长度 f_c，则此轴向应力为

$$\sigma_{t_0} = E \cdot \frac{4Bf_c}{l^2} \qquad (7-6)$$

上式中 B 为窄条或环的厚度，l 为窄条的长度。

（2）化学法

化学法是定性研究残余应力的一种方法。此方法是将试样浸入到适当的溶液中，测量出自开始侵蚀到发现裂纹的经过时间，按此经过的时间来判断残余应力的大小。侵蚀试样所用的溶液，对于含锡青铜可用水银及含水银的盐类，对于钢可用弱碱及硝酸盐类。在判断应力的形式时，若出现横向裂纹，则可认为是纵向应力作用的结果，若出现纵向裂纹，可认为是横向应力作用的结果。在实际中准确地确定裂纹出现的时间比较困难，不过与其他机械法相比较，还是可以定性地看出破裂时间与残余应力的关系（图 7-32）。

另一种化学方法是，将试样吊浸在适当的溶液里，隔一定时间来称其重量。这样就可以得到一个重量减小量与经过时间的关系曲线。与标准曲线相比较，以判定残余应力的大小。所得到的曲线的位置比标准曲线越高，则表示物体内的残余应力越大（图 7-33）。

化学方法对于测定金属丝、薄条等类型的工件内的残余应力是十分合适的。同时定性地来比较在不同的压力加工制度和热处理制度中所出现的残余应力的大小也是很有用的。

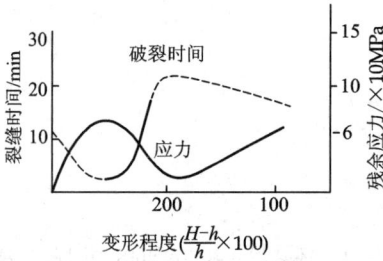

图7-32　用化学侵蚀法(亚摩尼亚)
及机械方法测定冷轧黄铜残余应力的对照曲线
（根据威特曼和谢尔格耶夫）

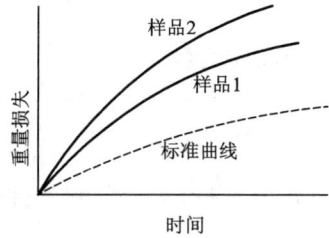

图7-33　用称重法测定
残余应力的试验曲线

（3）X射线法

在X射线法中可包括有劳埃法和德拜法。在劳埃法中可根据干扰斑点形状的变化来定性地确定残余应力。图7-34表示,当无残余应力存在时,各干扰斑点呈点状分布;有残余应力时,各干扰斑点伸长,呈"星芒"状。用德拜法可以定量地测出所存在的残余应力。第一种残余应力可根据德拜图上衍射线条位置的变化来确定。第二种和第三种残余应力可根据衍射线条的宽度变化和强度的变化来确定。

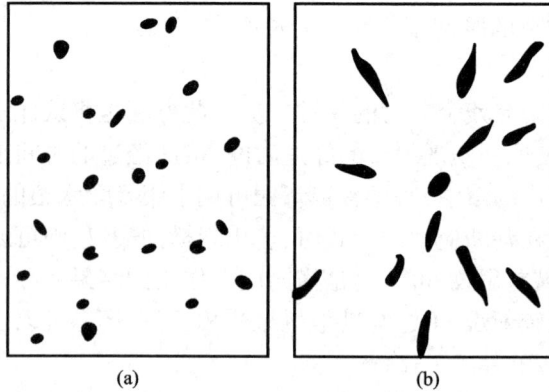

图7-34　铝晶体的劳埃图
（a）铝晶体未变形的劳埃图；（b）铝晶体塑性变形后的劳埃图

从上述测定残余应力的各方法中可以看出,用机械法可以比较精确地确定残余应力的大小和分布,但在测定时要损害物体的整体性。用化学法基本是定性的测定,定量性差,也需要专门的试样。X射线法是一种"非破坏性"的测定方法,它能够定量地测出物体内的残余应力。但此方法仅适用于能够给出较清晰敏锐的衍射线条的某些材料,并由于 X 射线的透射能力较小,只能探明物体接近表面部分的情况。

* 7.4　金属塑性加工诸方法的应力与变形特点

金属塑性加工的主要方法有锻造、轧制、挤压和拉伸等。本章主要阐述金属的镦粗、板材轧制和棒材挤压和拉伸时的应力及变形特点。

7.4.1　金属在平锤间镦粗时的应力及变形特点

前面已经讲过,金属塑性变形的发生、发展过程是不均匀的。从宏观上来说,这主要是由于在塑性加工过程中坯料与工具的形状一般是不一致的,另外还有不可避免的外摩擦作用,致使变形区内金属所受的应力分布不均匀,在不同部分区间,变形起始的早晚、程度的大小、速度快慢等都不相同;如果坯料的变形温度不均匀,同样也会产生上述现象。从微观上来说,金属结构的本身就是不均匀的,这样也必然引起变形的不均匀。现在我们分析一下平锤间镦粗矩形组合件时的应力与变形情况。

1. 镦粗时组合件的变形特点

取 10 块 5 mm ×40 mm ×60 mm 的铅板,在每块表面的四分之一面积处,画上 5 mm ×5 mm 的网格 24 个,然后将它们整齐地叠起来组成 50 mm ×40 mm ×60 mm 的矩形试件 [图 7 – 35(a)]。将试件在平锤间进行镦粗至一定的变形程度,从外形上来看,试件出现鼓形和侧面翻平现象[图 7 – 35(b)]。图 7 – 36

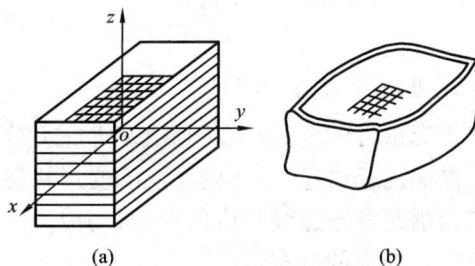

图 7 – 35　矩形组合试件塑压前后形状

是当变形程度为 55% 时,各层网格的变化情况,1 是接触表面层,6 是试件高度中心层。从变形后的网格可以看出,不论是长向(x 方向),或是宽向(y 方向)上变形的分布都是不均匀的。

根据塑压后的变形情况,如果沿 x 方向来测定各层中每个方格的高度,并算出它们的高向变形程度 ε_x,则可得出图 7 – 37 所示分布曲线。分析各曲线可见,在接触表面上,试件的中心区域没有变形而边缘部分的变形较大,并且有很明显的侧面翻平现象,这表明在接触表面上确实存在着难变形区或粘结区。除去面层外,其他各层 x 方向上的各处都有高向变形,并且到达试件中心对称面上时,变形最大,边缘部分的变形则越来越小,这种情况也与前面的分析相符合,并表明塑压间试件内存在明显的三个区,即易变形区Ⅱ、自由变形区Ⅲ和难变形区Ⅰ(图 7 – 7)。

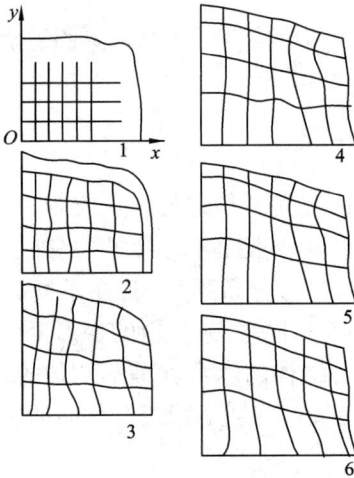

图 7 - 36　总变形量 55% 时
各层网络的变形情况

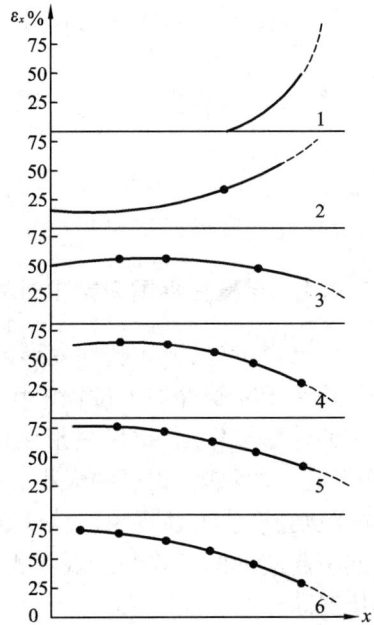

图 7 - 37　各层 x 轴向上高度变形分布曲线

2. 基本应力的分布特点

矩形试件的变形特点,是由基本应力分布所决定的。

前面已经讲过,物体内一点的变形状态和应力状态是有直接关系的,其规律是正应力引起各条边线长度的变化,切应力则引起各垂直棱边角度的变化。现在我们分析正应力的分布情况。

矩形试件在平锤间镦粗时的基本应力状态是三向压应力,但在试件内部,每点的压应力值并不相等。如果沿三个坐标轴方向的正应力分别为 σ_x,σ_y,σ_z,其分布的规律是:沿 x 轴 σ_z 在接触表面上的分布是从边缘向中心由零开始逐渐增大,因为越接近中心,摩擦力的阻碍作用越显著[图 7 - 38(a)];沿 y 轴 σ_x 的分布规律同 σ_z 沿 x 轴的分布;沿 z 轴 σ_x 在侧表面上为零,在试件内部,从接触表面向对称层 σ_x 逐渐减小,如图 7 - 38(b)所示。

3. 第一类附加应力的分布特点

现对矩形组合试件塑压时试件对称截面四分之一区域内第一类附加应力的分布加以分析(图 7 - 39)。

在图 7 - 36(块 6)中,我们可以看到,在对称件的中心部位(即图 7 - 39 中 O 点),其纵向延伸和横向宽展的变形量比其他区域都要大一些,而靠近侧面边部的

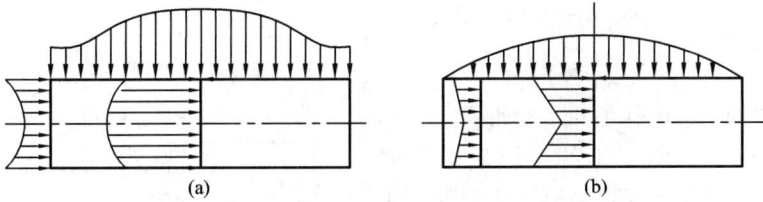

图 7 – 38　平锤间塑压组合试件的基本应力分布

(a)$\sigma_z - x$；(b)$\sigma_z - y$

a 点和 b 点附近的变形量最少。根据第一类附加应力产生的原因可知，O 点附近的第一类附加应力为三向压应力，而 a、b 两点附近的第一类附加应力为二向拉应力。

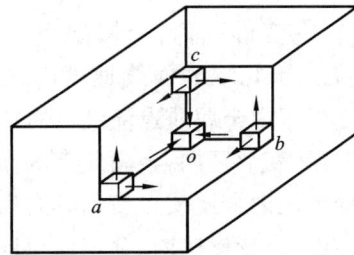

图 7 – 39　矩形件塑压时几个特殊点的附加应力图示

在接触表面层［见图 7 – 36（块 2）］，可以看到，中心位置 c 点附近几乎没有产生变形，而边缘部分无论是纵向还是横向均发生了变形，从边缘向中心变形递减，所以 c 点附近的第一类附加应力是二向拉应力。

根据塑性条件，可以知道，在 O 点附近，由于基本应力和附加应力的综合作用，这里首先满足塑性变形条件而产生塑性变形，在整个塑性变形过程中，也是变形量最大的区域。在 c 点附近，这里承受的基本应力是强烈的二向压应力，由于摩擦的作用，形成难变形区或粘着区；但附加应力的作用显然是会减少某些压应力，而促使该区进入塑性变形状态，并且由于基本应力和附加应力的联合作用，使接触表面层的变形区不断扩大。在 a、b 两点附近，当变形很不均匀时，附加拉应力越来越大，如果被变形的金属塑性较低，将会在侧面出现裂纹。

7.4.2　平辊轧制时金属的应力及变形特点

一、基本应力特点

平辊轧制时，金属在两个反向旋转的等径轧辊之间受到连续压缩，因此在其纵向与宽向上产生延伸和宽展变形。由于轧辊所施加的压力作用，在高向上轧件承受 σ_z 的压应力，而在纵向与横向上，因摩擦力的作用而使轧件承受 σ_x 和 σ_y 的压应力。轧制时，一般是变形区的长度 l 比轧件宽度小，故基本应力存在着 $|\sigma_z| > |\sigma_y| > |\sigma_x|$ 的关系，因而纵向上的延伸比横向上的宽展大得多。图 7 – 40 为平辊轧制时变形区内基本应力分布图示。

二、变形区内金属质点流动特点

1. 金属质点纵向流动特点

金属在平辊间轧制时,变形区内,不但有因塑性变形而产生的金属质点纵向流动,而且还受到轧辊旋转的带动所产生的机械运动,所以,轧件在变形区内金属质点在纵向上的流动是这两种运动叠加的结果。故变形区存在着前滑、后滑和中性面三个区域。

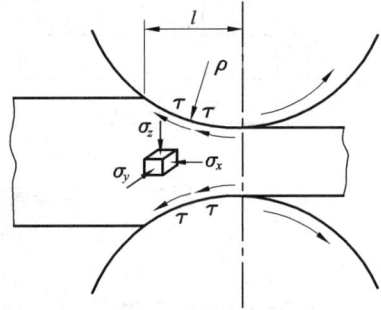

图 7 - 40　平辊轧制板材受力情况

前滑:在变形区内,金属质点的向前流动速度大于轧辊表面线速度的现象叫前滑。变形区内金属质点流动具有前滑现象的区域叫前滑区。

后滑:在变形区内,金属质点的向前流动速度小于轧辊表面线速度的现象叫后滑。在变形区内金属质点流动具有后滑现象的区域叫后滑区。

中性面:在变形区内,金属质点向前流动速度与轧辊表面线速度一致的截面叫中性面。中性面实际是前滑与后滑的临界面。

在平辊轧制生产中,可分为热轧和冷轧两种情况。一般来说,热轧时所使用的轧辊辊径大,道次压下量大,同时在高温下接触表面的摩擦系数大(0.3 ~ 0.5),金属的变形抗力低;冷轧时所使用的轧辊辊径小,道次压下量小,接触表面的摩擦系数也小(0.08 ~ 0.3),由于加工硬化,变形抗力较大。这些特点使得其变形,以及金属质点在纵向上的流动情况有所不同,因此要用变形形状因子 $\dfrac{L}{H_{平}}$ 来区分。根据实验及实践资料,可分为 $\dfrac{L}{H_{平}} > 0.5 \sim 1.0$ 及 $\dfrac{L}{H_{平}} < 0.5 \sim 1.0$ 两种情况,前者称薄轧件,相当于冷轧及热轧薄板情况,后者称厚轧件,相当于热轧开坯时情况。

(1)当 $\dfrac{L}{H_{平}} > 0.5 \sim 1.0$ 时,如图 7 - 41 所示。这时接触弧较长而轧件高度小,故变形能深入整个断面高度。在后滑区内,轧件任意断面的平均速度都小于轧辊的水平运动速度,但是由于接触表面上的摩擦力总是力图把较高的速度传给轧件表面层及其附近部位,而对中心部位的影响则相对小些,这样就使得后滑区内各断面上金属质点的运动速度表面层大于中心层而呈图 7 - 41 中曲线 6 所示形状,并且外摩擦越大,这种不均匀性越明显。

刚端对变形不均匀有严重影响,因为刚端不变形或已变形完了,其断面上金属质点的运动速度是均匀的(图 7 - 41 中曲线 4 和曲线 10),在刚端与后滑区和刚端与前滑区之间,还存在着一个位于几何变形区外的变形发生区和变形终了区。在变形发生区内,随着各断面逐渐靠近后滑区,其金属质点流动的不均匀性明显增加(图7-41中曲线5),在变形终了区,随着各断面逐渐靠近前刚端,金属质点运动速度趋于一致,如图7-41中曲线9所示。

在变形区中性面上,由于轧件与轧辊的速度相等,所以该断面上金属质点的运动速度是一致的(曲线7)。在前滑区,因为轧件的平均运动速度大于轧辊的水平速度,所以,接触表面上的摩擦力总是阻碍轧件向前运动,当然,越接近表面层所受的影响越大,该区各断面上金属质点的运动速度如图7-41中曲线8所示。

(2)当$\frac{L}{H_平}<0.5\sim1.0$时,如图7-42所示。这时轧件高度大而变形区长度相对变小,故变形难以深入整个断面高度。在后滑区各断面上,外层金属质点的流动速度由接触表面向中心层逐渐减小,中心层附近没有产生变形刚保持一个固定的速度不变,其分布如图7-42曲线3所示。在前滑区,情况恰好相反,各断面速度是由表层向里逐渐增大,但在中心层没有产生变形,所以速度仍保持不变如图3-42所示。其他区域中各断面金属质点运动速度已分别在图中画出,可自己来分析。

2. 宽展及宽度上的纵向流动

轧制时,沿轧件宽向尺寸的变化量称为宽展。宽展常用绝对值表示,$\Delta B=b-B$,其中B是轧件轧前的宽度,b是轧件轧后的宽度。

轧制时,轧件高向受到压缩,必然产生纵向延伸和横向宽展;由于变形区长度L往往比横向宽度B小得多,加之受轧辊的带动,因此轧件的延伸远远比宽展大。

虽说轧制时轧件在变形区内所受的基本应力都是压应力,但由于位置不同,而各向数值不一样。例如在板材的边缘部分(图7-43中oab区),金属质点所受的

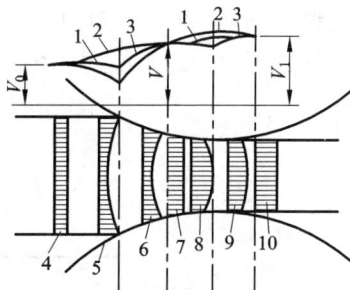

图 7-41　$\frac{L}{H_平}>0.5\sim1.0$时变形区内

纵断面速度分布曲线(1,2,3)

及各断面速度分布图(4…10)

1—表面层;2—中心层;3—速度平均值;4—后刚端;5—几何变形区入口处;6—后滑区;7—中性面;8—前滑区;9—几何变形区出口处;10—前刚端

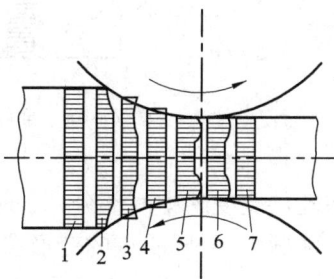

图 7-42　$\frac{L}{H_平}<0.5\sim1.0$时

轧件运动速度分布图

1—后刚端;2—变形发生区;
3—后滑区;4—中性面;5—前滑区;6——变形终了区;7—前刚端

横向压应力 σ_y 比纵向压应力 σ_x 小,所以,在这个区域内,金属质点的变形状态为高向压缩而横向、纵向延伸,并且横向上的变形 ε_y 大于纵向上的变形 ε_x。因此,金属轧件的宽展,主要是由于这个区域中的质点横向流动所致,故 $\triangle oab$ 又称为宽展三角区。

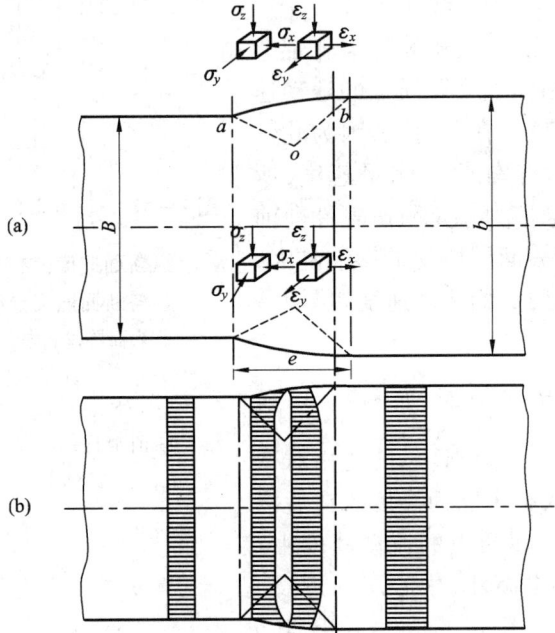

图 7 - 43 金属质点运动速度在横向上的分布

在轧件宽度的中间部分,其质点所受的横向压力 σ_y 比纵向压应力 σ_x 大,所以在这个区域内,金属质点的变形状态虽然还是高向压缩,纵向和横向延伸,但横向上的变形比纵向的延伸小得多。

由于有横向变形,使金属质点在变形区内宽向上流动方向不一致,板材中间部分金属质点的流动方向基本与轧制方向平行,而边缘部分的金属质点流动方向则与轧制方向成一个角度,故各部分运动速度在轧制方向的水平投影的长度不同,形成图 7 - 43(b)所示的不均匀流动图形。

轧制时,影响宽展量大小的因素很多,可大致归纳为三点:

1)外摩擦:摩擦系数增加,宽展增加;摩擦系数减少,宽展也随之减少。因为摩擦系数增加阻碍延伸变形,横向宽展增加。

2)变形区的尺寸:影响宽展的尺寸主要是 $\dfrac{L}{B}$ 值,凡是使 $\dfrac{L}{B}$ 值增大的因素,都使宽展增加。所以,轧辊直径的增大,首次压下量增加,轧件原始宽度减小等,都促使宽度增加,因为它们都会使宽展三角区的面积扩大,从而增加了向横向流动的金属质点,故增加了宽展的数值。

3)刚端:轧件变形区外部的刚端,限制了宽展的发展而增加纵向延伸,并且使轧件宽向及高向上的延伸变得更均匀些,由于刚端的这种作用,使轧件变形区的边缘部分,特别是在靠近入口部位的边缘,以及邻近此部位而处于变形区外面的轧件边缘部位承受纵向拉应力;而与这些地方相邻的变形区内的其他部位,则承受压应力。正是由于轧件边缘部位的这种拉应力的作用,限制了金属质点的横向流动,减少了宽展。

3. 平辊轧制时,附加应力的分布特点

因为平辊轧制时变形区内金属质点的流动速度在高向上的分布如图 7-41 所示,那么必然会产生如图 7-44 所表示的附加应力。在后滑区,表面层金属质点的运动速度大于中心层,故中心层给表面层以附加压应力,而表面层给中心层以附加拉应力。在前滑区,轧件表面层的质点流动速度小于中心层,所以中心层对表面层产生附加拉应力,而表面层对中心层产生附加压应力。

在前滑接触表面层存在的附加拉应力,当数值很大时,则是轧件表面产生裂纹的原因;有时,这种裂纹很小,不容易发现,当这种坯料继续冷变形时,就会暴露出来而造成难以补救的废品。

料头端部在高向上承受着附加拉应力 σ'_z 是有害的,当 $\dfrac{L}{H_{\text{平}}}$ 值较小时,变形不很深

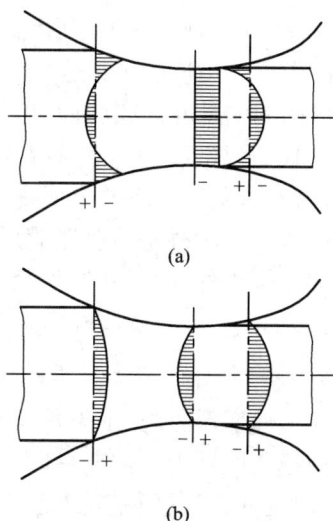

图 7-44　平辊轧制时的附加应力

(a)—σ'_x 在高向上的分布

(b)—σ'_z 在高向上的分布

透,常常是某些低塑性材料轧制时产生张嘴的原因。特别是当铸锭中心部位存在着低熔点化合物或有其他夹杂物存在时,因为本身强度就很低,因此很容易在这种附加拉应力的作用下出现层裂的现象。

7.4.3　棒材挤压时的应力及变形特点

挤压是有色金属及合金压力加工生产的重要方法之一,它可以生产各种棒材、管材、型材和线坯。在这一节里将以单孔棒材挤压为例,分析挤压过程中的应力与变形特点。

1. 棒材挤压时的基本应力状态

从应力与变形的角度来说,可以把挤压过程分成填充和挤压两个基本阶段。

填充刚开始，在坯料内部的应力状态与圆柱体镦粗一样，也是三向压应力状态。大部分区域是轴向应力 σ_z 的绝对值大于径向应力 σ_r 的绝对值，即 $|\sigma_z| > |\sigma_r|$，只有在模口附近，轴向应力的绝对值才小于径向应力的绝对值，即 $|\sigma_z| < |\sigma_r|$，这是因为模口外面没有力的作用。在镦挤过程中，坯料内的三向应力（轴向应力为 σ_z、径向应力 σ_r、周向应力 σ_θ）很高，整个坯料分成两种应力状态区：对准模口的 I 区，其应力特点是 $|\sigma_z| < |\sigma_r|$；在 I 区的周围是 II 区，其基本应力状态是 $|\sigma_z| > |\sigma_r|$（图7-45）。随着填充继续进行，离模口稍远一点的金属也进入塑性变形状态。当坯料充满挤压筒后，由填充阶段转入挤压阶段，塑性变形区逐渐向内部扩大（如图7-46的漏斗区域）。

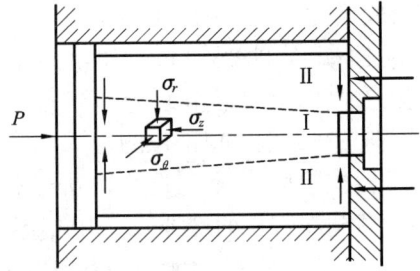

图7-45　填充时坯料的应力状态

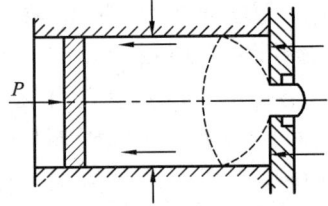

图7-46　挤压开始时的变形情况

2. 棒材挤压时的金属流动规律

在塑性变形区内，由于其应力状态也有压缩应力状态和延伸应力状态之分，所以我们把 I 区称为延伸变形区，II 区称为压缩变形区。II 区的金属首先是轴向压缩，径向延伸，当它们流入 I 区后再转为轴向延伸径向压缩，在 III 区内，虽然 σ_z 和 σ_r 差值很小，但是由于切应力很大，也将进入塑性变形状态，只是以剪变形为主，我们称之为切变形。IV 区是未变形区（弹性变形区），随着挤压过程的进行，其范围不断缩小。V 区是"死区"，其形成原因与镦粗时的难变形区形成原因一致。随着挤压进行，其范围也在逐渐缩小，但是进展很慢，只有当挤压残料较短时，它才比较明显缩小范围，一直到挤压最后才流出模孔。

由图7-47所示的变形特点可知：随着挤压垫片向前推进，I 区的金属流动最快，II 区的金属流动较慢，而 III 区的金属将在挤压垫片前面逐渐堆积起来，由于 III 区的金属原来处于坯料表面，不可避免地带有一些油、灰尘等脏物，这些脏物在挤压末期沿着 III 区与 V 区的界面

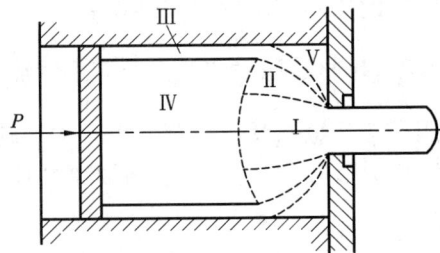

图7-47　挤压时的分区情况

流入到制品尾部,构成"缩尾"。

综上所述,挤压时金属的流动情况是十分不均匀的,金属不均匀变形比其他加工方法严重得多,金属的不均匀流动也直接影响到制品的组织和性能。

3. 棒材挤压时的附加应力

从前面的分析可以看出,虽然棒材头部刚出模孔时金属的流动还是比较均匀的,但是随后在变形中即发生很不均匀的流动。由于变形区内中间的金属流动得快,周围的金属流动得慢,所以变形流动快的部分对变形流动慢的部分产生一个附加应力;反过来,变形流动慢的部分将对变形流动快的部分作用一个附加应力。同样,变形区将对未变形区及已变形完了外端作用以附加应力,以满足其不均匀流动的要求。而未变形区及外端对变形区作用以附加应力,强迫变形区的不均匀流动不继续发展。

按挤压时金属质点流动的分区情况进行分析,我们可以清楚地看出:在塑性变形区和变形终了的外端部分,由于中间金属流动得快,表面层金属流动得慢,所以变形不均匀的结果引起中间对表面层作用以轴向附加拉应力,而表面层对中间部分作用轴向附加压应力。在棒材端面附近则产生了径向附加拉应力(图 7-48)。

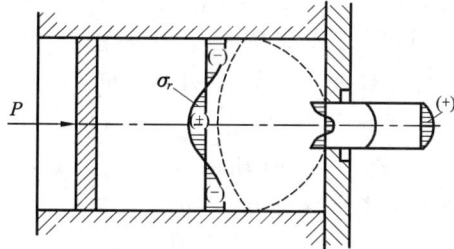

图 7-48　棒材挤压时的附加应力

在未变形区的横截面上,由于外表层已进入了塑性变形状态,其金属的流动速度远远大于中间部位,所以表面层对中间部位产生了轴向附加拉应力,而中间部位对表面层施加一个轴向附加压应力(图 7-48)。

就变形区内的附加应力情况来说,其变化情况是:在中心部位,从模口处的轴向附加压应力变到未变形区的轴向附加拉应力,表面部分则由附加拉应力变到附加压应力。

棒材头部的径向附加拉应力 σ'_r 是出现头部"开花"现象的原因。

由于棒材内部的轴向附加压应力的作用,棒材内部有增大直径的趋势,而表面层的轴向附加拉应力则阻止这种直径增大的趋势,随之产生了周向附加应力,其分布情况是中心层直径增加的趋势,给表面层施加了一个附加拉应力,而表面层阻止内部直径增大的作用,对中心部位产生了一个附加压应力(图 7-49)。

棒材表面层的周向附加拉应力 σ'_θ 是使棒材产生纵向裂纹的根源。而棒材表面层的轴向附加拉应力 σ'_z 则是引起棒材周向裂纹的原因。

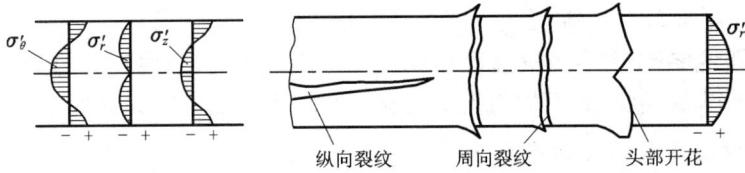

纵向裂纹   周向裂纹   头部开花

图 7 - 49   棒材的附加应力及其裂纹

7.4.4   棒材拉伸时的应力及变形特点

1. **棒材拉伸时的基本应力状态**

棒材拉伸时的作用力如图 7 - 50 所示。拉伸力 P 是沿轴向在金属前端的作用力,它在变形金属中引起轴向上的拉应力 σ_z。正压力 N 是模壁作用在金属上的力,它在变形金属中引起径向上的压应力 σ_r 和周向上的压应力 σ_r。从上分析中,可以知道,棒材拉伸时,变形区内金属所承受的基本应力状态是两向压缩(径向和周向)一向拉伸(轴向)。当拉伸圆棒时,$\sigma_r = \sigma_\theta$,此时的应力状态,被称之为轴对称应力状态。

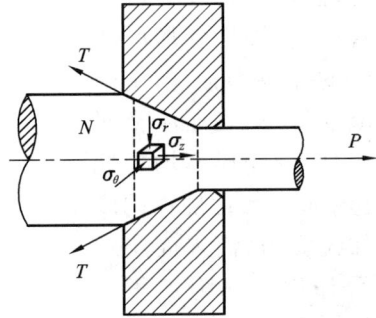

图 7 - 50   棒材拉拔时的基本应力状态

基本应力在整个变形区内也不是各处完全一样的。沿轴向,轴向拉应力 σ_z 由变形区的入口端到出口端是逐渐增大的,即 $\sigma_{z入} < \sigma_{z出}$。这是因为拉伸时变形区为一截锥体,金属的断面积由变形区的入口端到出口端是逐渐减小的。而径向压应力 σ_r 和周向压应力 σ_θ,由变形区的入口端到出口端是逐渐减小的。在讲述塑性条件时,曾阐述过变形能不变的塑性变形条件,当 $\sigma_2 = \sigma_3$ 即相当于 $\sigma_r = \sigma_\theta$ 时,其数学表达式为 $\sigma_1 - \sigma_3 = \sigma_s$ 即 $\sigma_z + \sigma_\theta = \sigma_s$($\sigma_\theta$ 为压应力故以 $-\sigma_\theta$ 代入)。

从上式可以得出如下结论:因为 σ_s 为一定值,在变形区内 σ_z 从入口端到出口端逐渐增大,σ_θ 从入口端到出口端必然是逐渐减小。同理也可分析出 σ_r 的变化趋势。

沿径向上,基本应力的变化情况是,轴向拉应力 σ_z 由边缘部分向中间部分逐渐增加,并且中心层的拉伸应力达到最大值。径向压应力和周向压应力它们由边缘部分向中心层是逐渐减小的。

2. 棒材拉伸时金属的流动规律

为了研究金属被拉过锥形模孔时的变形情况,可采用坐标网格法,并通过分析研究坐标网格的变化,可以定性地反映出金属在变形区内的流动规律(图 7 – 51)。

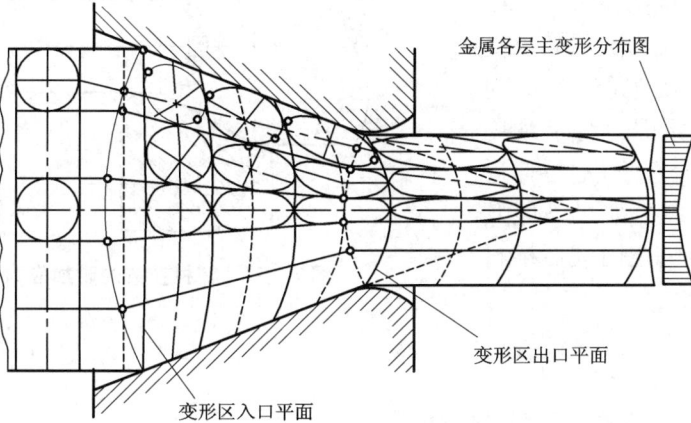

图 7 – 51　棒材拉拔时金属变形特点

从图中格子的变化可以看出,棒材中心层的正方形格子变成了矩形,其内切圆变成正椭圆形,在棒材的轴向方向上被拉长,在径向方向上被压扁。这就说明中心层的金属产生了轴向上的延伸、径向上的压缩。而棒材周边层的正方形格子变成了平行四边形,其内接圆变成了斜椭圆,沿轴向方向被拉长,径向方向被压缩。同时,周边层的正方形格子的直角在拉伸后相应变成了钝角和锐角,斜椭圆的长轴与拉伸轴线的夹角,由中心层向边缘部分逐渐增加。这就说明了周边层的格子除了受到轴向的拉长、径向和周向的压缩外,还发生了剪变形。

拉伸时,坐标网格沿横断面上的变化是,拉伸前横断面上的坐标网格线为直线,进入变形区后,即顺着拉伸方向开始向前凸变成为弧形线。由图 7 – 51 中看出,此弧形线的曲率由入口到出口处逐渐增大,这就说明棒材的中心层金属质点流动速度比周边层快。

3. 棒材拉拔时的附加应力

由于拉拔时金属在变形区内中心层和周边部分流动速度的不一致,必然会引起附加应力。中心层的金属在变形区内流动得快,而周边层流动的速度慢,其结果形成了中心层对周边部分作用以轴向附加拉应力,而周边部分对中心层作用以轴向附加压应力(图 7 – 52)。

在周向上,由于棒材中心层存在着轴向附加压应力,故这种附加应力有使其直径增大的趋势,而周边层所承受的轴向附加拉应力起着阻碍直径增大的作用,所以,棒材周向上的附加应力分布情况是:边缘层承受附加拉应力、中心层承受着附加压应力。

表面层承受的轴向附加拉应力,是棒材拉伸时产生横向周期裂纹的根源,周向承受的附加拉应力则是产生纵向裂纹的主要原因。对于某些塑性较低的合金来说,拉伸后形成的残余应力如果不能及时消除,经过一定时间后棒材就会产生裂纹。

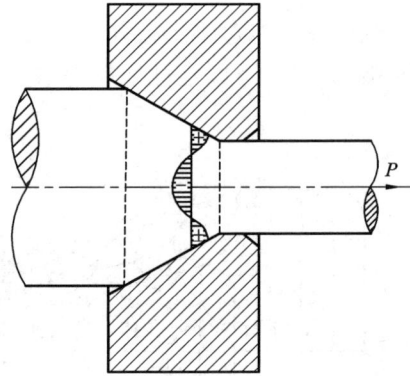

图 7 – 52　棒材拉拔的附加应力

7.5　塑性加工过程的断裂与可加工性

7.5.1　塑性加工中的常见裂纹

塑性加工中的断裂除因铸锭质量差(疏松、裂纹、偏析和粗大晶粒等)和加热时造成的过热、过烧外,绝大多数的断裂是属于不均匀变形所造成的。生产中因工艺条件和操作上的不合理,也会发生各种断裂。

在塑性加工过程中,按金属制品裂纹产生的部位可分为表面裂纹和内部裂纹(图 7 –53)。

这里仅对加工过程中常遇到的典型断裂现象作简要的分析。

一、锻造时的断裂

1. 锻造时的表面开裂

自由镦粗塑性较低的金属饼材时,由于锤头端面对镦粗件表面摩擦力的影响,形成单鼓形,使其侧面周向承受拉应力。当锻造温度过高时,由于晶间结合力大大减弱,常出现晶间断裂,且裂纹方向与周向拉应力垂直[图 7 –53(1)a]。当锻造温度较低时,晶间强度常高于晶内强度,便出现穿晶断裂。由于剪应力引起的其裂纹方向常与最大主应力成 45°角[图 7 –53(1)b]。

为了防止镦粗时的这种断裂,必须尽量减少鼓形所引起的周向拉应力。可采用如下措施:

(1)减少工件与工具间的接触摩擦;提高接触表面的光洁度,并采用适当的润滑剂。

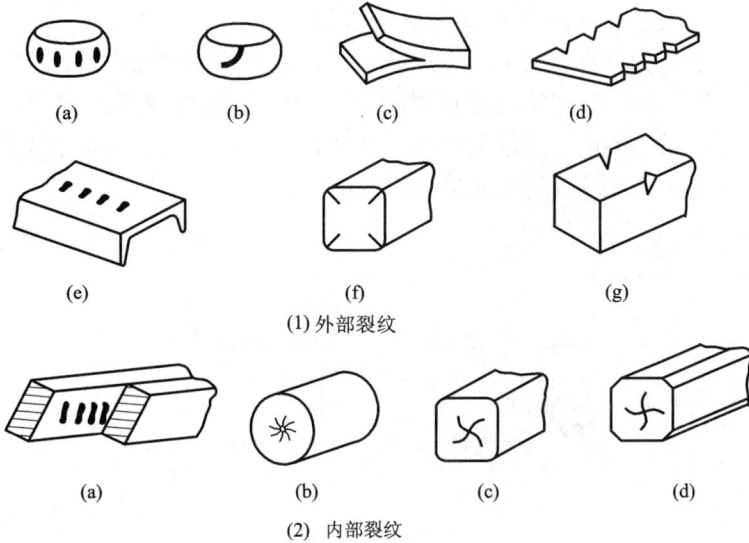

(1) 外部裂纹

(2) 内部裂纹

图 7 - 53　压力加工制品的断裂形式

（2）采用凹形模：锻造时，由于模壁对工件的横向压缩，周向拉应力减少。

（3）采用软垫：如图 7 - 54，因为软垫的变形抗力较小，在压缩开始阶段，软垫先变形，产生了强烈的径向流动，结果工件侧面成凹形，如图 7 - 54（a）。随着软垫的继续压缩变薄，其单位变形抗力增加。这时工件便开始显著地被压缩，于是工件侧表面的凹形逐渐消失变得平直，见图 7 - 54（b），继续压缩时才出现鼓形，如图 7 - 54（c）。这样与未加软垫的镦粗工件相比，其鼓形凸度就相应减少了，因而也就相应地减少了工件侧面的周向拉应力。

镦粗塑性较低的合金钢时，常采用软钢做软垫。此时可按下列经验公式确定软垫厚度：

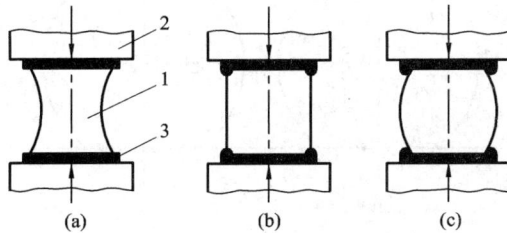

图 7 - 54　加软垫时的镦粗情况

1—试样；2—工具；3—软垫

当 $d/H = 1.5 \sim 3.0$ 时,$S = (0.07 \sim 0.1)H$;当 $d/H = 3 \sim 5$ 时,$S = (0.1 \sim 0.12)$ H。d、H 分别为工件直径和厚度,S 为软垫厚度。

(4)采用活动套环和包套:如图 7 – 55 所示,选用塑性好抗力较低的材料做外套,由于外套和坯料一起加热后镦粗,外套对坯料的流动起着限制作用,从而增加了三向压应力状态,防止了裂纹的产生。镦粗低塑性的高合金钢时,用普通钢做外套,套的外径可取 $D = (2 \sim 3)d$,d 是坯料原始直径。

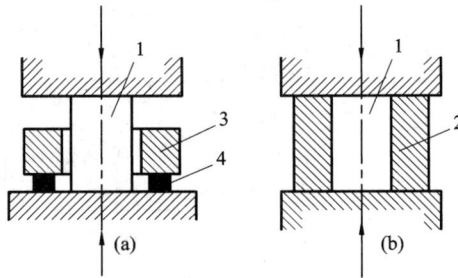

图 7 – 55　用活动套环(a)和包套(b)镦粗
1—工件;2—外套;3—套环;4—垫铁

用活动套镦粗时,低塑性毛坯经一定的小变形后就能与套环接触,然后取走垫铁,继续镦粗,套环材料除塑性好外,要其变形抗力比锻坯稍大些,使其对流动起限制作用,以增强三向压应力,防止裂纹的产生。

2. 锻造时的内部裂纹

如图 7 – 56 所示,用平锤头锻压圆坯时出现的纵向裂纹。这种情况与平锤头下压缩高件相似,压缩时形成双鼓形(图 7 – 56 中虚线)。

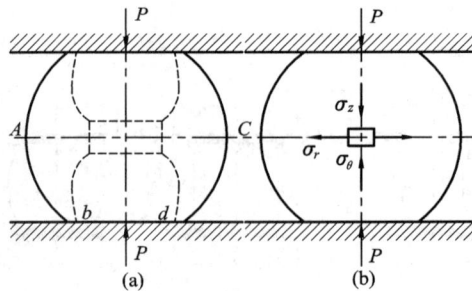

图 7 – 56　平锤头锻圆坯时的纵向裂纹

　　因变形不深入(表面变形),故在断面中心部分受到水平拉应力 σ_z 作用,当此应力超过材料的断裂应力时,就会在心部产生与拉应力方向垂直的裂口[如图 7 – 57(a)所示],锻件工断翻转便产生如图 7 – 57(b)所示的裂口,如继续旋转锻造会形成如图 7 – 57(c)所示的孔腔。

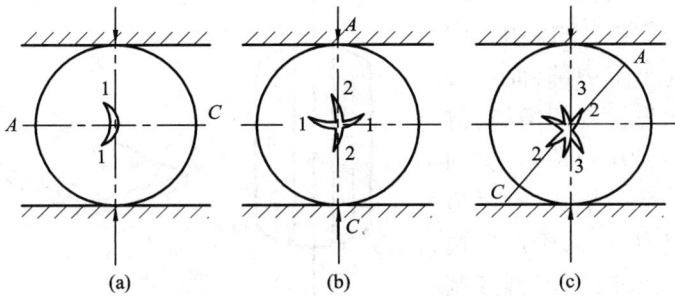

图 7 – 57　用平锤头锻压圆坯时裂口的形成

　　为了防止锻压圆坯时内部裂纹的产生,可采用槽形和弧形锤头,从而减少坯料中心处的水平拉应力,或把原来的拉应力变为压应力。实验结果表明,用图 7 – 58(b)所示两种锤头压缩总变形量达 40% 时都未见任何裂纹。因此,最好采用如下两种锤头,顶角不超过 110° 的槽形锤头和 $R \leqslant r$,包角为 100° ~ 110° 的弧形锤头,以

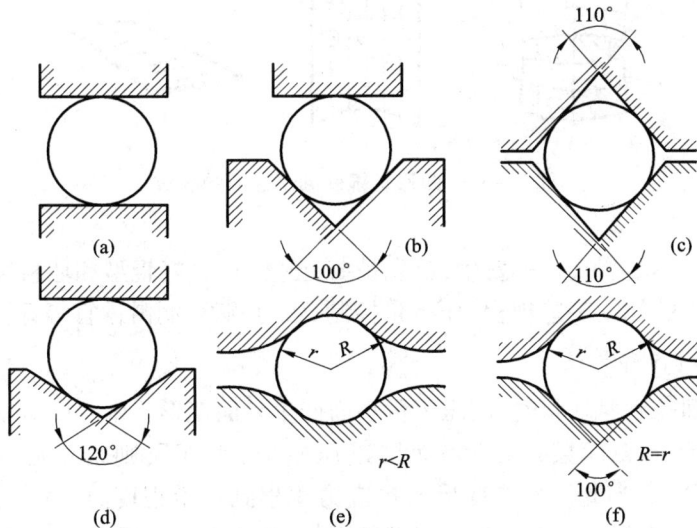

图 7 – 58　用各种锤头锻圆坯

增加工具对坯料作用的水平压应力,从而减少坯料中心水平附加拉应力。

二、轧制时的断裂

1. 轧制时的表面开裂

对平辊轧制,当轧件通过辊缝时,沿宽向质点有横向流动的趋势,由于摩擦阻力的影响,中心部分宽展远小于边部,而中心部分厚度转化为长度的增加,故板端头如图7-59(a)所示,呈圆形。由于轧件为一整体,所以边部受附加拉应力,而易于产生边部周期裂纹。此外,当辊型控制不当(凸辊型)或坯料形状不良(凸形横断面)也会出现如图7-59(b)所示的裂纹。

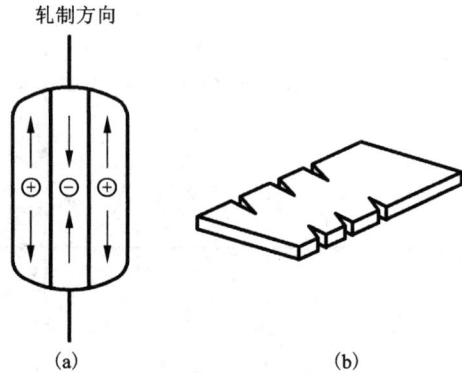

图7-59 轧制板材时的侧裂

轧制薄板时,当辊型为凹形,或坯料为凹形断面,会产生与上述相反的情况,严重时会出现板材中部周期裂纹,如图7-60所示。

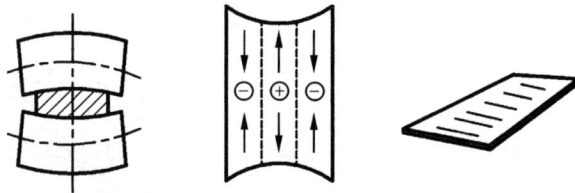

图7-60 凹形轧辊轧制平板时的裂纹

为避免上述断裂现象的发生,首先是要有适宜的良好辊型和坯料尺寸形状,其次是制定合理的轧制工艺规程(压下量控制、张力调整、润滑适宜等等)。

2. 轧制时内部裂纹

在平辊间轧制厚坯料时,因压下量小而产生表面变形。中心层基本没有变形,因而中心层牵制表面层,给予表面层以压应力,表面层则给中心层以拉应力[图7-61(b)]。当此不均匀变形与拉应力积累到一定程度时,就会引起心部产生裂纹,而使应力得到松弛。当变形继续进行,此应力又积累到一定程度又会产生心部裂纹,如此继续,在心部产生了周期性裂纹(图7-61)。

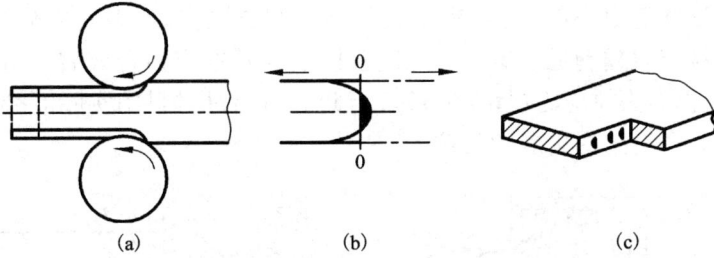

图 7 - 61　平辊轧制厚轧件时变形与断裂示意图

为避免此种断裂现象的发生,可增加 $l/\bar{h}$ 值如图 7 - 62 所示。随着 $l/\bar{h}$ 的增加,变形逐渐向内部深入。当 $l/\bar{h}$ 到一定值后,轧件中间部分便由原来的纵向拉应力变为纵向压应力。有关研究所给出的结果是不一致的。多数学者认为只有当 $l/\bar{h}$ =0.5~0.8 时,才能使厚轧件中心层的纵向拉应力转变为压应力。M·R·德兹古托夫提出用 $D/\bar{h}$ 表示此转变的临界值,在实验的基础上认为 $D/\bar{h}$ = 6~7;而为要压合已形成的裂纹,应使 $D/\bar{h} \geqslant 8$。

当轧辊直径与坯料厚度一定时,增加道次压量,可使 $l/\bar{h}$ 增大,从而使纵向拉应力减小,甚至变为纵向压应力,故有利于内部缺陷的焊合。在其他条件相同时,增大 $D/\bar{h}$,有利于内部缺陷的焊合(图 7 - 63)。

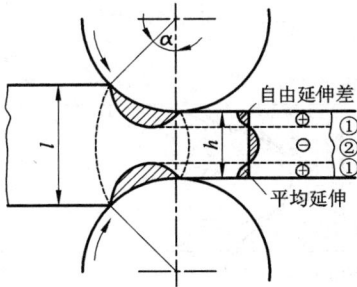

图 7 - 62　当 $l/\bar{h}$ 较大时轧制变形及纵向附加拉应力的分布情况

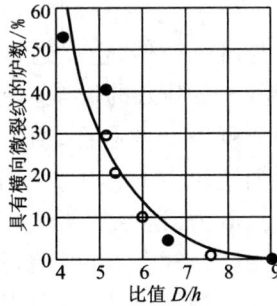

图 7 - 63　GCr15 钢在 600 轧机上轧制时微裂纹与 $D/\bar{h}$ 之关系

三、挤压和拉拔时的断裂

1. 表面裂纹

挤压时,在挤压件的表面常出现如图 7 - 64(a)所示的裂纹,严重时裂纹变成竹节状。由于挤压筒和凹模孔与坯料之间接触摩擦力的阻滞作用,使挤压件表面层的流动速度低于中心部分,于是在表面层受附加拉应力,中心部分受附加压应力。此附加拉应力越趋近于出口处,其值越大,与基本应力合成后,工件表面层的工作应力 σ_f 仍然为拉应力(图 7 − 64),当此应力超过材料的实际断裂强度时,则在表面上就会产生向内扩展的裂纹。

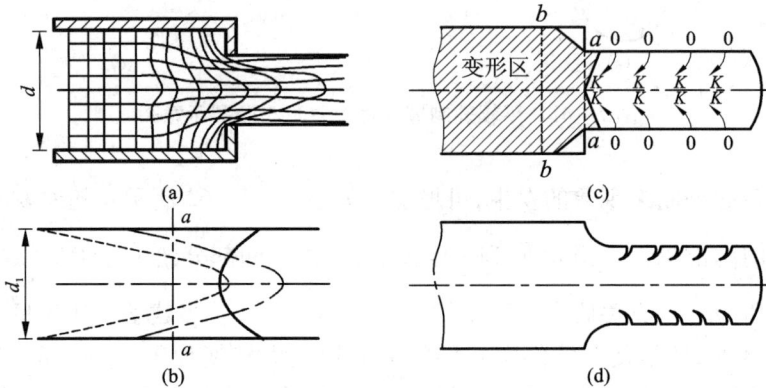

图 7 − 64　挤压时的断裂纹示意图

(a)挤压时金属流动;

(b)挤压时纵向裂纹应力分布图(——基本应力,

----附加应力,—·—工作应力);

(c)挤压时通过变形区裂纹的形状(O—裂纹起点;K—裂纹终点);

(d)挤压时的开裂

拉拔与挤压类似,金属通过模孔时,受模壁摩擦阻力的影响,使金属边部流动速度慢于中心部,所以使这部分受附加拉应力的作用,又因基本应力也有拉应力,这就加剧边部拉应力(图 7 − 65),当此拉应力超过材料的拉断强度时就会产生制品表面周期裂纹(图 7 − 66),当拉拔加工率过大时,此种现象加剧,严重时会出现劈裂[图 7 − 66(b)]。

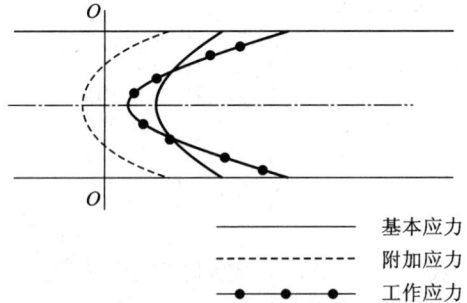

——	基本应力
----	附加应力
—●—	工作应力

图 7 − 65　拉拔时的纵向应力分布

由上述分析可见,无论挤压与拉拔,减少摩擦阻力,会使金属流动不均匀性减轻,从而可以防止这种裂纹的产生。防止裂纹的有效方法是加强润滑,例如铝合金热挤压采用油－石墨润滑剂,钢热挤时采用玻璃作润滑剂。因为影响摩擦力的因素除了摩擦系数以外,还有垂直压力和接触面积的影响。对挤压和拉拔来说还可以采用反向挤压、反张力拉伸、辊式模拉伸等方法来减少有害摩擦,防止断裂现象的发生。

2. 内部裂纹

当挤压比(挤压变形程度)较小,或拉拔时 L/d_0 较小时,由于产生表面变形而深入不到棒材的心部,结果导致中心层产生附加拉应力,此拉应力与纵向基本应力

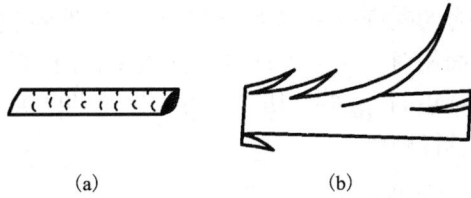

图 7 - 66　拉拔时金属表面裂纹

(a)表面裂纹;(b)表面劈裂

相叠加,若轴心层的工作拉应力大于材料的断裂应力时,便会出现如图 7 - 67 所示的内部裂纹。

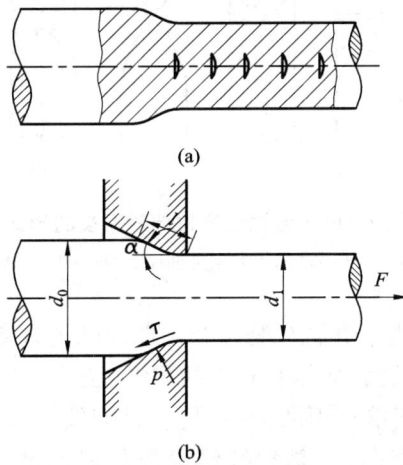

图 7 - 67　拉拔时的裂纹

(a)拉拔时的内裂;(b)拉拔过程

为了使变形深入轴心区,防止和减轻这种断裂现象发生,对挤压来说,增大挤压比;对拉拔来说,增加 L/d_0 可使变形深入到轴心区,即增大变形程度($\varepsilon = \dfrac{d_0^2 - d_1^2}{d_0^2}$)和减少模孔锥角 α,可减少此种断裂现象发生。

7.5.2　金属断裂的物理本质

一、断裂的基本类型

金属的断裂呈现许多类型,其分类方法是多种多样的。根据断裂前金属是否

呈现有明显的塑性变形,可将断裂分为韧性断裂与脆性断裂两大类。通常以单向拉伸时的断面收缩率大于5%者为韧性断裂,而小于5%者为脆性断裂。此外,按断裂面相对作用力方向的取向关系,分正断与剪断两种形式:垂直于最大正应力的断裂称正断,沿最大切应力方向发生的断裂为剪断。通常正断沿解理面断裂,剪断沿滑移面断裂。

1. 脆性断裂

在断面外观上没有明显的塑性变形迹象,直接由弹性变形状态过渡到断裂,断裂面和拉伸轴接近正交,断口平齐,如图7-68(a)所示。

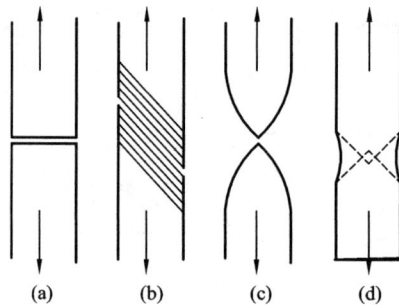

图7-68　金属试样拉伸时断裂的形式
(a)脆性断裂;(b)切变断裂;(c)多晶体的完全韧性断裂;(d)多晶体韧性断裂的一般情况

脆性断裂在单晶体试样中常表现为沿解理面的解理断裂。所谓解理面,一般都是晶面指数比较低的晶面,如体心立方的(100)面。

在多晶体试样中则可能出现两种情况:一是裂纹沿解理面横穿晶粒的穿晶断裂,断口可以看到解理亮面;二是裂纹沿晶界的晶间断裂,断口呈颗粒状,如图7-69所示。

2. 韧性断裂

在断裂前金属经受了较大的塑性变形,其断口呈纤维状,灰暗无光。韧性断裂主要是穿晶断裂,如果晶界处有夹杂物或沉淀物聚集,则也会发生晶间断裂。

韧性断裂也有不同的表现形式:一种是切变断裂,例如密排六方金属单晶体沿基面作大量滑移后就会发生这种形式的断裂,其断裂面就是滑移面,如图7-68(b)所示;另一种是试样在塑性变形后出现缩颈,一些塑性非常好的材料如金、铅和铝,可以拉缩成一个点才断开,如图7-68(c)所示;对于一般的韧性金属,断裂则由试样中心开始,然后沿图7-68(d)所示的虚线断开,形成杯锥状断口。

综上所述,韧性断裂有如下几个特点:韧性断裂前已发生了较大的塑性变形,断裂时要消耗相当多的能量,所以韧性断裂是一种高能量的吸收过程;在小裂纹不

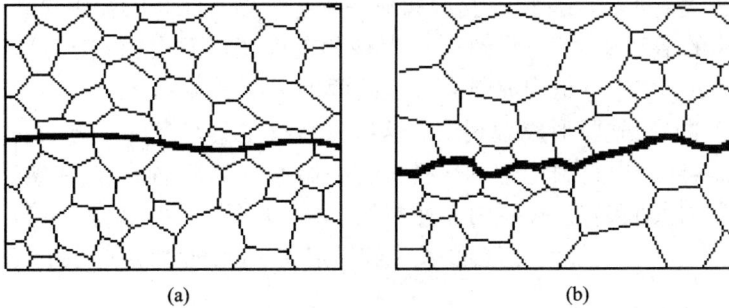

图 7 - 69　晶间断裂

(a)穿晶断裂;(b)沿晶断裂

断扩大和聚合过程中,又有新裂纹不断产生,所以韧性断裂通常表现为多断裂源;韧性断裂的裂纹扩展的临界应力大于裂纹形核的临界应力,所以韧性断裂是个缓慢的撕裂过程;随着变形的不断进行裂纹不断生成、扩展和集聚,变形一旦停止,裂纹的扩展也将随着停止。

二、断裂的物理本质

实践表明,金属的塑性变形过程和断裂过程是同时发生的,而断裂过程通常又可以分为裂纹生核和裂纹扩展两个阶段。

从力学角度看,金属多晶体在外力的作用下发生塑性变形的初始阶段并不是在所有晶粒内同时发生,而首先在位向有利的晶粒(即外力对其滑移系统具有最大切应力的晶粒)中以滑移或孪晶方式发生塑性变形。为了保证各晶粒间变形的连续性,就要求在一个晶粒内的滑移带可以穿过晶界面传播到位向比较有利的晶粒中,并且晶粒要具有多种变形方式(如多个滑移系统等)的能力以保证塑性变形能不断进行,一旦晶粒内的变形方式不能满足塑性变形连续性的要求,即塑性变形受阻或中断,则在严重形变不协调的局部区域将发生裂纹生核,如果裂纹核出现后还不能以形变方式来协调整体形变的连续性,则裂纹核将长大和扩展。所以,裂纹的出现和扩展实质上也是协调形变的一种方式。

从位错理论的观点来看:金属的塑性变形实质上是位错在滑移面上运动和不断增殖的过程。塑性变形受阻意味着运动的位错遇到某种障碍,形成各种形态的位错塞积,结果在位错塞积群端部形成一个高应力集中区域。如果在应力集中区域所积累的应变能足够大,足以破坏原子结合键时,便开始裂纹生核。随着形变过程的发展,则通过位错不断地消失到裂纹中而导致裂纹的长大。当裂纹长大到临界尺寸时,裂纹尖端的能量释放率达到裂纹扩展单位面积时所吸收的能量,裂纹便开始失稳扩展直到最终断裂。由此可见,断裂的发展过程是一种运动位错不断塞积和消失的过程。

　　从上述概念可以看出：塑性变形和断裂是两个相互联系的竞争过程,而塑性变形受阻(位错的增殖和塞积)导致裂纹生核和塑性变形发展(位错的释放和消失)导致裂纹长大(或扩展)是构成断裂过程的两个基本要素。

　　金属发生断裂,先要形成微裂纹。这些微裂纹主要来自两个方面:一是材料内部原有的,如实际金属材料内部的气孔、夹杂、微裂纹等缺陷;二是在塑性变形过程中,由于位错的运动和塞积等原因而使裂纹形核(见图7-70和图7-71)。随着变形的发展导致裂纹不断长大,当裂纹长大到一定尺寸后,便失稳扩展,直至最终断裂。

7.5.3　塑性-脆性转变

　　塑性与脆性并非金属固定不变的特性,像金属钨,虽在室温下呈现脆性,但在较高的温度下却具有塑性。在拉伸时为脆性的金属,在高静水压力下却呈现塑性。在室温下拉伸为塑性的金属,在出现缺口、低温、高应变速度时却可能变得很脆。所以,金属是韧性断裂还是脆性断裂,取决于各种内在因素和外在条件。因此,对塑性加工来说,很有必要了解塑性-脆性转变条件,尽可能防止脆性,向有利于塑性提高方面转化。

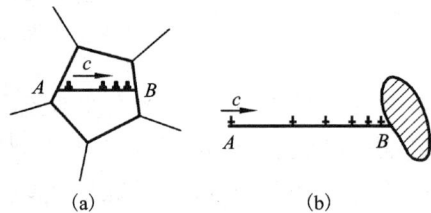

图7-70　裂纹核在晶界、相界处形成
(a)裂纹核在晶界形成;
(b)裂纹核在相界处形成

　　一般的金属与合金(面心立方者除外)有塑性-脆性转变的现象。如果改变试验温度,就可以发现存在有一个转变温度 T_c,在 T_c 以上,断裂是韧性的,在 T_c 以下,断裂就是脆性的。图7-72(a)表示了不同金属断面收

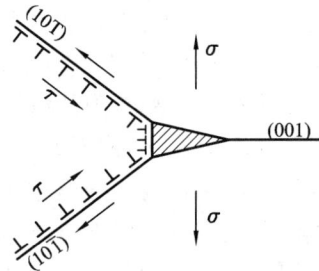

图7-71　位错反应形成微裂纹示意图

缩率随温度变化的情况,在转变温度处断面收缩率突然下降。如果温度保持不变,而将其他参数改变,例如改变晶粒度、屈服强度、应变速度、应力状态(用不同深度的缺口来影响应力状态,缺口越深、转变温度越高、造成所谓缺口脆性)等,如图7-72(b)所示,同样也可以出现塑性-脆性转变现象。

　　应该指出的是,这种转变行为与一般金属从塑性区到脆性区的过渡是有区别的,即在转变区内,塑性指标急剧下降[如图7-72(a)],而强度指标则陡峭上升,形成一个明显的塑-脆转变区。一般规定塑性下降百分之五十的点的温度为塑性-脆性转变温度(以下简称转变温度,用 T_c 表示)。

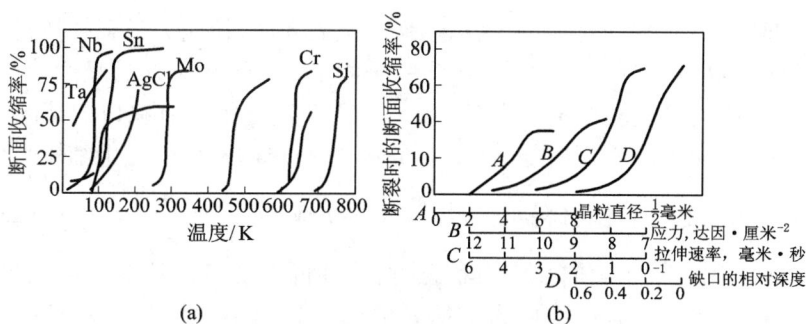

图 7 -72　影响塑脆转变的因素

（a）温度对于不同金属断面收缩率的影响（拉伸）

（b）不同参数改变引起钢铁的塑性 – 脆性转变

A—晶粒度（77K 条件下）　B—屈服强度（不同剂量中子辐照 177K 条件下）

C—应变速度（144K 条件下）　D—应力状态（不同缺口深度，255K 条件下）

影响材料塑脆转变温度的因素：

（1）对于一定材料来说，脆性转变温度越高，表征该材料脆性趋势愈大。

对这种现象的解释，可以认为断裂应力 σ_f 对温度不敏感，热激活对脆性裂纹的传播不起多大作用，但屈服强度 σ_s 却随温度变化很大，温度越低 σ_s 越高。将 σ_s 与 σ_f 对温度作图（图3 –73），两条曲线的交点所对应的温度就是 T_c，当 $T > T_c$ 时，$\sigma_f > \sigma_s$，此时材料要经过一段塑性变形后才能断裂，故表现为韧性断裂；在 $T < T_c$ 时，$\sigma_f < \sigma_s$，此时材料未来得及塑性变形就已经发生断裂，则表现为脆性断裂。

（2）变形程度的影响与此类同，由于变形程度的提高塑性变形来不及进行而使 σ_s 增高，但应变速度对断裂抗力 σ_f 影响不大。所以在一定的条件下，就可以得到一个临界变形程度 ε_c，高于此值便产生脆性断裂。应变速度的提高相当于变形温度降低的效果。

（3）应力状态对塑性 – 脆性转变的影响，可采用不同深度缺口的拉伸试样来进

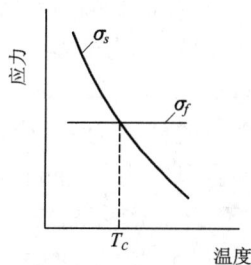

图 7 -73　σ_s 和 σ_f 与温度的关系

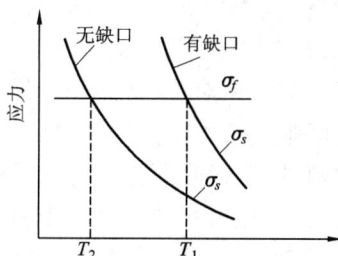

图 7 -74　有缺口与无缺口试样对脆性 – 韧性转变温度的影响

行。缺口越深越尖锐三向拉应力状态越强。试验表明,拉应力状态越强,材料的脆性转变温度越高,脆性趋势越大,如图 7 - 74 所示。有缺口试样的脆性转变温度为 T_1,无缺口试样的脆性转变温度为 T_2,且 $T_1 > T_2$。这是因为有缺口的情况下,缺口部分截面积小,拉伸时,首先在此处发生变形,这与单向拉伸时发生细颈类似,该处为三向拉应力状态。若使材料屈服,其最大的切应力 $\tau_{max} = \dfrac{1}{2}(\sigma_1 - \sigma_3)$ 必须达到某一临界值。因此处于三向拉应力状态时,滑移面上的有效切应力值减少了。为了使材料屈服,必须使轴向拉应力增加 q 倍($q > 1$),因此使具有缺口试样拉伸的屈服强度高于无缺口试样的屈服强度,从而提高了缺口试样的脆性转变温度。

(4)金属材料的化学成分和组织状态对塑性 - 脆性转变有明显地影响。图 7 - 75 示出氧对粉末冶金钨的塑性影响。当氧、氮和氢的含量波动在 20 ppm 上下时,对钨的低温塑性不起决定性的影响,但对单晶和多晶钨的低温脆性有影响。当含氧量为 2 ppm,10 ppm,20 ppm 的单晶钨,其转变温度分别为 - 18℃,16℃和 35℃,而含氧量为 4 ppm、10 ppm、3 ppm 和 50 ppm 的多晶钨,其转变

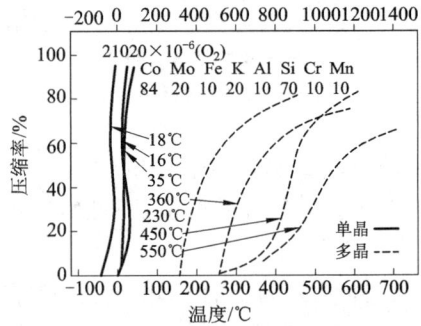

图 7 - 75　氧对粉末冶金钨的塑性影响

温度分别上升到 230℃、360℃、450℃ 和 550℃。从图中看出,同样含量的氧,多晶钨的转变温度高,而单晶钨的转变温度较低,可见,晶界的影响很大。

间隙元素碳、氮、氢和氧被认为是钨、钼低温脆性最有害的元素。随着这些杂质含量的增加,使材料的塑 - 脆转变温度剧烈地升高,降低抗冲击负荷的能力(塑性),使材料的工艺性能变坏。

间隙元素对 VA 族和 VIA 族金属脆性的影响,来源于杂质与位错的交互作用。这些间隙元素由于点阵的尺寸效应习惯于在位错周围聚集,把位错钉扎住,因而增加材料的屈服强度,当它等于或超过材料的断裂强度时,就发生没有塑性变形的脆断,这就是使材料塑 - 脆转变温度上升的主要原因。

因此,为了提高材料的强度、抗蠕变性能及再结晶温度,通常采用加入某些元素,控制合金晶粒度的办法来降低材料的低温脆性;也可加入一些和碳、氮、氧的亲和力较大的元素,作为一种净化剂,使基体点阵中的间隙元素生成稳定的化合物,呈弥散分布,以降低间隙元素对基体脆性的有害影响。对于钨、钼中加入铼能使其低温脆性获得很大的改善(见表 7 - 1)。

表 7 - 1　再结晶 W、Mo、Re 及其合金的塑 - 脆转变温度

合金/% 原子比	转变温度/℃	合金/% 原子比	转变温度/℃
100Mo	50	100W	335
Mo—10Re	- 35	W - 22Re	276
Mo—20Re	- 90	W - 24Re	155
Mo—25Re	- 140	W - 26Re	75
Mo—30Re	- 175	W - 28Re	75
Mo—35Re	- 250	W - 30Re	275
		100Re	25

7.5.4　金属的可加工性

金属的可加工性是不同加工方法进行塑性加工时,工件出现第一条可见裂纹前所达到的最大变形量,如可锻性、可轧性、可挤压性、可拉拔性等。它是制定各种塑性加工工艺规程和保证产品质量的一个经验参数。

对于不同的塑性加工方法,工件出现裂纹的形式也不同,即使用相同的加工方法时,也会由于加工工艺条件的不同,工件出现裂纹的形式亦不同。如自由锻造时,一般在鼓形侧表面的中央出现裂纹,高塑性材料的裂纹几乎是与轴线呈 45°角,而低塑性材料的裂纹几乎平行于轴线。板材轧制时轧件的裂纹往往是横向的。线材拉拔时往往易在线材芯部出现箭头状裂口。圆棒挤压时往往在棒材表面出现周期裂口等。可见可加工性是一个很复杂的参数,它涉及加工材料的性能、加工力学状态和加工工艺参数三者之间的关系,很难用单一的试验方法确定。

使用某种方法时,金属的可加工性常用两个因子的乘积来表示,一个因子为 f_1,表示材料的基本塑性;另一个因子为 f_2,表示该加工方法的固有特性,包括加工方法的力学状态,接触摩擦条件以及材料基本塑性对该加工过程流动的影响。因此,可加工性 W 可表示为

$$W = f_1 \cdot f_2 \qquad (7 - 7)$$

式中,f_2 值的确定是很困难的,一般针对特定的实际工艺以及所有可变因素,诸如材料、尺寸、温度、速度、摩擦和工件形状等进行现场试验。但是完全按实物尺寸进行现场试验不仅很费时,而且费用也很高。因此,f_1 和 f_2 值常用经验来确定,例如若取拉伸试验中的面收缩率 ψ 为 f_1,那么对于轧制时板材侧面的开裂,f_2 的典型值为 1.4。可加工性也可采用金属的塑性和变形抗力来综合衡量,塑性好,变形抗力低,则认为金属的可加工性好,反之则差,如金属的可挤压性:

$$W_{ex} = \psi_k / K_f \qquad\qquad (7-8)$$

式中，ψ_k 为材料拉伸试验的最大延伸率，K_f 为流变应力。若 $W_{ex} < 2$，可挤压性差；$2 < W_{ex} \leqslant 4$ 时为中等，$4 < W_{ex} \leqslant 15$ 时为良好，$W_{ex} > 15$ 时可挤压性极好。

思考题

1. 何谓最小阻力定律？它的基本点是什么？
2. 影响金属塑性流动与变形的主要因素有哪些？
3. 简述研究变形分布的基本方法及原理。
4. 变形不均匀产生的原因和后果是什么？
5. 减少不均匀变形的主要措施有哪些？
6. 简述塑性加工工件残余应力的来源及减少或消除措施。
7. 简述研究残余应力的方法及原理。
8. 锻造、轧制、挤压和拉拔加工中断裂的主要形式有哪些？产生原因有哪些？
9. 简述金属裂纹形成与长大的机理。
10. 简述塑性 - 脆性转变温度及其影响因素。
11. 简述金属的可加工性。
12. 金属试件镦粗时的变形特点和附加应力之间有什么关系？
13. 轧制厚板时与轧制薄板时的变形与附加应力各有哪些特点？
14. 板材生产时，影响宽展的主要因素有哪些？
15. 金属挤压时的变形特点是什么？其基本应力状态如何？
16. 挤压时附加应力产生的原因和分布特点是什么？
17. 比较一下镦粗、轧制、挤压和拉伸时，金属在变形区内的应力和变形规律。

第 8 章　金属塑性加工的摩擦与润滑

　　塑性加工中绝大多数工序是在工具与变形金属相接触的条件下进行的,金属沿工具表面滑动,工具必然要产生阻止金属流动的摩擦力,即两个物体界面间的切向阻力。这种发生在金属和工具相接触表面之间的,阻碍金属自由流动的摩擦,称外摩擦,如轧件与轧辊间的摩擦(轧制时);锻件与锻模间的摩擦(锻造时)等等。由于摩擦的作用,工(模)具产生磨损,工件表面被划伤,既缩短了工具寿命,又影响产品表面质量;另一方面,摩擦使金属变形力、能增加,并引起金属变形不均,严重时使产品出现裂纹,影响生产的正常进行。因此,在金属塑性加工中,必须在工模具与坯料之间加入润滑物质,以减少摩擦,防止粘结,这就是润滑。

　　润滑和塑性变形有着密切关系,润滑技术的开发能促进金属塑性加工的发展。随着新材料新工艺的出现,必将要求人们解决新的润滑问题,以适应塑性加工技术的不断进步。

8.1　金属塑性加工时摩擦的特点及作用

8.1.1　塑性加工时摩擦的特点

　　塑性加工中的摩擦与机械传动中的摩擦相比,有下列特点:

　　(1)在高压下产生的摩擦。塑性加工时接触表面上的单位压力很大,一般热加工时面压为 100 ~ 150 MPa,冷加工时可高达 500 ~ 2500 MPa。但是,机器轴承中,接触面压通常只有 20 ~ 50 MPa,如此高的面压使润滑剂难以带入或易从变形区挤出,使润滑困难及润滑方法特殊。

　　(2)较高温度下的摩擦。塑性加工时界面温度条件恶劣。对于热加工,根据金属不同,温度在数百度至 1000℃ 之间;对于冷加工,则由于变形热效应、表面摩擦热,温度也可达到颇高的数字。高温下的金属材料,除了内部组织和性能变化外,金属表面要发生氧化,给摩擦润滑带来很大影响。

　　(3)伴随着塑性变形而产生的摩擦,在塑性变形过程中由于高压下变形,会不断增加新的接触表面,使工具与金属之间的接触条件不断改变。接触面上各处的塑性流动情况不同,有的滑动,有的粘着,有的快,有的慢,因而在接触面上各点的摩擦也不一样。

（4）摩擦副（金属与工具）的性质相差大。一般工具都硬且要求使用时不产生塑性变形；而金属不但比工具柔软得多，且希望有较大的塑性变形。二者的性质与作用差异如此之大，因而使变形时摩擦情况也很特殊。

8.1.2　外摩擦在压力加工中的作用

塑性成形中的外摩擦，大多数情况是有害的，应设法减小，但在某些情况下，外摩擦有利于加工过程。

1. 外摩擦对金属加工过程的不利影响

（1）改变物体应力状态，使变形力和能耗增加。以平锤锻造圆柱体试样为例（图8－1），当无摩擦时，为单向压应力状态，即 $\sigma_s = \sigma_1$，而有摩擦时，则呈现三向应力状态，即 $\sigma_3 = \beta\sigma_s + \sigma_1$。$\sigma_3$ 为主变形力，σ_1 为摩擦力引起的。若接触面间摩擦越大，则 σ_1 越大，即静水压力愈大，所需变形力也随之增大，从而消耗的变形功增加。一般情况下，摩擦的加大可使负荷增加30%。

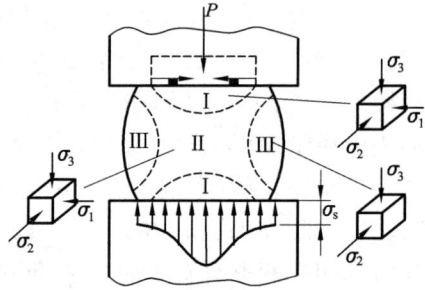

图8－1　塑压时摩擦力对应力及变形分布的影响

（2）引起工件变形与应力分布不均匀。塑性成形时，因接触摩擦的作用使金属质点的流动受到阻碍，此种阻力在接触面的中部特别强，边缘部分的作用较弱，这将引起金属的不均匀变形。如图8－1中平塑压圆柱体试样时，接触面受摩擦影响大，远离接触面处受摩擦影响小，最后工件变为鼓形。此外，外摩擦使接触面单位压力分布不均匀，由边缘至中心压力逐渐升高。变形和应力的不均匀，直接影响制品的性能，降低生产成品率。

（3）恶化工件表面质量，加速模具磨损，降低工具寿命。塑性成形时接触面间的相对滑动加速工具磨损；因摩擦热增加工具磨损；变形与应力的不均匀亦会加速工具磨损。此外，金属粘结工具的现象，不仅缩短了工具寿命，增加了生产成本，而且也降低制品的表面质量与尺寸精度。

2. 塑性加工中摩擦有效性的利用

前面叙述了摩擦对加工成形过程带来的一些有害影响。然而在实际生产中，摩擦也可直接加以利用，这就是生产中有效利用外摩擦的问题。例如，轧制时用增大摩擦的方法改变咬入条件，强化轧制过程；在冲压生产中增大冲头与板片间的摩擦，可以强化生产工艺，减少由于起皱和撕裂等造成的废品；开式模锻时可利用飞边阻力来保证金属充满模腔，类似例子在实际生产中是很多的。

　　近年来,在深入研究接触摩擦规律,寻找有效润滑剂和润滑方法来减少摩擦有害影响的同时,积极开展了有效利用摩擦的研究。即通过强制改变和控制工具与变形金属接触滑移运动的特点,使摩擦应力能促进金属的变形发展。作为例子,下面介绍一种有效利用摩擦的方法。

　　Conform 连续挤压法的基本原理如图 8 - 2 所示。

　　当从挤压型腔的入口端连续喂入挤压坯料时,由于它的三面是向前运动的可动边,在摩擦力的作用下,轮槽咬着坯料,并牵引着金属向模孔移动,当夹持长度足够长时,摩擦力的作用足以在模孔附近,产生高达 $1000 N/mm^2$ 的挤压应力,和高达 $400 \sim 500℃$ 的温度,使金属从模孔流出。可见 Con-

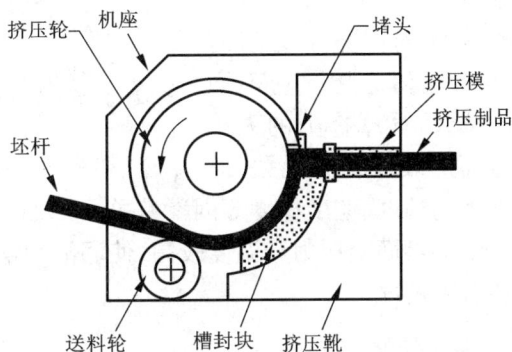

图 8 - 2　Conform 连续挤压原理图

form 连续挤压原理上十分巧妙地利用挤压轮槽壁与坯料之间的机械摩擦作为挤压力。同时,由于摩擦热和变形热的共同作用,可使铜、铝材挤压前无需预热,直接喂入冷坯(或粉末粒)而挤压出热态制品,这比常规挤压节省 3/4 左右的热电费用。此外因设置紧凑、轻型、占地小以及坯料适应性强,材料成材率高达 90% 以上。所以,目前它广泛用于生产中小型铝及铝合金管、棒、线、型材生产上。

8.2　塑性加工中摩擦的分类及机理

8.2.1　外摩擦的分类及机理

　　塑性成形时的摩擦根据其性质可分为干摩擦、边界摩擦和流体摩擦三种,分述如下。

　　1. 干摩擦

　　干摩擦是指不存在任何外来介质时金属与工具的接触表面之间的摩擦(图 8 - 3 所示)。但在实际生产中,这种绝对理想的干摩擦是不存在的。因为金属塑性加工过程中,其表面多少存在氧化膜,或吸附一些气体和灰尘等其他介质。通常说的干摩擦指的是不加润滑剂的摩擦状态。

2. 流体摩擦

当金属与工具表面之间的润滑层较厚,两摩擦副在相互运动中不直接接触,完全由润滑油膜隔开(图8-3),摩擦发生在流体内部分子之间的摩擦称为流体摩擦。它不同于干摩擦,流体摩擦力的大小与接触面的表面状态无关,而

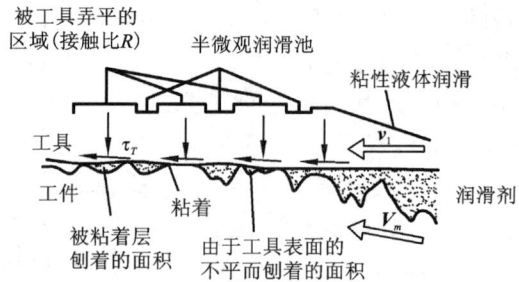

图8-3　工具与工件界面接触状态示意图

是与流体的粘度、速度梯度等因素有关。因而流体摩擦的摩擦系数是很小的。塑性加工中接触面上压力和温度较高,使润滑剂常易挤出或被烧掉,所以流体摩擦只发生在有限情况下。

3. 边界摩擦

这是一种介于干摩擦与流体摩擦之间的摩擦状态,称为边界摩擦(图8-4)。

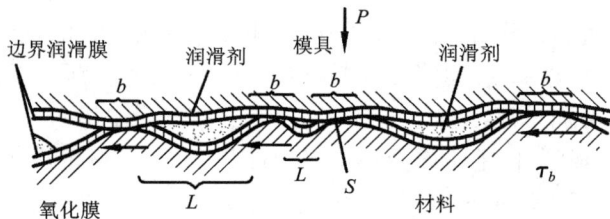

图8-4　接触面的放大模型图
S—粘着部分　b—边界摩擦部分　L—流体润滑部分

在实际生产中,由于摩擦条件比较恶劣,理想的流体润滑状态较难实现。此外,在塑性加工中,无论是工具表面,还是坯料表面,都不可能是"洁净"的表面,总是处于介质包围之中,总是有一层敷膜吸附在表面上。这种敷膜可能是自然污染膜,油性吸附形成的金属膜,物理吸附形成的边界膜,润滑剂形成的化学反应膜等,因此理想的干摩擦不可能存在。实际上常常是上述三种摩擦形式共同存在——由干摩擦、边界摩擦及流体摩擦组成的混合状态,即混合摩擦。它既可以是半干摩擦又可以是半流体摩擦。半干摩擦是边界摩擦与干摩擦的混合状态。当接触面间存在少量的润滑剂或其他介质时,就会出现这种摩擦。半流体摩擦是流体摩擦与边界摩擦的混合状态。当接触表面间有一层润滑剂,在变形中个别部位会发生相互接触的干摩擦。

塑性加工时摩擦的性质是复杂的,目前尚未能彻底地揭露有关接触摩擦的规

律。关于摩擦产生的原因,即摩擦机理,有以下几种学说:

1. 表面凸凹学说

所有经过机械加工的表面并非绝对平坦光滑,都有不同程度的微观凸起和凹入。当凹凸不平的两个表面相互接触时,一个表面的部分"凸峰"可能会陷入另一表面的凹坑,产生机械咬合。当这两个相互接触的表面在外力的作用下发生相对运动时,相互咬合的部分会被剪断,此时摩擦力表现为这些凸峰被剪切时的变形阻力。根据这一观点,相互接触的表面越粗糙,相对运动时的摩擦力就越大。降低接触表面的粗糙度,或涂抹润滑剂以填补表面凹坑,都可以起到减少摩擦的作用。

2. 分子吸附说

当两个接触表面非常光滑时,接触摩擦力不但不降低,反而会提高,这一现象无法用机械咬合理论来解释。分子吸附学说认为:摩擦产生的原因是由于接触面上分子之间的相互吸引的结果。物体表面越光滑,实际接触面积就越大,接触面间的距离也就越小,分子吸引力就越强,因此,滑动摩擦力也就越大。

近代摩擦理论认为,摩擦力不仅来自接触表面凹凸部分互相咬合产生的阻力,而且还来自真实接触表面上原子、分子相互吸引作用产生的粘合力。对于流体摩擦来说,摩擦力则为润滑剂层之间的流动阻力。

8.2.2　塑性加工时接触表面摩擦力的计算

根据以上观点,在计算金属塑性加工时的摩擦力时,分下列三种情况考虑。

1. 库仑摩擦条件

这时不考虑接触面上的粘合现象(即全滑动),认为摩擦符合库仑定律。其内容如下:

(1)摩擦力与作用于摩擦表面的垂直压力成正比例,与摩擦表面的大小无关;

(2)摩擦力与滑动速度的大小无关;

(3)静摩擦系数大于动摩擦系数。

其数学表达式为

$$F = \mu N \quad 或 \quad \tau = \mu \sigma_N \tag{8-1}$$

式中,F——摩擦力;

　　μ——外摩擦系数;

　　N——垂直于接触面正压力;

　　σ_N——接触面上的正应力;

　　τ——接触面上的摩擦切应力。

由于摩擦系数为常数(由实验确定),故又称常摩擦系数定律。对于像拉拔及其他润滑效果较好的加工过程,此定律较适用。

2. 最大摩擦条件

当接触表面没有相对滑动,完全处于粘结状态时,摩擦切应力(τ)等于变形金属流动时的临界切应力 k,即

$$\tau = k \tag{8-2}$$

根据塑性条件,在轴对称情况下,$k = 0.5\sigma_T$,在平面变形条件下,$k = 0.577\sigma_T$。式中 σ_T 为该变形温度或应变速度条件下材料的真实应力,在热变形时,常采用最大摩擦力条件。

3. 摩擦力不变条件

认为接触面间的摩擦力,不随正压力大小而变。其单位摩擦力 τ 是常数,即常摩擦力定律,其表达式为

$$\tau = m \cdot k \tag{8-3}$$

式中,m 为摩擦因子($0 \sim 1.0$)。

对照式(8-2)与式(8-3),当 $m = 1.0$ 时,两个摩擦条件是一致的。对于面压较高的挤压、变形量大的镦粗、模锻以及润滑较困难的热轧等变形,由于金属的剪切流动主要出现在次表层内,$\tau = \tau_s$,故摩擦应力与相应条件下变形金属的性能有关。

4. 反正切摩擦条件

有限元法的数值中,当接触面相对速度较大时,摩擦应力采用相对滑动速度的反正切函数计算,即

$$\tau = -mk\left\{\frac{2}{\pi}\arctan\frac{|v_R|}{\alpha}\right\} \tag{8-5}$$

上式中,α 为比模具速度小几个数量级的正常数,一般取 $10^{-3} \sim 10^{-5}$;v_R 的相对滑动速度。

$$v_R = \sum_i N_i v_{Ri} \tag{8-6}$$

该式中,N_i 为单元接触点的形函数,v_{Ri} 为接触点沿模具表面切身的相对滑动速度。

该摩擦计算模型是由 C. C. Chen 和 S. Kobayashi 于 1989 年提出的,由于它能较好地解决了速度中性点问题,所以较适合非稳态塑性变形的有限元数值模仿。

在实际金属塑性加工过程中,接触面上的摩擦规律,除与接触表面的状态(粗糙度、润滑剂)、材料的性质与变形条件等有关外,还与变形区几何因子密切相关。在某些条件下同一接触面上存在常摩擦系数区与常摩擦力区的混合摩擦状态。这时求解变形力、能有关方程的边界条件是十分重要的。

8.3　摩擦系数及其影响因素

根据上述有关论述可知,在一般使用润滑剂的塑性加工过程中,接触面上的摩

擦可以认为服从库仑定律,即摩擦系数为常数。其数值随金属性质、工艺条件、表面状态、单位压力及所采用润滑剂的种类与性能等而变化。其主要影响因素如下。

8.3.1　金属的种类和化学成分

　　摩擦系数随着不同的金属、不同的化学成分而异。由于金属表面的硬度、强度、吸附性、扩散能力、导热性、氧化速度、氧化膜的性质以及金属间的相互结合力等都与化学成分有关,因此不同种类的金属,摩擦系数不同。例如,用光洁的钢压头在常温下对不同材料进行压缩时测得摩擦系

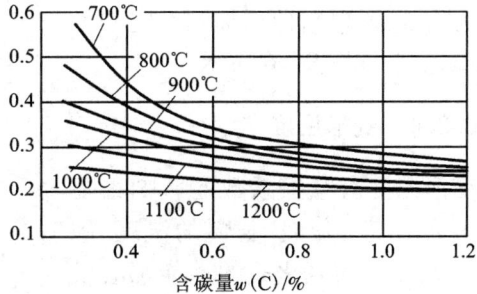

图 8 - 5　钢中碳含量对摩擦系数的影响

数:软钢为 0.17,铝为 0.18,α 黄铜为 0.10,电解铜为 0.17。即使同种材料,化学成分变化时,摩擦系数也不同。如钢中的碳含量增加时,摩擦系数会减小(图 8 - 5所示)。一般说,随着合金元素的增加,摩擦系数下降。

　　粘附性较强的金属通常具有较大的摩擦系数,如铅、铝、锌等。材料的硬度、强度越高,摩擦系数就越小。因而凡是能提高材料硬度、强度的化学成分都可使摩擦系数减小。

8.3.2　工具材料及其表面状态

　　工具选用铸铁材料时的摩擦系数,比选用钢时摩擦系数可低 15% ~ 20%,而淬火钢的摩擦系数与铸铁的摩擦系数相近。硬质合金轧辊的摩擦系数较合金钢轧辊摩擦系数可降低 10% ~ 20%,而金属陶瓷轧辊的摩擦系数比硬质合金辊也同样可降低 10% ~ 20%。

　　工具的表面状态视工具表面的精度及机加工方法的不同,摩擦系数可能在0.05 ~ 0.5范围内变化。一般来说,工具表面光洁度越高,摩擦系数越小。但如果两个接触面光洁度都非常高,由于分子吸附作用增强,反使摩擦系数增大。

　　工具表面加工刀痕常导致摩擦系数的异向性。例如,垂直刀痕方向的摩擦系数有时要比沿刀痕方向高 20%。至于坯料表面的粗糙度对摩擦系数的影响,一般认为只有初次(第一道次)加工时才起明显作用。随着变形的进行,金属表面已成为工具表面的印痕,故以后的摩擦情况只与工具表面状态相关。

8.3.3　接触面上的单位压力

　　单位压力较小时,表面分子吸附作用不明显,摩擦系数与正压力无关,摩擦系

数可认为是常数。当单位压力增加到
一定数值后,润滑剂被挤掉或表面膜破
坏,这不但增加了真实接触面积,而且
使分子吸附作用增强,从而使摩擦系数
随压力增加而增加,但增加到一定程度
后趋于稳定,如图8-6所示。

8.3.4　变形温度

变形温度对摩擦系数的影响很复
杂。因为温度变化时,材料的温度、硬
度及接触面上的氧化质的性能都会发
生变化,可能产生两个相反的结果:一
方面随着温度的增加,可加剧表面的氧
化而增加摩擦系数;另一方面,随着温

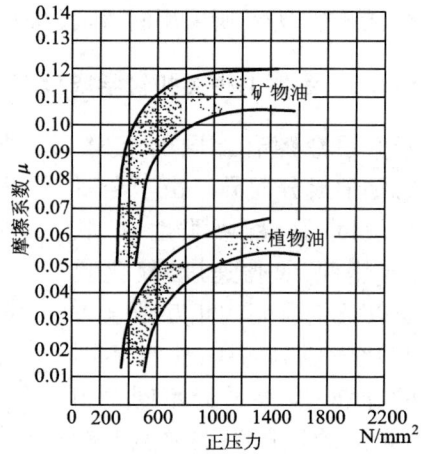

图8-6　正压力对摩擦系数的影响

度的提高,被变形金属的强度降低,单位压力也降低,这又导致摩擦系数的减小。
所以,变形温度是影响摩擦系数变化因素中最积极、最活泼的一个。此外还可出现
其他情况,如当温度升高时,润滑效果可能发生变化;温度高达某值后,表面氧化物
可能熔化而从固相变为液相,致使摩擦系数降低。但是,根据大量实验资料与生产
实际观察,认为开始时摩擦系数随温度升高而增加,达到最大值以后又随温度升高
而降低,如图4-7与图8-8所示。这是因为温度较低时,金属的硬度大,氧化膜薄,
摩擦系数小。随着温度升高,金属硬度降低,氧化膜增厚,表面吸附力、原子扩散能力
加强;同时,高温使润滑剂性能变坏,所以,摩擦系数增大。当温度继续升高,由于氧
化质软化和脱落,氧化质在接触表面间起润滑剂的作用,摩擦系数反而减小。

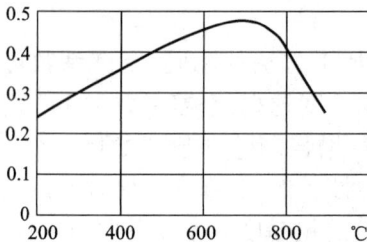

图8-7　温度对钢的摩擦系数的影响

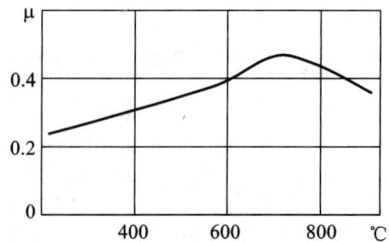

图8-8　温度对铜的摩擦系数的影响

表8-1给出了不同金属变形时摩擦系数与温度的关系。

表 8-1　不同金属变形时摩擦系数与温度的关系

金属	ε/%	温度 /℃																
		20	200	250	300	350	400	450	500	550	600	650	700	750	800	850	900	950
铝	30	0.15	0.25	0.28	0.31	0.34	0.37	0.39	0.42	0.45	0.48	—	—	—	—	—	—	—
黄铜:																		
95/5	30	0.27	0.35	0.40	—	—	—	—	—	0.44	—	—	—	—	—	0.40	0.33	0.24
90/10	30	0.22	0.28	0.37	—	—	—	0.40	—	—	0.52	0.52	0.44	0.48	0.52	0.56	0.47	0.40
85/15	30	0.21	0.32	0.39	0.42	—	—	0.44	—	—	0.48	0.53	0.55	—	—	0.57	—	—
80/20	30	0.19	0.32	0.42	—	0.48	—	—	—	—	0.50	0.48	0.55	—	—	0.57	—	—
70/30	30	0.17	0.28	—	—	—	0.40	—	0.32	—	0.42	0.53	0.53	0.55	0.57	0.57	—	—
60/40	30	0.18	0.40	0.40	—	0.42	—	0.52	0.46	0.37	0.48	—	—	—	—	—	—	—
铜	50	0.30	0.37	0.40	0.54	—	—	0.42	—	—	—	—	0.39	0.34	0.30	0.26	0.22	0.20
铅	50	0.20	0.28	0.38	0.47	—	—	—	—	—	—	—	—	—	—	—	—	—
镁	50	—	0.39	0.42	0.34	0.52	—	—	—	—	—	—	—	—	—	—	—	—
镍	50	0.5	0.32	0.33	—	0.36	0.37	0.38	0.39	0.40	0.41	0.42	0.43	0.44	0.44	0.45	0.45	0.46
软钢	50	0.16	0.21	—	—	0.29	0.42	—	0.32	0.39	0.45	0.54	—	0.54	0.54	0.49	0.46	0.41
不锈钢	50	0.32	—	—	—	—	—	—	—	—	—	0.44	0.48	0.54	0.54	0.54	0.57	—
锌	50	0.23	0.32	0.53	—	0.57	—	—	—	—	—	—	—	—	—	—	—	—
钛	50	—	—	—	—	—	—	—	—	—	0.57	—	—	—	—	—	—	—
钛①	50	—	—	—	0.18	0.15	0.19	—	—	0.20	0.21	0.22	0.23	0.25	0.28	0.34	0.48	0.57
钛②	50	—	—	—	0.15	—	—	—	—	—	—	—	0.18	0.20	0.26	0.37	0.52	0.57

注:①石墨润滑剂;②二硫化钼润滑剂

8.3.5　应变速度

许多实验结果表明,随着应变速度增加,摩擦系数下降,例如用粗磨锤头压缩硬铝试验提出:400℃静压缩 $\mu = 0.32$,动压缩 $\mu = 0.22$;在450℃时相应为0.38及0.22。实验也测得,当轧制速度由0增加到5 m/s时,摩擦系数降低一半。

应变速度的增加引起摩擦系数下降的原因,与摩擦状态有关。在干摩擦时,应变速度增加,表面凹凸不平部分来不及相互咬合,表现出摩擦系数的下降。在边界润滑条件下,由于应变速度增加,油膜厚度增大,导致摩擦系数下降,如图8-9所示。但是,应变速度与变形温度密切相关,并影响润滑剂的曳入效果。因此,实际生产中,随着条件的不同,应变速度对摩擦系数的影响也很复杂,有时会得到相反的结果。

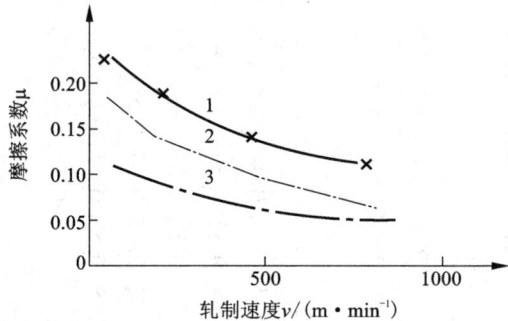

图8-9　轧制速度对摩擦系数的影响
1—压下率60%,润滑油中无添加剂
2—压下率60%,润滑油中加入酒精
3—压下率25%,润滑油中加入酒精

8.3.6　润滑剂

压力加工中采用润滑剂能起到防粘减摩以及减少工模具磨损的作用,而不同润滑剂所起的效果不同。因此,正确选用润滑剂,可显著降低摩擦系数。常用金属及合金在不同加工条件下的摩擦系数可查有关加工手册(或实际测量)。

8.4　测定摩擦系数的方法

目前测定塑性加工中摩擦系数的方法中,大都是利用库仑定律,即求相应正应力下的切应力,然后求出摩擦系数。由于上述诸多因素的影响,加上接触面各处情况不一致,因此,只能按平均值确定。下面对几种常用的方法作简要介绍。

8.4.1　夹钳轧制法

这种方法的基本原理是利用纵轧时力的平衡条件来测定摩擦系数,此法如图8-10所示。实验时用钳子夹住板材的未轧入部分,钳子的另一端与弹簧测力仪相连,由该弹簧测力仪可测得轧辊打滑时的水平力 T。

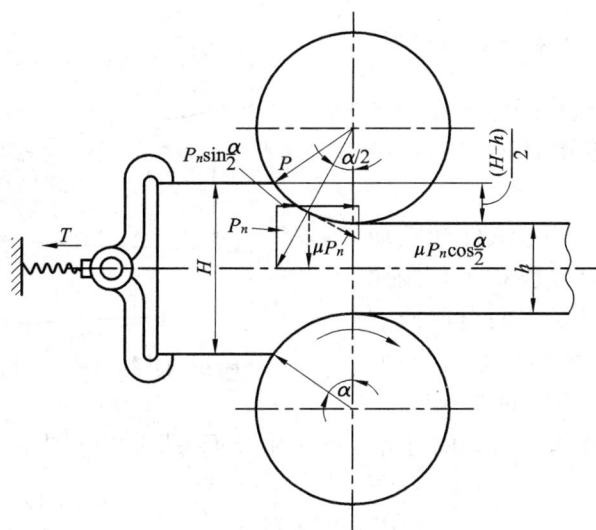

图 8 - 10　夹钳轧制法

轧辊打滑时,板料试样在水平方向所受的力平衡条件,即

$$T + 2P_n \sin \frac{\alpha}{2} = 2\mu P_n \cos \frac{\alpha}{2}$$

$$\mu = \frac{T}{2P_n \cos \dfrac{\alpha}{2}} + \tan \frac{\alpha}{2} \qquad (8-7)$$

式中 P_n 可以由测定的轧辊垂直压力 P 求出:

$$P_n = \frac{2P}{\cos \dfrac{\alpha}{2}}$$

将(8-6)式化简,则可写成

$$P = \frac{1}{2} P_n \cos \frac{\alpha}{2}$$

式中咬入角 α 可用几何关系算出:

$$\sin^2 \frac{\alpha}{2} = \frac{H - h}{4R}$$

$$\sin \alpha \doteq \alpha = \sqrt{\frac{H - h}{R}} \qquad (8-8)$$

由于 P_n、T 可测得,由式(8-7)即可求出摩擦系数 μ,此法简单易做,也比较精确,可用来测定冷、热态下的摩擦系数。

8.4.2 楔形件压缩法

在倾斜的平锤头间塑压楔型试件,可根据试件变形情况以确定摩擦系数。

如图 8 – 11 所示,试件受塑压时,水平方向的尺寸要扩大。按照金属流动规律,接触表面金属质点要朝着流动阻力最小的方向流动,因此,在水平方向的中间,一定有一

图 8 – 11 斜锤间塑压楔形件

个金属质点朝两个方向流动的分界面——中立面,那么根据图示建立力的平衡方程时,可得出

$$P'_x + P''_x + T''_x = T'_x \tag{8-9}$$

设锤头倾角为 $\dfrac{\alpha}{2}$,试件的宽度为 b,平均单位压力为 P,那么

$$P'_x = PbL'_c \sin\frac{\alpha}{2} \tag{8-10}$$

$$P''_x = PbL''_c \sin\frac{\alpha}{2} \tag{8-11}$$

$$T'_x = \mu PbL'_c \cos\frac{\alpha}{2} \tag{8-12}$$

$$T''_x = \mu PbL''_c \sin\frac{\alpha}{2} \tag{8-13}$$

将这些数值代入(8 – 9)式并化简后,得:

$$L'_c \sin\frac{\alpha}{2} + L''_c \sin\frac{\alpha}{2} + \mu L''_c \cos\frac{\alpha}{2} = \mu L'_c \cos\frac{\alpha}{2} \tag{8-14}$$

当 α 角很小时,$\sin\dfrac{\alpha}{2} \approx \dfrac{\alpha}{2}$,$\cos\dfrac{\alpha}{2} \approx 1$,故

$$\frac{L'_c \alpha}{2} + \frac{L''_c \alpha}{2} + \mu L''_c = \mu L'_c \tag{8-15}$$

由(8 – 15)式得

$$\mu = \frac{(L'_c + L''_c)\dfrac{\alpha}{2}}{(L'_c - L''_c)} \tag{8-16}$$

当 α 角已知,并在实验后能测出 L'_c 及 L''_c 的长度,即可按公式(8 – 16)算出摩擦系数。

此法的实质可以认为与轧制过程及一般的平锤下镦粗相似,故可用来确定这

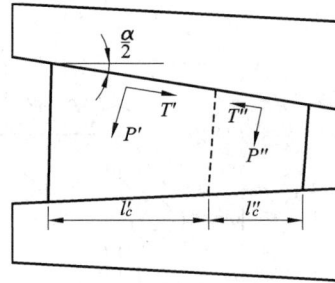

两种过程中的摩擦系数。此法应用较方便,主要困难是在于较难准确地确定中立面的位置及精确地测定有关数据。

8.4.3　圆环镦粗法

这是 20 世纪 60 年代提出的一种利用圆环镦粗时的变形来测定摩擦系数的方法。该方法是把一定尺寸的圆环试样(如 $D:d_0:H=20$ mm:10 mm:7 mm)放在平砧上镦粗。由于试样和砧面间接触摩擦系数的不同,圆环的内、外径在压缩过程中将有不同的变化。在任何摩擦情况下,外径总是增大的,而内径则随摩擦系数而变化,或增大或缩小。当摩擦系数很小时,环内、环外的金属均沿径向呈放射状流动,变形后的圆环内外径都增大[图 8 – 12(a)];当摩擦系数超过某一临界值时,金属环内横向阻力增大,且指向圆环中心,该阻力在环内构成一压缩应力,致使环的内径缩小,出现了向内的横向阻力。于是圆环中形成了一个以 R_n 为半径的分流面(中性面),分流面以外的金属向外流动,分流面以内面以外的金属向外流动,分流面以内的金属向内流动,所以变形后的圆环外径增大,内缩小[图 8 – 12(b)]。分流面 R_n 的位置不在圆环壁厚的中间,而是偏于内侧,而且 R_n 值随摩擦系数的增加成正比关系变化。

用上限法可求出分流面半径 R_n、摩擦系数 μ 和圆环尺寸的理论关系式。据此可绘制成如图 8 – 13 所示的理论校准曲线。欲测摩擦系数时,把试件做成图 8 – 12 所示的尺寸,在润滑或不润滑条件下进行多次镦粗,每次应取很小的压下量,记下每次镦粗后圆环的高度 H 和内径 d_0,可利用图 8 – 13 理论校正曲线,查到欲测接触面间的摩擦系数 μ。

此法较简单,不需测定压力,也不需制备许多压头和试件,即可测得摩擦系数。一般用于测定各种温度、速度条件下的摩擦系数,是目前较广泛应用的方法。但由于圆环试件在镦粗时会出现鼓形。环孔出现椭圆形等,引起测量上的误差,影响结果的精确性。

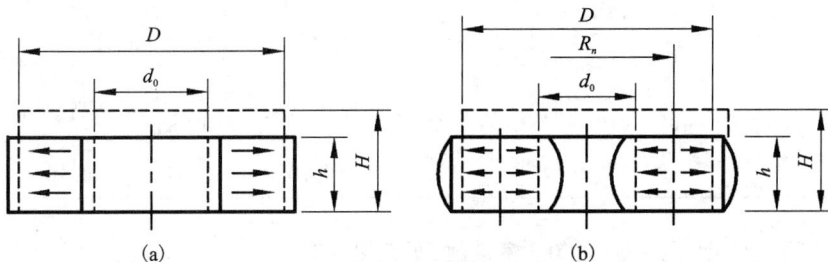

图 8 – 12　圆环镦粗时金属的流动

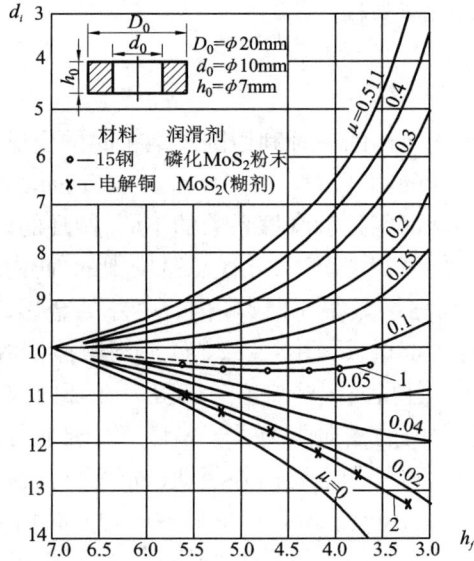

图 8－13　圆环镦粗法确定摩擦系数的标定曲线

8.4.4　塑性加工常用摩擦系数

以下介绍在不同塑性加工条件下摩擦系数的一些数据,可供使用时参考。
(1)热锻时的摩擦系数,见表 8－2。

表 8－2　热锻时的摩擦系数

材料	坯料温度 /℃	不同润滑剂的 μ 值		
		无润滑	炭　末	机油石墨
45 钢	1000	0.37	0.18	0.29
	1200	0.43	0.25	0.31
锻铝	400	无润滑	汽缸油 +10% 石墨	胶体石墨	精制石蜡 +10% 石墨	精制石蜡
		0.48	0.09	0.10	0.09	0.16

(2)磷化处理后冷锻时的摩擦系数,见表 8－3。

表 8 - 3　磷化处理后冷锻时的摩擦系数

压力 /MPa	μ 值			
	无磷化膜	磷酸锌	磷酸锰	磷酸镉
7	0.108	0.013	0.085	0.034
35	0.068	0.032	0.070	0.069
70	0.057	0.043	0.057	0.055
140	0.07	0.043	0.066	0.055

（3）拉深时的摩擦系数,见表 8 - 4。

表 8 - 4　拉深时的摩擦系数

材料	无润滑	矿物油	油 + 石墨
08 钢	0.20 ~ 0.25	0.15	0.08 ~ 0.10
12Cr18Ni9Ti	0.30 ~ 0.35	0.25	0.15
铝	0.25	0.15	0.10
杜拉铝	0.22	0.16	0.08 ~ 0.10

（4）热挤压时的摩擦系数。钢热挤压（玻璃润滑）时,$\mu = 0.025 \sim 0.050$,其他金属热挤压摩擦系数,见表 8 - 5。

表 8 - 5　热挤压时的摩擦系数

润滑	μ 值					
	铜	黄铜	青铜	铝	铝合金	镁合金
无润滑	0.25	0.18 ~ 0.27	0.27 ~ 0.29	0.28	0.35	0.28
石墨 + 油	比上面相应数值降低 0.030 ~ 0.035					

8.5　塑性加工的工艺润滑

8.5.1　工艺润滑的目的及润滑机理

一、润滑的目的

为减少或消除塑性加工中外摩擦的不利影响,往往在工模具与变形金属的接触界面上施加润滑剂,进行工艺润滑。其主要目的是:

(1)降低金属变形时的能耗。当使用有效润滑剂时,可大大减少或消除工模具与变形金属的直接接触,使接触表面间的相对滑动剪切过程在润滑层内部进行,从而大大降低摩擦力及变形功耗。如轧制板带材时,采用适当的润滑剂可降低轧制压力10%~15%;节约主电机电耗8%~20%。拉拔铜线时,拉拔力可降低10%~20%。

(2)提高制品质量。由于外摩擦导致制品表面粘结、压入、划伤及尺寸超差等缺陷或废品。此外,还由于摩擦阻力对金属内外质点塑性流动阻碍作用的显著差异,致使各部分剪切变形程度(晶粒组织的破碎)明显不同。因此,采用有效的润滑方法,利用润滑剂的减摩防粘作用,有利于提高制品的表面和内在质量。

(3)减少工模具磨损,延长工具使用寿命。润滑还有能降低面压、隔热与冷却等作用,从而使工模具磨损减少,使用寿命延长。

为达到上述目的,应采用有效润滑剂及润滑方法。

塑性加工时如何将润滑剂保持在高压下的工具与坯料之间?尤其是采用液体润滑剂时,几乎可能全部被挤出。液体润滑剂所以能被保持在接触面间,可认为是依靠静液压效果与流体力学效果。此外,还必须充分考虑工具及变形金属与润滑剂的吸附性质,以及工模具与变形金属之间的配对性质,才能达到有效润滑的目的。

二、润滑机理

1.流体力学原理

根据流体力学原理,当固体表面发生相对运动时,与其连接的液体层被带动,并以相同的速度运动,即液体与固体层之间不产生滑动。在拉拔、轧制情况下,坯料在进入工具入口的间隙,沿着坯料前进方向逐渐变窄。这时,存在于空隙中的润滑剂就会被拖带进去,沿前进方向

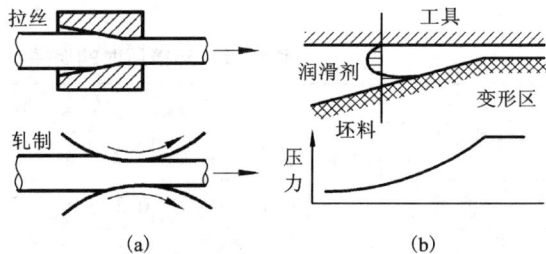

图8-14 润滑剂的曳入

压力逐渐增高,如图8-14所示。当润滑剂压力增加到工具与坯料间的接触压力时,润滑剂就进入接触面间。如果应变速度、润滑剂的粘度越大,工具与坯料的夹角越小,则润滑剂压力上升得越急剧,接触面间的润滑膜也越厚。此时,所发生的摩擦力在本质上是一种润滑剂分子间的吸引力,这种吸引力阻碍润滑剂质点之间的相互移动。这种阻碍称为相对流动阻力。对液体而言,粘性即意味着内摩擦。液体层与层之间的剪切抗力(液体的内摩擦力),由牛顿定律确定

$$T = \eta \frac{\mathrm{d}v}{\mathrm{d}y} F \qquad (8-17)$$

式中, $\dfrac{\mathrm{d}v}{\mathrm{d}y}$——垂直于运动方向的内剪切速度梯度;

F——剪切面积(即滑移表面的面积)。

通常取沿液体厚度上的速度梯度为常数或取其平均值,这样

$$\frac{\mathrm{d}u}{\mathrm{d}y} = \frac{\Delta v}{\varepsilon} \quad 及 \quad T = \eta \cdot \frac{\Delta v}{\varepsilon} F$$

因此,液体的单位摩擦力

$$t = \eta \cdot \frac{\Delta v}{\varepsilon} \qquad\qquad (8-18)$$

式中, η——动力粘度,Pa·s(即帕·秒)。

ε——液层厚度。

油的粘度与温度及压力有关。随温度的增加,粘度急剧下降,随压力的增加,油的粘度升高。分析表明,矿物油的粘度受压力影响比动植物油更为明显。

2. 吸附机制

金属塑性加工用润滑剂从本质上可分为不含有表面活性物质(如各类矿物油)和含有表面活性物质(如动、植物油,添加剂等)两大类。这些润滑剂中的极性或非极性分子对金属表面都具有吸附能力,并且通过吸附作用在金属表面形成油膜。

矿物油属非极性物质,当它与金属表面接触时,这种非极性分子与金属之间靠瞬时偶极而相互吸引,于是在金属表面形成第一层分子吸附膜(如图 8-15)。而后由于分子间的吸引形成多层分子组成的润滑油膜,将

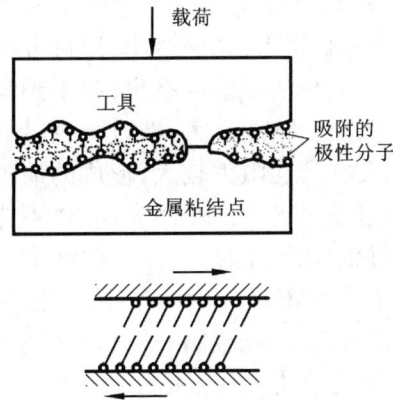

图 8-15 单分子层吸附膜
的润滑作用模型

金属与工具隔开,呈现为液体摩擦。然而,由于瞬时偶极的极性很弱,当承受较大压力和高温时,这种矿物油所形成的油膜将被破坏而挤走,故润滑效果差。

可见,润滑剂能否很好地起润滑作用,取决于其能不能很好地保持在工具与金属接触表面之间,并形成一定厚度、均匀、完整的润滑层。而润滑层的厚度、完整性及局部破裂取决于润滑剂的粘度及其活性、作用的正压力、接触面的粗糙度以及加工方法的特征等。

所谓润滑剂的活性,就是润滑剂中的极性分子在摩擦表面形成结实的保护层的能力。它决定润滑剂的润滑性能及与摩擦物体之间吸引力的大小。当润滑剂中

有极性的物质存在时,会减少纯溶剂的表面张力,而加强金属(工具与变形物体)与润滑剂分子间的吸附力。当一般动植物油脂及含有油性添加剂的矿物油与金属表面接触时,润滑油中的极性基因与金属表面产生物理吸附,从而在变形区内形成油膜。而当润滑剂中含有硫、磷、氯等活性元素时,这些极性物质还能与金属表面起化学反应(化学吸附)形成化学吸附膜,牢牢地附在金属与工具表面上,起良好润滑作用。如硬脂酸与金属表面的氧化膜(只需极薄的氧化膜)发生化学反应,生成脂肪酸盐:

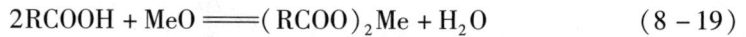

$$2RCOOH + MeO \rightleftharpoons (RCOO)_2Me + H_2O \qquad (8-19)$$

如图 8-16 所示,金属氧化膜通过化学吸附作用,在表面上生成一种摩擦应力很小的金属脂肪酸皂。

所谓润滑剂的粘度,是指润滑剂本身粘稠的程度。它是衡量润滑油流动阻力的参数,在金属塑性加工过程中润滑油的粘度影响很大,粘度过小,即过分稀薄的润滑油,易从变形区挤出,起不到良好的润滑作用;粘度过大,即过分稠厚的润滑油,往往剪切阻力较大,形成的油膜过厚,不能获得光洁的制品表面,也不能达到良好润滑之目的。同时,粘度增加使润滑剂进入困难。在拉拔中,多使用

图 8-16　在铁表面上硬脂酸组成的边界润滑膜

较稀的润滑剂(个别金属除外),或把金属或工具全部浸入液体润滑剂的槽中。因此,在实际生产中如何根据工艺条件以及产品质量要求选择适当粘度的润滑油是十分重要的。

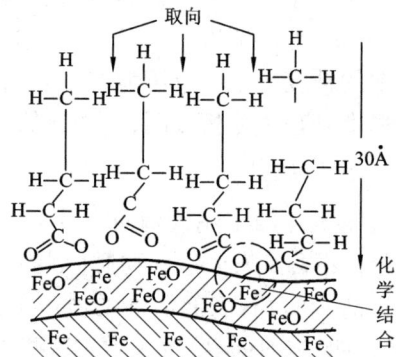

三、润滑剂的选择

1. 塑性成形中对润滑剂的要求

在选择及配制润滑剂时,必符合下列要求:

(1)润滑剂应有良好的耐压性能,在高压作用下,润滑膜仍能吸附在接触表面上,保持良好的润滑状态;

(2)润滑剂应有良好耐高温性能,在热加工时,润滑剂应不分解,不变质;

(3)润滑剂有冷却模具的作用;

(4)润滑剂不应对金属和模具起腐蚀作用;

(5)润滑剂应对人体无毒,不污染环境;

(6)润滑剂要求使用、清理方便、来源丰富、价格便宜等。

2. 常用的润滑剂

在金属加工中使用的润滑剂,按其形态可分为:液体润滑剂、固体润滑剂、液 -
固润滑剂以及熔体润滑剂。其中,液体润滑剂使用最广,通常可分为纯粹型油(矿
物油或动植物油)和水溶型两类。

(1)液体润滑剂包括矿物油、动植物油、乳液等。矿物油系指机油、汽缸油、锭
子油、齿轮油等。矿物油的分子组成中只含有碳、氢两种元素,由非极性的烃类组
成,当它与金属接触时,只发生非极性分子与金属表面的物理吸附作用,不发生任
何化学反应,润滑性能较差,在压力加工中较少直接用作润滑剂。通常只作为配制
润滑剂的基础油,再加上各种添加剂,或是与固体润滑剂混合,构成液 - 固混合润
滑剂。

动植物油有牛油、猪油、豆油、蓖麻油、棉子油、棕榈油等。动植物油脂内所含
的脂肪酸主要有硬脂酸($C_{17}H_{35}COOH$)、棕榈酸(软脂酸 $C_{15}H_{31}COOH$)及油酸(C_{17}
$H_{33}COOH$)三种。它们都含有极性根(如 COOH,COONa),属于极性物质。这些有
机化合物的分子中,一端为非极性的烃基;另一端则为极性基,能在金属表面上作
定向排列而形成润油膜。这就使润滑剂在金属上的吸附力加强,故在塑性加工中
不易被挤掉。

乳液是一种可溶性矿物油与水均匀混合的两相系。在一般情况下,油和水难
以混合,为使油能以微小液珠悬浮于水中,构成稳定乳状液,必须添加乳化剂,使油
水间产生乳化作用。另外,为提高乳液中矿物油的润滑性,也需添加油性添加剂。

乳化剂是由亲油性基团和亲水性基团组成的化合物(如图 8 - 17)。它用于形
成 O/W 型乳液时,由于这两个基端的存在,能使油水相连,不易分离,如经搅拌之
后,可使油呈小球状弥散分布在水中,构成 O/W 型乳液,通常使用的乳化剂为钠
皂、钾皂和铵皂。目前,在铜铝及其合金的轧制过程中,大都使用油酸 - 三乙醇胺
系乳液。其组分大致为:机油或变压器油80% ~85%、油酸10% ~15% 及三乙醇
胺 5% 左右。先制成乳膏(剂),然后加90% ~97% 水搅拌成乳液。其中,水起冷
却作用,机油或变压器油为润滑基础油,油酸($C_{17}H_{33}COOH$)既作油性剂以提高矿
物油的润滑性能,同时又与三乙醇胺[$N(CH_2CH_2OH)_3$]起反应形成胺皂,起乳化
剂作用。乳液主要用于带材冷轧、高速拉丝、深拉延等过程。

(2)固体润滑剂,包括石墨、二硫化钼、肥皂等。由于金属塑性加工中的摩擦
本质是表层金属的剪切流动过程,因此从理论上讲,凡剪切强度比被加工金属流动
剪切强度小的固体物质都可作为塑性加工中的固体润滑剂,如冷锻钢坯端面放的
紫铜薄片、铝合金热轧时包纯铝薄片、拉拔高强度丝时表面镀铜,以及拉拔中使用
的石蜡、蜂蜡、脂肪酸皂粉等均属固体润滑剂。然而,使用最多的还是石墨和二硫
化钼。

石墨:石墨属于六方晶系,具有多层鳞状结构,有油脂感。同一层的原子间距

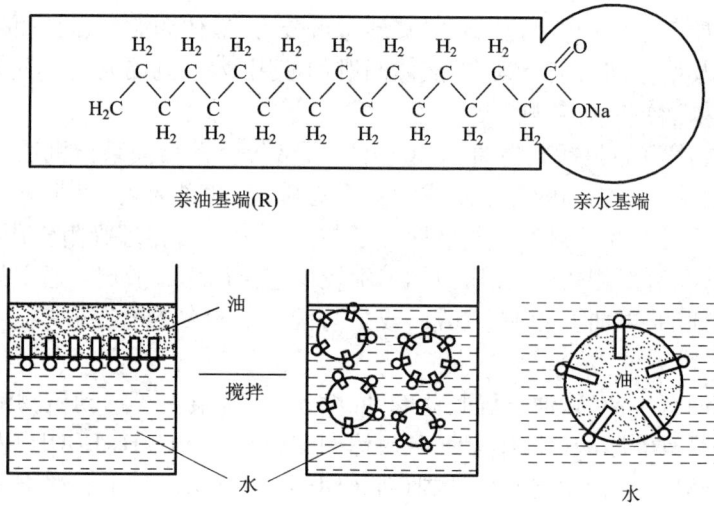

图 8 - 17 硬脂酸钠乳化剂作用机理示意图

为 1.2Å,结合力强,而层与层之间的间距为 3.35Å,结合力弱。当晶格受到切应力的作用时,应容易产生层间的滑移。所以用石墨作为润滑剂,金属与工具的接触面间所表现的摩擦实质上是石墨层与层之间的内摩擦。而且,这种内摩擦力比金属与工具直接接触时的摩擦力要小得多,从而起到润滑作用。石墨具有良好的导热性和热稳定性,其摩擦系数随正压力的增加而有所增大,但与相对滑动速度几乎没有关系。此外,石墨吸附气体后,摩擦系数会减小,因而在真空条件下的润滑性能不如空气中好。石墨的摩擦系数一般在 0.05 ~ 0.19 的范围内。

二硫化钼:二硫化钼也属于六方晶系结构,其润滑原理与石墨相同。但它在真空中的摩擦系数比在大气中小,所以更适合作为真空中的润滑剂。二硫化钼的摩擦系数一般为 0.12 ~ 0.15。

在大气中,石墨温度超过 500℃ 开始氧化,二硫化钼则在 350℃ 时氧化,为了防止石墨、二硫化钼氧化,常在石墨、二硫化钼中加入三氧化二硼,以提高使用温度。

石墨、二硫化钼是目前塑性加工中常用的高温固体润滑剂,使用时可制成水剂或油剂。

肥皂类:常用的肥皂和蜡类润滑剂有:硬脂肪酸钠、硬脂肪酸锌以及一般肥皂等。硬脂酸锌用于冷挤压铝、铝合金;硬脂酸钠用来做拉拔有色金属等加工的润滑剂,也用于钢坯磷化处理后的皂化处理工序。

用于金属塑性加工的固体润滑剂,除上述三种外,其他还有重金属硫化物、特种氧化物、某些矿物(如云母、滑石)和塑料(如聚四氟乙烯)等。固体润滑剂的使用状态可以是粉末状的,但多数是制成糊状剂或悬浮液。

此外,目前新型的固体润滑剂还有氮化硼(BN)和二硒化铌($NbSe_2$)等。氮化硼的晶体结构与石墨相似,有"白石墨"之称。它不仅绝缘性能好,使用温度高(可高达900℃),而且在一般温度下,氮化硼不与任何金属起反应,也几乎不受一切化学药品的侵蚀,BN可认为是目前惟一的高温润滑材料。

(3)液-固型润滑剂。它是把固体润滑粉末悬浮在润滑油或工作油中,构成固-液两相分散系的悬浮液。如拉钨、钼丝时,采用的石墨乳液及热挤压,所采用的二硫化钼(或石墨)油剂(或水剂),均属此类润滑剂。它是把纯度较高、粒度小于2~6μm的二硫化钼(或石墨)细粉加入油(或水)中,其质量约占25%~30%,使用时再按实际需要用润滑油(或水)稀释,一般浓度控制在3%以内。为减少固体润滑粉末的沉淀,可加入少量表面活性物质,以减少液-固界面的张力,提高它们之间的润滑性,从而起到分散剂的作用。

(4)熔体润滑剂。这是出现较晚的一种润滑剂。在加工某些高温强度大,工具表面粘着性强,而且易于受空气中氧、氮等气体污染。钨、钼、钽、铌、钛、锆等金属及合金在热加工(热锻及挤压)时,常采用玻璃、沥青或石蜡等作润滑剂。其实质是,当玻璃与高温坯料接触时,它可以在工具与坯料接触面间熔成液体薄膜,达到隔开两接触表面的目的。所以玻璃既是固体润滑剂,又是熔体润滑剂。

玻璃润滑剂有以下特点:

(1)玻璃的导热性差。当高温下熔化时,玻璃包围在坯料表面,坯料与模具不直接接触,使坯料温度降低,模具也可避免过热。

(2)玻璃的使用温度范围很广,从450~2200℃的工作温度范围都可选用。玻璃的粘度随温度上升而减小,且成分不同,粘度-温度特性不同,因此可根据加工的温度和所需的粘度,选用合适的玻璃成分(见表8-6)。

表8-6　几种玻璃的成分及其使用温度

玻璃主要组成成分/%	适用温度/℃
$10B_2O_3$、$82PoO$、$5SiO_2$、$3Al_2O_3$	530~870
$35SiO_2$、$7.2K_2O$、$56PbO$	870~1090
$63SiO_2$、$7.6Na_2O$、$6K_2O$、$21PbO$	1090~1430
$70SiO_2$、$28B_2O_3$、$1.2PbO$	1260~1730
$57SiO_2$、$5.6CaO$、$12MgO$、$4B_2O_3$、$2Al_2O_3$	1650
$81SiO_2$、$4Na_2O$、$13B_2O_3$、$2Al_2O_3$	1540~2100
$96SiO_2$、$2.9B_2O_3$	1930~2040
$96SiO_2$	2210

（3）玻璃的化学稳定性好，和金属不起化学反应。使用时可以粉末状、网状、丝状及玻璃布等型式单独使用，也可与其他润滑剂混合使用（见图 8 - 18）。玻璃润滑剂的特点是：被加工后的零件表面上会附上一层玻璃，不易清除。

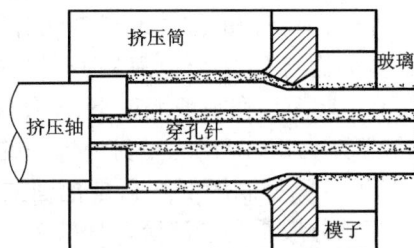

图 8 - 18　热挤压时的玻璃润滑

四、润滑剂中的添加剂

为了提高润滑油的润滑、耐磨、防腐等性能，需在润滑油中加入少量的活性物质，这些活性物质总称添加剂。

润滑油中的添加剂，一般应易溶于机油，热稳定性要好，且应具有良好的物理化学性能，常用的添加剂有油性剂、极压剂、抗磨剂和防锈剂等。

极压剂是一种含硫、磷、氯的有机化合物，如氯化石蜡、硫化稀烃等。在高温、高压下，极压剂分解。分解后的产物与金属表面起化学反应，生成熔点低，吸附性强的氯化铁、硫化铁薄膜。由于这些薄膜的熔点低，易熔化，且具有层状结构，因此在较高压力下

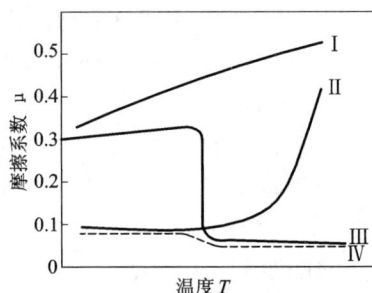

图 8 - 19　各种润滑剂的效果

Ⅰ—矿物油；Ⅱ—脂肪酸；
Ⅲ—极压剂；Ⅳ—极压剂加脂肪酸

仍然起润滑作用（见图 8 - 19）。采用氯化石蜡的缺点是对金属表面有腐蚀作用。

油性剂是指天然酯、醇、脂肪酸等物质。这些物质都含有羧（COOH）类活性基。活性基通过与金属表面的吸附作用，在金属表面形成润滑膜，起润滑和减磨作用。

抗磨剂常用的有硫化棉子油、硫化鲸鱼油等，这些硫化物可以在 S—S 键处分出自由基，然后自由基与金属表面起化学反应，生成抗腐蚀、减磨损的润滑油膜，起到抗腐、减磨作用。

防锈剂常用的有石油磺酸钡。当加入润滑油后，在金属表面形成吸附膜，起隔水、防锈的作用。

在石墨和二硫化钼中常用三氯化二硼作为添加剂来提高抗氧化性和使用温度。

塑性加工中常用的添加剂见表 8 - 7，润滑剂中加入适当的添加剂后，摩擦系数降低，金属粘模现象减少，变形程度提高，并可使产品表面质量得到改善，因此目前广泛采用有添加剂的润滑油。

表 8 - 7　润滑油中常用的添加剂及其添加量

种　类	作　用	化合物名称	添加量/%
油性剂	形成油膜,减少摩擦	长链脂肪酸、油酸	0.1 ~ 1
极压剂	防止接触表面粘合	有机硫化物、氯化物	5 ~ 10
抗磨剂	形成保护膜,防止磨损	磷酸酯	5 ~ 10
防锈剂	防止润滑油生锈	羧酸、酒精	0.1 ~ 1
乳化剂	使油乳化、稳定乳液	硫酸、磷酸酯	~ 3
流动点下降剂	防止低温时油中石蜡固化	氯化石蜡	0.1 ~ 1
粘度剂	提高润滑油粘度	聚甲基丙烯酸等聚合物	2 ~ 10

五、润滑方法的改进

为了减小塑性成形时的摩擦和磨损,除了不断改进润滑剂的性能和研制新的润滑剂外,改进润滑方法,也是一个很重要的问题。

1. 流体润滑

流体润滑常用于线材拉拔(如图 8 - 20),在模具入口处加一个套管。套管与坯料间具有很小间隙。当坯料从套管中高速通过时,就把润滑剂带入模孔内。在模孔入口处,由于间隙变小,润滑油产生高压。当压力高到一定数值时,在坯料与模具之间就产生和保持流体润滑膜,起良好的润滑作用。

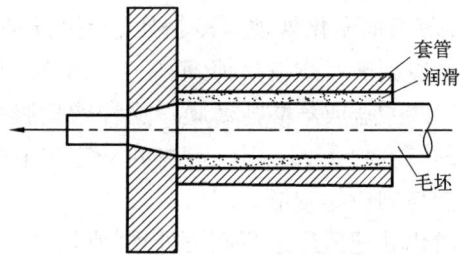

图 8 - 20　强制润滑拉拔示意图

在反挤压时,将凹模和坯料作成如图 8 - 21 所示的形状。在反挤压过程中,润滑剂能够持久稳定地起到隔离冲头与毛坯的作用,产生良好的作用。

在静液挤压和充液拉深(图 8 - 22)等工艺中,高压液体是作为传递变形力的介质,同时又起到强制润滑作用。故挤压力比普通挤压要低得多。

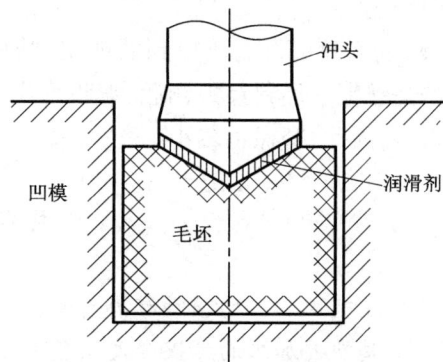

图 8 - 21　反挤压时的润滑情况

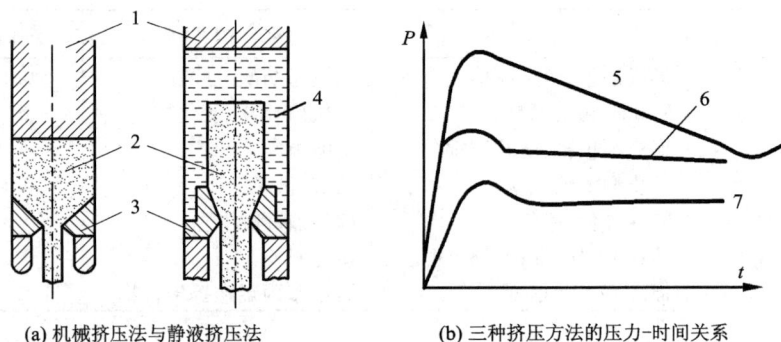

(a) 机械挤压法与静液挤压法　　　　　(b) 三种挤压方法的压力-时间关系

图8-22　机械挤压法与静挤压法比较

1—挤压杆;2—坯料;3—模子;4—高压液体;
5—正向挤压;6—反向挤压;7—静液挤压

2. 表面处理

(1)表面磷化处理。冷挤压、冷拉拔钢制品时,即使润滑油中加入添加剂,油膜还会遭到破坏或被挤掉,而失去润滑作用。为此,要在坯料表面上用化学方法制成一层磷酸盐或草酸盐薄膜。这种磷化膜呈多孔状态,对润滑剂有吸附作用。磷化膜的厚度约在 $10\sim20~\mu m$ 之间。它与金属表面结合很牢,而且有一定塑性,在加工时能与钢一起变形。

磷化处理后须进行润滑处理,常用的有硬脂酸钠、肥皂等,故称皂化。

(2)表面氧化处理。对于一些难加工的高温合金,如钨丝、钼丝、钽丝等,在拉拔前,需进行阳极氧化或氧化处理,使这些氧化生成的膜,成为润滑底层,对润滑剂有吸附作用。

(3)表面镀层。电镀得到的镀层,结构细密,纯度高,与基体结合力好。目前常用的是镀铜。坯料经镀铜后,镀膜可作为润滑剂,其原因是镀层的 σ_s 比零件金属小得多,因此,摩擦也较小。

思考题

1. 金属塑性加工的接触摩擦有哪些主要特点? 对加工过程有何影响和作用?

2. 金属塑性加工的摩擦分类及其机理如何?

3. 金属塑性加工的主要摩擦定律是什么?

4. 影响摩擦系数的主要因素有哪些?

5. 简述塑性加工接触摩擦系数的测定方法及原理。

6. 简述塑性加工过程润滑的目的及机理。

7. 简述塑性加工工艺润滑剂选择的基本原则。

8. 压力加工中所使用的润滑剂有哪几类？液体润滑剂中的乳液为什么具有良好的润滑作用？

第9章　金属的塑性和变形抗力

9.1　金属的塑性

金属塑性加工是以塑性为前提,在外力作用下进行的。从金属塑性加工的角度出发,人们总是希望金属具有高的塑性。但随着科学技术的发展,出现了许多低塑性、高强度的新材料需要进行塑性变形。因此,研究怎样提高金属的塑性具有重要意义。

9.1.1　塑性的基本概念

所谓塑性,是指固体金属在外力作用下能稳定地产生永久变形而不破坏其完整性的性能。因此,塑性反映了材料产生塑性变形的能力。塑性的好坏或大小,可用金属在破坏前产生的最大变形程度来表示,并称其为"塑性极限"。

人们有时会把金属的塑性与柔软性混淆起来,其实它们是有明显区别的两种概念。前者是指金属的流动性能,是否易于变形,能承受较大的变形量而不破损;后者则指金属抵抗变形的能力,即指变形时耗费力能较低而言,即塑性好的金属不一定易于变形,因为变形抗力不一样,如铜的塑性好,并不像铅那样易于变形,因为铜的变形抗力较高。而铅的柔软性,主要不是指它的塑性好,而是指它变形抗力很小。所有的金属在高温下变形抗力都很小,可以说具有很好的柔软性,但绝对不能肯定它们必然有良好的塑性。因为温度过高往往使其产生过热或过烧,在变形时,就容易产生裂纹,使塑性变坏。可见,金属的塑性与柔软性完全不是一回事。

研究金属塑性的目的是为了探索金属塑性的变化规律,寻求改善金属塑性的途径,以便选择合理的加工方法,确定最适宜的工艺制度,为提高产品的质量提供理论依据。

9.1.2　塑性指标及其测量方法

1. 塑性指标

为了便于比较各种材料的塑性性能和确定每种材料在一定变形条件下的加工性能,需要有一种度量指标,这种指标称为塑性指标,即金属在不同变形条件下允许的极限变形量。

由于影响金属塑性的因素很多,所以很难采用一种通用指标来描述。目前人们大量使用的仍是那些在某特定的变形条件下所测出的塑性指标。如拉伸时的断面收缩率及延伸率,冲击试验所得之冲击韧性;镦粗或压缩实验时,第一条裂纹出现前的高向压缩率(最大压缩率);扭转实验时出现破坏前的扭转角(或扭转数);弯曲实验试样破坏前的弯曲次数等。

2. 塑性指标的测量方法

(1)拉伸试验法

用拉伸试验法可测出破断时最大延伸率(δ)和断面收缩率(ψ),δ 和 ψ 的数值由下式确定:

$$\delta = \frac{L_h - L_0}{L_0} \times 100\% \qquad (9-1)$$

$$\psi = \frac{F_0 - F_h}{F_0} \times 100\% \qquad (9-2)$$

式中,L_0——拉伸试样原始标距长度;

　　L_h——拉伸试样破断后标距间的长度;

　　F_0——拉伸试样原始断面积;

　　F_h——拉伸试样破断处的断面积。

(2)压缩试验法

在简单加载条件下,因压缩试验法测定的塑性指标用下式确定:

$$\varepsilon = \frac{H_0 - H_h}{H_0} \times 100\% \qquad (9-3)$$

式中,ε——压下率;

　　H_0——试样原始高度;

　　H_h——试样压缩后,在侧表面出现第一条裂纹时的高度。

(3)扭转试验法

扭转试验法是在专门的扭转试验机上进行。试验时圆柱体试样的一端固定,另一端扭转。随试样扭转数的不断增加,最后将发生断裂。材料的塑性指标用破断前的总扭转数(n)来表示,对于一定试样,所得总转数越高,塑性越好,可将扭转数换作为剪切变形(γ)。

$$\gamma = R \frac{\pi n}{360 L_0} \qquad (9-4)$$

式中,R——试样工作段的半径;

　　L_0——试样工作段的长度;

　　n——试样破坏前的总转数。

(4)轧制模拟试验法

在平辊间轧制楔形试件,用偏心轧辊轧制矩形试样,找出试样上产生第一条可见裂纹时的临界压下量作为轧制过程的塑性指标。

　　上述各种试验,只有在一定条件下使用才能反映出正确的结果,按所测数据只能确定具体加工工艺制度的一个大致的范围,有时甚至与生产实际相差甚远。因此需将几种试验方法所得结果综合起来考虑才行。

9.1.3　塑性状态图及其应用

　　表示金属塑性指标与变形温度及加载方式的关系曲线图形,称为塑性状态图或简称塑性图。它给出了温度－速度及应力状态类型对金属及合金塑性状态影响的明晰概念。在塑性图中所包含的塑性指标越多,应变速度变化的范围越宽广,应力状态的类型越多,则对于确定正确的热变形温度范围越有益。

　　塑性图可用来选择金属及合金的合理塑性加工方法及制订适当的冷热变形规程,是金属塑性加工生产中不可缺少的重要的依据之一,具有很大的实用价值。由于各种测定方法只能反映其特定的变形力学条件下的塑性情况,为确定实际加工过程的变形温度,塑性图上需给出多种塑性指标,最常用的有 δ、ψ、α_k、ε、n 等。此外,还给出 σ_b 曲线以作参考。下面以镁合金 MB5 塑性图为例,阐述选定该合金加工工艺规程的原则和方法。MB5 塑性图如图 9－1 所示。

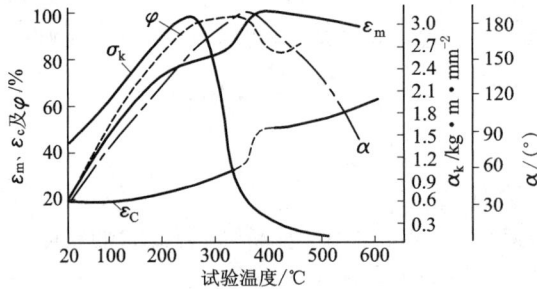

图 9 － 1　MB5 合金的塑性图

α_k—冲击韧性;ε_m—慢力作用下的最大压缩率;ε_C—冲击力作用下的最大压缩率;φ—断面收缩率;α^0—弯曲角度

　　MB5 属变形镁合金,其主要成分为 Al 5.5% ～ 7.0%,Mn 0.15% ～ 0.5%,Zn 0.5% ～1.5%。根据镁铝二元相图(图 9 －2)可以看出,铝在镁中的溶解度很大,在共晶温度 437℃时达到最大,为 12.6%。随着温度的降低,溶解度急剧下降,镁铝合金中铝含量对合金性能的影响,如图 9 －3 所示。随着铝含量的增加,强度虽缓慢上升,但塑性却显著下降,因为在平衡状态下的镁铝合金显微组织是由 α - 固溶体和析出在晶界上的金属化合物 γ 相（Mg_4Al_3 或 $Mg_{17}Al_{12}$）组成。γ 相随铝含量的增加而逐渐增多,当 Al 含量达 15% 时,则形成封闭的网状组织,使合金变脆。

从状态图中可见,该合金成分如图中虚线所示。在 530℃附近开始熔化,270℃以下为 α+γ 二相系,因此,它的热变形温度应选在 270℃以上的单相区。如在慢速下加工,当温度为 350～400℃时,φ 值和 ε_m 都有最大值,因此不论是轧制或挤压,都可以在这个温度范围内以较慢的速度进行。假若在锻锤下加工,因 ε_C 在 350℃左右有突变,所以变形温度应选择在 400～450℃。若工件形状比较复杂,在变形时易发生应力集中,则应根据 α_k 曲线来判定。从图 9－2 中可知,α_k 在相变点 270℃附近突然降低,因此,锻造或冲压时

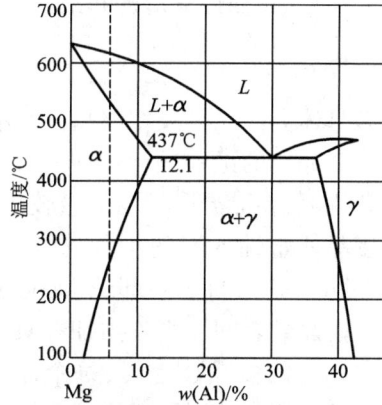

图 9－2　Mg－Al 二元系状态图

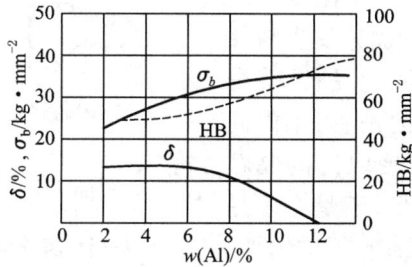

图 9－3　镁合金中铝含量对合金机械性能的影响

的工作温度应在 250℃以下进行为佳。

　　以上是一个应用塑性图,并配合合金状态图选择加工温度及加工方法的实例。必须指出,各种试验方法都是相对于其特定受力状况和变形条件测定塑性指标,因此仅具有相对和比较意义。况且由于塑性图的研究并未完善,比较适用和全面的塑性图也不多,所以对加工工作者来说,仍有继续深入研究和积累经验的必要。

9.2　金属多晶体塑性变形的主要机制

　　工业上实际使用的金属和合金绝大部分都是多晶体。多晶体是由大小、形状和位向不同的晶粒组成,晶粒之间有晶界相连,因而多晶体的变形比单晶体要复杂得多。

9.2.1 多晶体变形的特点

1. 变形不均匀

多晶体内的晶界及相邻晶粒的不同取向对变形产生重要的影响。如果将一个只有几个晶粒的试样进行拉伸变形，变形后就会产生"竹节效应"（图9-4）。此种现象说明，在晶界附近变形量较小，而在晶粒内部变形量较大。

多晶体塑性变形的不均匀性，不仅表现在同一晶粒的不同部位，而且也表现在不同晶粒之间。当外力加在具有不同取向晶粒的多晶体上时，每个晶粒滑移系上的分切应力因取向因子不同而存在着很大的差异。因此，不同晶粒进入塑性变形阶段的起始早晚也不同。如图9-5所示，分切应力首先在软取向的晶粒B中达到临界值，优先发生滑移变形；而与其相邻的硬取向晶粒A，由于没有足够的切应力使之滑移，不能同时进入塑性变形。这样硬取向的晶粒将阻碍软取向晶粒的变形，于是在多晶体内便出现了应力与变形的不均匀性。另外在多晶体内部机械性能不同的晶粒，由于屈服强度不同，也会产生类似的应力与变形的不均匀分布。

图9-4 多晶体塑性变形的竹节现象

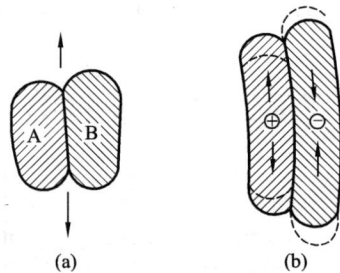

图9-5 多晶体塑性变形的不均匀性
(a)变形前；(b)变形后

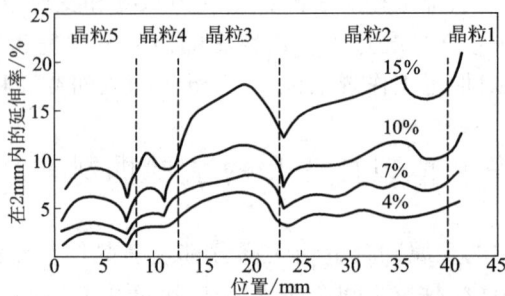

图9-6是粗晶铝在总变形量相同时，不同晶粒所承受的实际变形量。由图9-6可见，不论是同一晶粒内的不同位置，还是不同晶粒间的实际变形量都不尽相

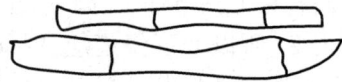

图9-6 多晶铝的几个晶粒各处的应变量
垂直虚线是晶界，线上的数字为总变形量

同。因此,多晶体在变形过程中存在着普遍的变形不均匀性。

2. 晶界的作用及晶粒大小的影响

多晶体的塑性变形还受到晶界的影响。在晶界中,原子排列是不规则的,在结晶时这里还积聚了许多不固溶的杂质,在塑性变形时这里还堆积了大量位错(一般位错运动到晶界处即行停止),此外还有其他缺陷,这些都造成了晶界内的晶格畸变。所以,晶界使多晶体的强度、硬度比单晶体高。多晶体内晶粒越细,晶界区所占比率就越大,金属和合金的强度、硬度也就越高。此外,晶粒越细,即在同一体积内晶粒数越多,塑性变形时变形分散在许多晶粒内进行,变形也会均匀些,与具有粗大晶粒的金属相比,局部地区发生应力集中的程度较轻,因此出现裂纹和发生断裂也会相对较迟。这就是说,在断裂前可以承受较大的变形量,所以细晶粒金属不仅强度、硬度高,而且在塑性变形过程中塑性也较好。

多晶体由于晶粒具有各种位向和受晶界的约束,各晶粒的变形先后不同、变形大小不同,晶体内甚至同一晶粒内的不同部位变形也不一致,因而引起多晶体变形的不均匀性。由于变形的不均匀性,在变形体内就会产生各种内应力,变形结束后不会消失,成为残余应力。

9.2.2 多晶体的塑性变形机构

多晶体的塑性变形包括晶内变形和晶间变形两种。晶内变形的主要方式是滑移和孪生。晶间变形包括晶粒之间的相对移动和转动、溶解——沉积机构以及非晶机构。冷变形时以晶内变形为主,晶间变形对晶内变形起协调作用。热变形时晶内变形和晶间变形同时起作用。这里主要讨论晶间变形机构。

1. 晶粒的转动与移动

多晶体变形时,由于各晶粒原来位向不同,变形发生、发展情况各异,但金属整体的变形应该是连续的、相容的(不然将产生裂纹甚至断裂),所以在相邻晶粒间产生了相互牵制又彼此促进的协同动作,因而出现力偶(图9-7),造成了晶粒间的转动。晶粒相对转动的结果可促使原来位向不适于变形的晶粒开始变形,或者促使原来已变形的晶粒能继续变形。另外,在外力的作用下,当晶界所承受的切应力已达到(或者超过了)阻止晶粒彼此间产生相对移动的阻力时,将发生晶间的移动。

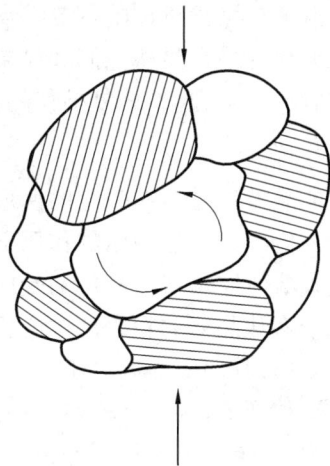

图9-7 晶粒的转动

　　晶粒的转动与移动,常常造成晶间联系的破坏,出现显微裂纹。如果这种破坏完全不能依靠其他塑性变形机构来修复,继续变形将导致裂纹的扩大与发展并引起金属的破坏。

　　由于晶界难变形的作用,低温下晶间强度比晶内大,因此低温下发生晶界移动与转动的可能性较小。晶间变形的这种机构只能是一种辅助性的过渡形式。它本身对塑性变形贡献不大,同时,低温下出现这种变形,又常常是断裂的预兆。

　　在高温下,由于晶间一般有较多的易熔物质,并且因晶格的歪扭原子活泼性比晶内大,所以晶间的熔点温度比晶粒本身低,而产生晶粒的移动与转动的可能性大。同时伴随着产生了软化与扩散过程,能很快地修复与调整因变形所破坏的联系,因此金属借助晶粒的移动与转动能获得很大的变形,且没有断裂的危险。可以认为,在高温下这种变形机构比晶内变形所起的作用大,对整个变形的贡献也较多。

　　2. 溶解 – 沉积机构

　　该机构的实质是一相晶体的原子迅速而飞跃式地转移到另一相的晶体中去。在研究高温缓慢变形条件下两相合金的塑性变形时确定了这个机构。为了完成原子由一相转移至另一相,除了应保证两相有较大的相互溶解度以外,还必须具备下列条件。

　　(1)因为原子的迁移,最大可能是从相的表面层进行,故应随着温度的变化或原有相晶体表面大小及曲率的变化,伴随有最大的溶解度改变。

　　(2)在变形时,必须有利于进行高速溶解和沉积产生的扩散过程,也就是说应具备足够高的温度条件。

　　溶解 – 沉积机构的重要特点是塑性变形在两相间的界面上进行,又由于金属的沉淀很容易在显微空洞和显微裂纹中进行,则原子的相间转移可使这些显微空洞和裂纹消除,起着修复损伤的作用,从而可使金属的塑性显著增大。

　　3. 非晶机构

　　非晶机构是指在一定的变形温度和速度条件下,多晶体中的原子非同步地连续地在应力场和热激活的作用下,发生定向迁移的过程。它包括间隙原子和大的置换式溶质原子将从晶体的受压缩的部位向宽松部位迁移;空位和小的置换式溶质原子将从晶体的宽松部位向压缩部位迁移。大量原子的定向迁移将引起宏观的塑性变形,其切应力取决于应变速度和静水压力。在受力状态下,由温度的作用产生的这种变形机制,又称热塑性。这种机制在多晶体的晶界进行得尤其激烈。这是因为,晶界原子的排列是很不规则的,畸变相当严重,尤其当温度提高至 $0.5T_熔$ 以上时,原子的活动能力显著增大,所以原子沿晶界具有异常高的扩散速度。这种变形机制即使在较低的应力下,也会随时间的延续不断地发生,只不过进行的速度缓慢些。温度越高,晶粒越小,扩散性形变的速度就越快,此种变形机制强烈地依赖于变形温度。

9.2.3　合金的塑性变形

生产中实际使用的金属材料大部分是合金。合金按其组织特征可分为两大类:①具有以基体金属为基的单相固溶体组织,称单相合金。②加入合金元素数量超过了它在基体金属中的饱和溶解度,其显微组织中除了以基体金属为基的固溶体以外,还将出现新的第二相构成了所谓多相合金。

1. 单相固溶体合金的变形

单相固溶体的显微组织与纯金属相似,因而其变形情况也与之类同,但是在固溶体中由于溶质原子的存在,使其对塑性变形的抗力增加。固溶体的强度、硬度一般都比其溶剂金属高,而塑性、韧性则有所降低,并具有较大的加工硬化率。这种现象称为固溶强化。固溶强化是提高金属材料性能的重要途径之一。

固溶体强化的本质是位错被溶质气团钉扎而难于启动。由于溶质原子的溶入造成了点阵畸变。溶质引起的应力场与位错的应力场发生了弹性交互作用,导致溶质原子偏聚在位错周围,形成柯氏气团,使之位错滑移运动阻力增加,因而材料强化。其次溶质原子与位错的静电交互作用,在刃型位错周围,因应力场不同而引起自由电子重新分布而形成一个电偶极子,对溶质原子产生不同程度的静电交互作用,使其偏聚在刃型位错周围,将阻碍位错运动,同时也起强化作用。再有,因溶体中存在溶质原子偏聚区和短程有序,当位错运动时,将使偏聚区和短程有序状态遭到破坏,引起能量升高,从而增加位错运动的阻力,导致强化。因此固溶体合金的塑性变形抗力比纯金属大。

2. 多相合金的变形

多相合金中的第二相可以是纯金属、固溶体或化合物,其塑性变形不仅和基体相的性质,而且和第二相(或更多相)的性质及存在状态有关,如与第二相本身的强度、塑性、应变硬化性质、尺寸大小、形状、数量、分布状态、两相间的晶体学匹配、界面能、界面结合情况等等有关。这些因素都对多相合金的塑性变形有影响。下面将按最常见的两种第二相分布方式来分别讨论。

(1)聚合型两相合金的塑性变形

合金中第二相粒子的尺寸与基体晶粒的尺寸如属同一数量级,就称为聚合型两相合金。在聚合型两相合金中,如果两个相都具有塑性,则合金的变形情况决定于两相的体积分数。

假设合金的各相在变形时应变是相等的,则对于一定应变时合金的平均流变

应力为

$$\sigma = f_1\sigma_1 + f_2\sigma_2 \tag{9-5}$$

式中，f_1、f_2——两个相的体积分数，$f_1 + f_2 = 1$；

　　σ_1、σ_2——两个相在给定应变时的流变应力。

　　如假定各相在变形时受到的应力是相等的，则对于一定应力时的合金的平均应变为

$$\varepsilon = f_1\varepsilon_1 + f_2\varepsilon_2 \tag{9-6}$$

式中，ε_1、ε_2——在给定应力下两个相的应变。

　　由式（9-5）、（9-6）可知，并非所有的第二相都能产生强化作用。只有当第二相为较强的相时，合金才能强化。当合金发生塑性变形时，滑移首先发生于较弱的一相中；如果较强的相数量很少时，则变形基本上是在较弱相中进行；如果较强相体积分数占到 30% 时，较弱相一般不能彼此相连，这时两相就要以接近于相等的应变发生变形；如较强相的体积分数高于 70% 时，则该相变为合金的基体相，合金的塑性变形将主要由它来控制。

　　如两相合金中，一相是塑性相，而另一相为硬而脆的相时，则合金的机械性能主要决定于硬脆相的存在情况。当发生塑性变形时，在硬而脆的第二相处将产生严重的应力集中，并且过早地断裂。随着第二相数量的增加，合金的强度和塑性皆下降。在这种情况下，滑移变形只限于基体晶粒内部，硬而脆的第二相几乎不能产生塑性变形。

　　（2）弥散分布型两相合金的塑性变形

　　两相合金中，如果第二相粒子十分细小，并且弥散地分布在基体晶粒内，则称为弥散分布型两相合金。在这种情况下，第二相质点可能使合金的强度显著提高而对塑性和韧性的不利影响减至最小程度。第二相以细小质点的形态存在而合金显著强化的现象称弥散强化。

　　弥散强化的主要原因如下：当第二相在晶体内呈弥散分布时，一方面相界（即晶界）面积显著增多并使其周围晶格发生畸变，从而使滑移抗力增加。但更重要的是这些第二相质点本身成为位错运动的障碍物。

　　第二相质点以两种明显的方式阻碍位错的运动。当位错运动遇到第二相质点时，质点或被位错切开（软质点）或阻拦位错而迫使位错只有在加大外力的情况下才能通过。

　　当质点小而软，或为软相时，位错能割开它并使它变形，如图 9-8 所示，这时加工硬化小，但随质点尺寸的增大而增加。

　　当质点坚硬而难于被位错切开时，位错不能直接越过这种第二相质点，但在外力作用下，位错线可以环绕第二相质点发生弯曲，最后在质点周围留下一个位错环

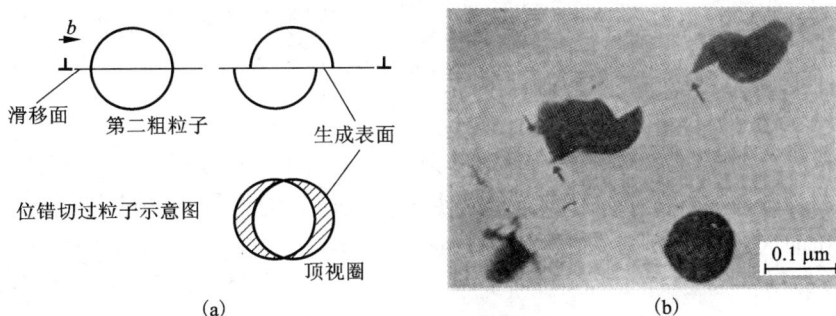

图 9 – 8　位错切割相

(a) 位错切割示意图；(b) Ni – Cr – Al 合金中位错切割 Ni₃Al 粒子电镜照片

而让位错通过。使位错线弯曲将增加位错影响区的晶格畸变能,增加位错移动的阻力,使滑移抗力提高。位错线弯曲的半径越小,所需外力越大。因此,在第二相数量一定的条件下,第二相质点的弥散度越大(分散成很细小的质点),则滑移抗力越大,合金的强化程度越高(因为位错线的弯曲半径,取决于质点间距离,质点细化使质点数目增多而质点空间间距减小)。但应注意,第二相质点细化,对合金强化的贡献是有一个限度的,当质点太细小时,质点间的空间间距太小,这时位错线不能弯曲,但可"刚性地"扫过这些极细小的质点,因而强化效果反而降低。这就存在着一个能造成最大强化的第二相质点间距 λ,这个临界参数有下列计算式:

$$\lambda = \frac{4(1-f)r}{3f} \tag{9-7}$$

式中,f——半径为 r 的球形质点所占体积分量。

对一般金属 λ 值约为 25 ~ 50 个原子间距。当质点间距小于这个数值时,强化效果反而减弱。

第二相呈弥散质点分布时,对合金塑性、韧性影响较小,因为这样分布的质点几乎不影响基体相的连续性。塑性变形时第二相质点可随基本相的变形而"流动",不会造成明显应力集中,因此,合金可承受较大的变形量而不致破裂。

9.3　影响金属塑性的因素

金属的塑性不是固定不变的,它受到许多内在因素和外部条件的影响。同一种材料,在不同的变形条件下,会表现出不同的塑性。因此,塑性是金属及合金的一种状态属性。它不仅与其化学成分、组织结构有关,而且与应变速度、变形温度、变形程度、应力状态诸因素有关。下面分别加以讨论。

9.3.1　影响金属塑性的内部因素

1. 化学成分

化学成分对金属塑性的影响是很复杂的。工业用的金属除基本元素之外大都含有一定的杂质,有时为了改善金属的使用性能还人为地加入一些其他元素。这些杂质和加入的合金元素,对金属的塑性均有影响。

(1)杂质

一般而言,金属的塑性是随纯度的提高而增加的。例如纯度为 99.96% 的铝,延伸率为 45%,而纯度为 98% 的铝,其延伸率则只有 30% 左右。金属和合金中的杂质,有金属、非金属、气体等,它们所起的作用各不相同。应该特别注意那些使金属和合金产生脆化现象的杂质。因为由于杂质的混入或它们的含量达到一定的值后,可使冷热变形都非常困难,甚至无法进行,例如钨中含有极少量(百万分之一)的镍时,就大大降低钨的塑性。因此,在退火时应避免钨丝与镍合金接触,又如纯铜中的铋和铅都为有害杂质,含十万分之几的铋,使热变形困难;当铋含量增加到万分之几时,冷热变形难于进行。铅含量超过 0.03% ~ 0.05% 时引起热脆现象。

杂质的有害影响,不仅与杂质的性质及数量有关,而且与其存在状态,杂质在金属基体中的分布情况和形状有关,例如铅在纯铜及低锌黄铜中的有害作用,主要是由于铅在晶界形成低熔点物质,破坏热变形时晶间的结合力,产生热脆性。但在 $\alpha + \beta$ 两相黄铜中则不同,分散于晶界上的铅由于 $\beta \leftrightarrow \alpha$ 的相转变而进入晶内,对热变形无影响,此时的铅不仅无害,而且是作为改善制品性能的少量添加元素。

通常金属中含有铅、锡、锑、铋、磷、硫等杂质,当它们不溶于金属中,而以单质或化合物的形式存在于晶界处时,将使晶界的联系削弱,从而使金属冷热变形的能力显著降低。当其在一定条件下能溶于晶内时,则对合金的塑性影响较小。

在讨论杂质元素对金属与合金塑性的有害影响时,必须注意各杂质元素之间的相互影响。因为某杂质的有害作用可能因为另一杂质元素的存在而得到改善。例如铋在铜中的溶解度约为 0.002%,若铜中含铋量超过了此数,则多余的铋能使铜变脆。这是由于铋和铜之间的界面张力的作用,促使铋沿着铜晶粒的边界面扩展开,铜晶粒被覆一层金属铋的网状薄膜,显著降低晶粒间的联系而变脆,故一般铜中允许的含铋量不大于 0.005%。但若在含铋的铜中加入少量的磷,又可使铜的塑性得到恢复。因为磷能使铋和铜之间的界面张力降低,改善了铋的分布状态,使之不能形成连续状的薄膜。又如,硫几乎不溶于铁中,在钢中硫以 FeS 及 Ni 的硫化物(NiS,Ni_3S_2)的夹杂形式存在。FeS 的熔点为 1190℃,$Fe - FeS$ 及 $FeS - FeO$ 共晶的熔点分别为 985℃ 和 910℃;NiS 和 $Ni - Ni_3S_2$ 共晶的熔点分别为 797℃ 和 645℃。当温度达到共晶体和硫化物的熔点时,它们在熔化、变形中引起开裂,即产生所谓的红脆现象。这是因为 Fe、Ni 的硫化物及其共晶体是以膜状包围在晶粒外边的缘故。如在钢中加入少量 Mn,形成球状的硫化锰夹杂,并且 MnS 的熔点又高(1600℃),因此,在钢中同时有硫和适量的锰元素存在而形成 MnS 以代替引起红脆的硫化铁时,可使钢的塑性提高。

气体夹杂对金属塑性的有害作用可举工业用钛为例来说明。氮、氧、氢是钛中的常见杂质,微量的氮(万分之几)可使钛的塑性显著下降。氧在高温中强烈地以扩散方式渗入钛中,使钛的塑性变坏,氢甚至可以使存放中的钛及其合金的半成品发生破裂。因此,规定氢在钛及其合金中的含量不得超过 0.015%。

(2)合金元素

合金元素对塑性的影响,在本质上与前述杂质的作用相同,不过合金元素的加入,多数是为了提高合金的某种性能(为了提高强度、提高热稳定性、提高在某种介质中的耐蚀性等)而人为加入的。合金元素对金属材料塑性的影响,取决于加入元素的特性,加入数量、元素之间的相互作用。

当加入的合金元素与基体的作用(或者几种元素的相互作用)使在加工温度范围内形成单相固溶体(特别是面心立方结构的固溶体)时,则有较好的塑性。如果加入元素的数量及组成不适当,形成过剩相,特别是形成金属间化合物或金属氧化物等脆性相,或者使在压力加工温度范围内两相共存,则塑性降低。紫铜的塑性是很好的,如果往铜中加入适量的锌,组成铜锌合金——普通黄铜,则因黄铜是面心立方结构的 α 相固溶体组织,塑性仍然较好。可是,当加入的锌量超过 39% ~ 50% 时,就形成两相组织(α + β)或单相组织(β 相)。β 相是体心立方结构,其低温塑性较差,这可由铜 – 锌系状态图及铜锌合金的机械性能随锌含量变化的图 9 – 9 中看出。又如在锰黄铜中,由于锰可以溶

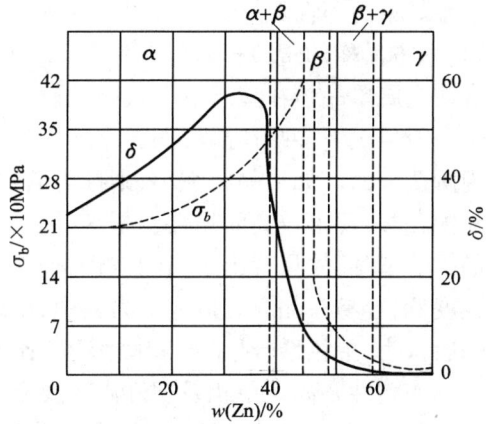

图 9 – 9 铜锌合金的力学性能与含锌量的关系

于固态黄铜中,添加少量的锰对黄铜组织无显著影响,并可提高其强度而不降低塑性。当锰含量超过 4% 时,由于溶解度的降低,出现新的含锰量多的 ζ 相。ζ 相是脆性相,使锰黄铜的塑性降低。

对于二元以上的多元合金,由于各元素的不同作用及元素之间的相互作用,对金属材料塑性的影响是不能一概而论的,图 9 – 10 说明 Mg – Al – Zn 系变形镁合金中的铝、锌含量对塑性和强度有影响。由图 9 – 10(a)可知,随铝含量的增加,合

金的塑性指标(δ)逐渐降低,当铝含量超过12%时,δ值几乎降低到零,而图9－10(b)表明,当含约5%以下的锌时,却能使合金的塑性得到改善。

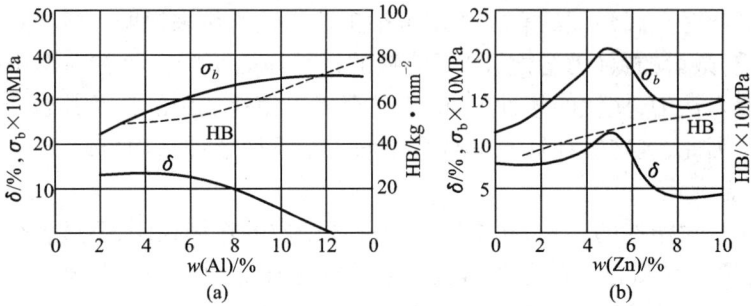

图9－10 镁合金中铝、锌含量对合金力学性能的影响
(a)铝的影响曲线;(b)锌的影响曲线

2. 组织结构

金属与合金的组织结构是指组元的晶格、晶粒的取向及晶界的特征而言。

面心晶格的塑性最好(如 Al、Ni、Pb、Au、Ag 等),体心晶格次之(如 Fe、Cr、W、Mo 等),六方晶格的塑性较差(如 Zr、Hf、Ti 等)。

多数金属单晶体在室温下有较高的塑性,相比之下多晶体的塑性则较低。这是由于一般情况下多晶体晶粒的大小不均匀、晶粒方位不同、晶粒边界的强度不足等原因所造成的。如果晶粒细小,则标志着晶界面积大,晶界强度提高,变形多集中在晶内,故表现出较高的塑性。超细晶粒,因其近于球形,在低应变速度下还伴随着晶界的滑移,故呈现出更高的塑性,而粗大的晶粒。由于大小不容易均匀,且晶界强度低,容易在晶界处造成应力集中,出现裂纹,故塑性较低。

一般认为,单相系(纯金属和固溶体)比两相系和多相系的塑性要高,固溶体比化合物的塑性要高。单相系塑性高主要是由于这种晶体具有大致相同的力学性能,其晶间物质是最细的夹层,其中没有易熔的夹杂物、共晶体、低强度和脆性的组成物。而两相系和多相系的合金,其各相的特性、晶粒的大小、形状和显微组织的分布状况等无法一致。因而给塑性带来不良的影响。如在锡磷青铜中含P 0.1%,磷与铜形成熔点为707℃的化合物 Cu_3P(P 占 14.1%),此化合物又与锡青铜形成三元共晶,熔点为628℃;当磷含量超过0.3%时,磷以淡蓝色的磷化共析体夹杂析出;当含磷量大于0.5%时,磷化物在热加工温度条件下处于液态,其作用类似热加工单相铜合金时铅与铋的作用,造成热脆性,都使之不能进行热加工。

不仅相的特性对塑性有影响,而且第二相的形状、显微分布状况对塑性亦有重要影响。若第二相为硬相,且为大块均匀分布的颗粒,往往使塑性降低;若第二相为软相,则影响不大,甚至对塑性有利。如在两相黄铜中,若 α 相(软相)以细针状分布于 β 晶粒的基体中,则有较大的塑性;若 α 相以细小圆形夹杂物形态析出,则黄铜的塑性较低。含铝8.5% ~11%的铜铝合金,在缓冷时 β 相分解成 $\alpha + \gamma$,并形成连续链状析出的 γ 相大晶粒,使合金变脆,加入铁,能使这种组织细化,消除其不利影响。钢中的碳化物,呈板状渗碳体,则加工性能不好,当经过球化热处理使其呈球状分布时,则提高了塑性。

综上所述,合金中的组元及所含杂质越多,其显微组织与宏观组织越不均匀,则塑性越低,单相系具有最大的塑性。金属与合金中,脆性的和易熔的组成物的形状及它们分布的状态,也对塑性有很大影响。

9.3.2 影响金属塑性的外部因素

变形过程的工艺条件(变形温度、速度,变形程度和应力状态)以及其他外部条件(尺寸、介质与气氛),对金属的塑性也有很大影响。

1. 变形温度

金属的塑性可能因为温度的升高而得到改善。因为随着温度的升高,原子热运动的能量增加,那些具有明显扩散特性的塑性变形机构(晶间滑移机构、非晶机构、溶解沉淀机构)都发挥了作用。同时随着温度的升高,在变形过程中发生了消除硬化的再结晶软化过程,从而使那些由于塑性变形所造成的破坏和显微缺陷得到修复的可能性增加;随着温度的升高,还可能出现新的滑移系。滑移系的增加,意味着塑性变形能力的提高。如铝的多晶体,其最大的塑性出现在 450~550℃ 的温度范围内,此时不仅可沿着(111)面滑移,而且还可以沿着(001)面及其他方向进行滑移。

实际上,塑性并不是随着温度的升高而直线上升的,因为相态和晶粒边界随温度的波动而产生的变化也对塑性有显著的影响。在一般情况下,温度由绝对零度上升到熔点时,可能出现三个脆性区:低温脆性区、中温脆性区和高温脆性区(图9-11)。

低温脆性区主要指具有六方晶格的金属在低温时易产生脆性断裂的现象。如镁合金冷加工性能就不好。镁是六方晶格,在低温时只有一个滑移面。而在300℃以上时,由于镁合金晶体中产生了附加滑移面,因而塑性提高了。故一般镁合金在 350~450℃ 的温度范围内可进行各种压力加工。

低温脆性区的出现是由于沿晶粒边

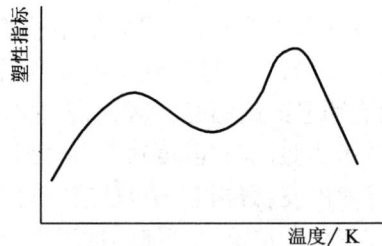

图9-11 温度对塑性影响的典型曲线

界的某些组织组成物随温度的降低而脆化了。某些金属间的化合物就具有这种行为。如 Mg – Zn 系中 MgZn、MgZn$_2$ 是低温脆性化合物,它们随着温度的降低而沿晶界析出,使低温塑性降低。

中温脆性区的出现是由于在一定温度 – 速度条件下,塑性变形可使脆性相从过饱和固溶体中沉淀出来,引起脆化;晶间物质中个别的低熔点组成物因软化而强度显著降低,削弱了晶粒之间的联系,导致热脆;在一定温度与应力状态下,产生固溶体的分解,此时可能出现新的脆性相。

高温脆性区则可能是由于在高温下周围气氛和介质的影响结果引起脆化、过热或过烧,如镍在含硫的气氛中加热、钛的吸氢。晶粒长大过快,或因晶间物质熔化等,也显著降低塑性。

上述三个典型的脆性区,是指一般而言,对于具体的金属与合金,可能只有一个或两个脆性区。总之,出现几个脆性区及塑性较好的区域,要视温度的变化、金属及合金内部结构和组织的改变而定。

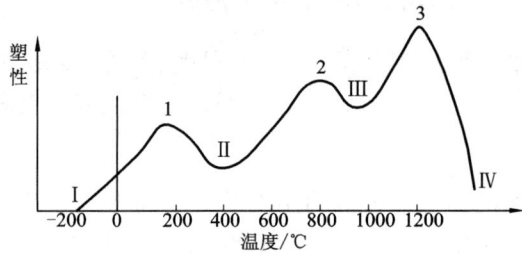

图 9 – 12　碳钢的塑性温度变化图

碳钢的脆性区有四个,塑性较好的区域有三个,各区的温度范围详见图 9 – 12。

对于具体的金属与合金,其塑性随温度而变化的曲线图称为塑性图。图 9 – 13 是几种铝和铜合金的塑性图。

塑性图表明了该金属最有利的加工温度范围,是拟定热变形规程的必备资料之一。如从铝合金 LC4 的塑性图看出,在 370 ~ 420℃ 的温度范围内进行热轧时,不但塑性较好,而且变形抗力也较小。又如黄铜 H68 的塑性图,表示在 300 ~ 500℃ 范围内塑性差,有明显的中温脆性区。而在 690 ~ 830℃ 的温度区间内塑性则较好,显然,应该选定这个温度范围作为热轧的区间,对于 QSn6. 5 – 0.4 锡磷青铜,因有明显的高温脆性区,所以它是难以进行热轧的。

许多实验证明,温度对各种金属与合金塑性的影响规律并不是一致的,若从材质和温度出发,概括起来可能有八种类型,如图 9 – 14。图中的曲线也可表示热加工性能变化的情况。金属的加工性能包括变形抗力和塑性两个方面,变形抗力小、塑性大的材料,可以判断其加工性能好。

由图可见,由于晶粒粗大化以及金属内化合物、析出物或第二相的存在、分布和变化等原因,出现塑性不随温度上升而提高的各种情况。

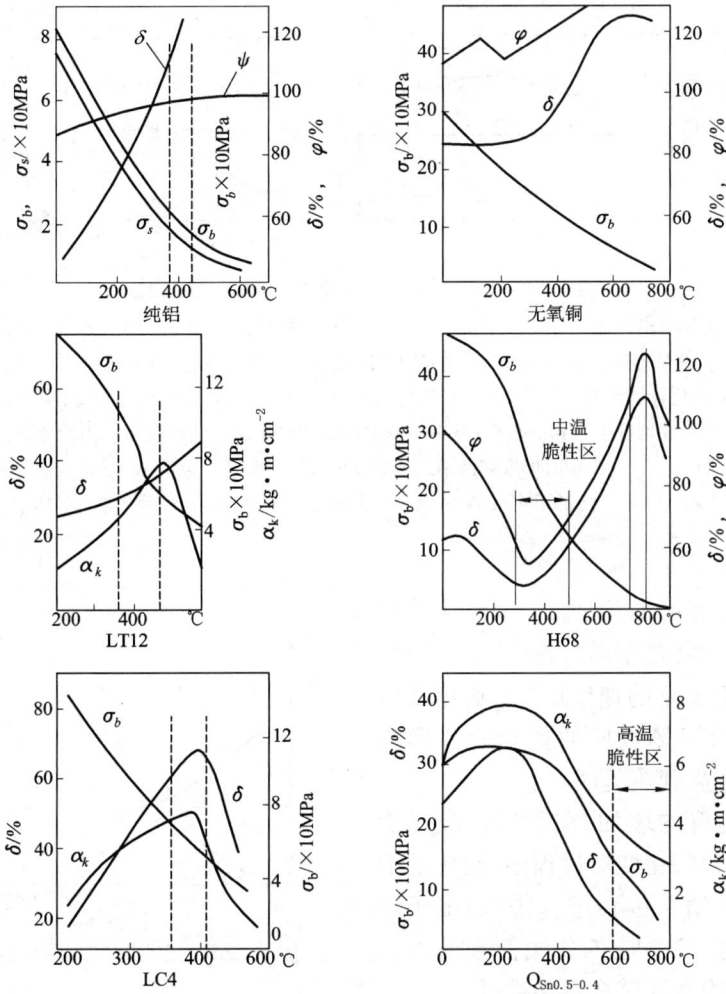

图 9 - 13　几种铝合金及铜合金的塑性图

2. 应变速度

应变速度对塑性的影响比较复杂。当应变速度不大时,随应变速度的提高塑性是降低的;而当应变速度较大时,塑性随变形程度的提高反而变好。这种影响还没有找到确切的定量关系。一般可用图 9 - 15 所示的曲线概括。

塑性随应变速度的升高而降低(Ⅰ区),可能是由于加工硬化及位错受阻力而形成显微裂口所致;塑性随速度的升高而增长(Ⅱ区)可能是由于热效应使变形金属的温度升高,硬化得到消除和变形的扩散过程参与作用,也可能是位错借攀移而重新启动的缘故。

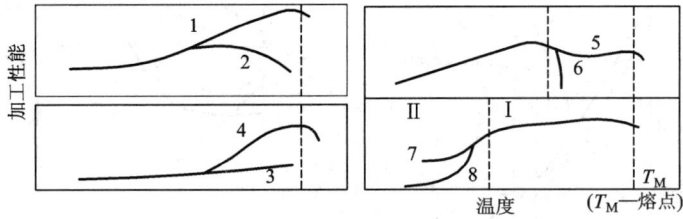

图9-14 各种合金系的典型热加工性能曲线

1—纯金属和单相合金:铝合金、钽合金、铌合金;2—晶粒成长快的纯金属和单相合金:铍、镁合金、钨合金、β 单相钛合金;3—含有形成非固溶性化合物元素的合金、含有硒的不锈钢;4—含有形成固溶性化合物元素的合金,含有氧化物的钽合金,含有固溶性碳化物或氮化物的不锈钢;5—加热时形成韧性第二相的合金:高铬不锈钢;6—加热时形成低熔点第二相的合金:含硫铁、含有锌的镁合金;7—冷却时形成韧性第二相的合金:低碳钢、低合金钢、$\alpha-\beta$ 及 α 钛合金;8—冷却时形成脆性第二相的合金:镍-钴-铁超合金、磷氢不锈钢(根据 H. J. Henning, F. W. Boulger)

应变速度的增加,在下述情况下降低金属的塑性,在变形过程中,加工硬化的速度大于软化的速度(考虑到热效应的作用);由于热效应的作用使变形物体的温度升高到热脆区。

应变速度的增加,在下述情况下提高金属的塑性,在变形过程中,硬化的消除过程比其增长过程进行得快;由于应变速度增加,热效应的作用使金属的温度升高,由脆性区转变为塑性区。

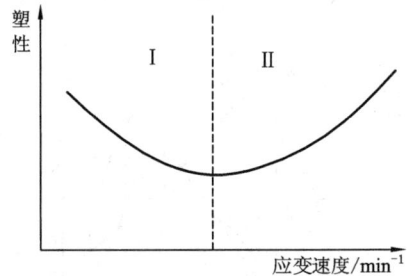

图9-15 应变速度对塑性的影响

应变速度对塑性的影响,实质上是变形热效应在起作用。所谓热效应,即金属在塑性变形时的发热现象。因为,供给金属产生塑性变形的能量,将消耗于弹性变形和塑性变形。耗于弹性变形的能量造成物体的应力状态,而耗于塑性变形的那部分能量的绝大部分转化为热。当部分热量来不及向外放散而积蓄于变形物体内部时,促使金属的温度升高。

塑性变形过程中的发热现象是个绝对过程,即在任何温度下都能发生。不过在低温条件下,表现得明显些,发出的热量相对显得多些。

冷变形过程中因软化不明显,金属的变形抗力随变形程度的增加而增大。若只稍许提高一些应变速度,对变形金属本身的影响是不大的。但当应变速度提高到足够大的程度时(譬如高速锤击),由于变形温度显著地升高,可能使变形金属发生一些恢复现象,而可较为明显地降低金属的变形抗力,并提高其塑性变形能力。因此,在冷变形条件下,提高工具的运动速度(亦即增大应变速度),对于塑性变形过程本身是有益的。

塑性变形过程中,因金属发热而促使温度升高的效应,称为温度效应。

变形过程中的温度效应,不仅决定于因塑性变形功而排出的热量,而且也取决于接触表面摩擦功作用所排出的热量。在某些情况下(在变形时不仅应变速度高而且接触摩擦系数也很大),变形过程的温度效应可能达到很高的数值。由此可见,控制适当的温度,不但要考虑导致热效应的应变速度这一因素,还应充分估计到,金属压力加工工具与金属的接触表面间的摩擦在变形过程中所引起的温度升高。

由表9-1可见,热效应显著地改变了金属的实际变形温度,其作用是不可忽视的。一般说来,合金的实际变形抗力越大,挤压系数越高,挤压速度越快,则发热越严重。所以在挤压生产中,一定要把变形温度和应变速度联系起来考虑,否则容易超过可加工温度范围出现裂纹。

表9-1 铝合金冷挤压时因热效应所增加的温度

合金号	挤压系数	挤压速度/$(mm \cdot s^{-1})$	金属温度/℃
1035	11	150	158 ~ 195
6A02	11 ~ 16	150	294 ~ 315
2A11	11 ~ 16	150	340 ~ 350
2A11	31	65	308

对于热加工,利用高速变形来提高塑性并没有什么意义,因为热变形时变形抗力小于冷加工时的变形抗力,产生的热效应小。但采用高速变形方式可以提高生产率,并可保证在恒温条件下变形。

一般压力加工的应变速度为 0.8 ~ 300 s^{-1},而爆炸成型的应变速度却比目前的压力加工速度高约 1000 倍之多。在这样的应变速度下,难加工的金属钛和耐热合金可以很好地成型。这说明爆炸成型可使金属与合金的塑性大大提高,从而也节省了能量。

关于高速变形能够使能量节省,并且不致使金属在变形中破裂的原因,罗伯特做过这样的假设。即假定形变硬化与时间因素也有关系,对于一种金属或合金在一定温度下存在一特殊的限定时间-形变硬化的"停留时间"。总可以找到一个尽量短的时间,使塑性变形在此时间内完成,这样就可以使变形的能量消耗降为最低限度,并且可以保证变形过程在裂纹来不及传播的情况下进行。似乎可以用此假说来解释爆炸成型及高速锤锻的工作效果好的原因。

3. 变形程度

变形程度对塑性的影响,是同加工硬化及加工过程中伴随着塑性变形的发展而产生的裂纹倾向联系在一起的。

在热变形过程中,变形程度与变形温度 – 速度条件是相互联系着的,当加工硬化与裂纹胚芽的修复速度大于发生速度时,可以说变形程度对塑性影响不大。

对于冷变形而言,由于没有上述的修复过程,一般都是随着变形程度的增加而降低塑性。至于从塑性加工的角度来看,冷变形时两次退火之间的变形程度究竟多大最为合适,尚无明确结论,还需进一步研究。但可以认为这种变形程度是与金属的性质密切相关的。对硬化程度大的金属与合金,应给予较小的变形程度即进行下一次中间退火,以恢复其塑性;对于硬化程度小的金属与合金,则在两次中间退火之间可给予较大的变形程度。

对于难变形的合金,可以采用多次小变形量的加工方法。实验证明,这种分散变形的方法可以提高塑性 2.5 ~ 3 倍。这是由于分散小变形可以有效地发挥和保持材料塑性的缘故。对于难变形合金,一次大变形所产生的变形热甚至可以使其局部温度升高到过烧温度,从而引起局部裂纹。

在热加工变形中采用分散变形可以使金属塑性提高的原因可以作如下的说明:由于在分散变形中每次所给予的变形量都比较小,远低于塑性指标。所以,在变形金属内所产生的应力也较小,不足以引起金属的断裂。同时,在各次变形的间隙时间内由于软化的发生,也使塑性在一定程度上得以恢复。此外,也如同其他热加工变形一样,对其组织也有一定的改善。所有这些都为进一步加工创造了有利的条件,结果使断裂前可能发生的总变形程度大大提高。

对于容易产生过热和过烧的钢与合金来讲,在高温时采用分散小变形对提高塑性更有利。这是因为采用一次大变形不仅所产生的应力较大,而且主要的是在变形中由于热效应使变形金属的局部温度升高到过热或过烧的温度。相反,多次小变形产生的应力小,在变形中呈现的热效应也小。所以,在同样的试验温度下,多次小变形,金属的实际温度就不易达到过热或过烧的温度。

4. 应力状态

应力状态种类对塑性的影响,从卡尔曼经典的大理石和红砂石试验中可清楚地看出。卡尔曼用白色卡拉大理石和红砂石做成圆柱形试样,将其置于专用的仪器(图 9 – 16)内镦粗,在仪器中可以产生轴向压力和附加的侧向压力(把甘油压入试验腔室内)。

当只有一个轴向压力时,大理石与砂石表现为脆性。如果除轴向压力外再附加上侧向压力,那么情况就发生了变化,大理石和红石可产生塑性变形,并且随着侧向压力的增加,变形能力也加大,如图 9 - 17 所示。卡尔曼利用侧面压力使大理石得到 8% ~9% 的压缩变形。其后,M・B・拉斯切加耶夫也对大理石进行了变形试验,在侧压力下拉伸时,得到 25% 的延伸率,在进行镦粗试验时,产生 78% 的压缩率时仍未破坏。

　　从上述情况中可以看出,金属在塑性变形中所承受的应力状态对其塑性的发挥有显著的影响。静水压力值越大,金属的塑性发挥得越好。

　　按应力状态图的不同,可将其对金属塑性的影响顺序做这样的排列:三向压应力状态图最好,两向压一向拉次之,两向拉一向压更次,三向拉应力状态图为最差。在塑性加工的实际中,即使其应力状态图相同,但对金属塑性的发挥也可能不同。例如,金属的挤压,圆柱体在两平板间压缩和板材的轧制等,其基本的应力状态图皆为三向压应力状态图,但对塑性的影响程度却不完全一样。这就要根据其静水压力的大小来判断。

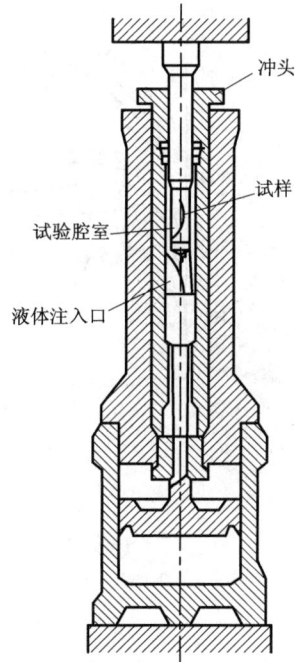

图 9 - 16　卡尔曼仪器

静水压力越大,变形材料所呈现的塑性越大(图 9 - 18)。

　　静水压力对提高金属塑性的良好影响,可由下述原因所造成:

　　(1)体压缩能遏止晶粒边界的相对移动,使晶间变形困难。因为在塑性加工实际中,有时是不允许晶间变形存在的。在没有修复机构(再结晶机构和溶解沉积机构)时,晶间变形会使晶间显微破坏得到积累,进而迅速地引起多晶体的破坏。

　　(2)体压缩能促进由于塑性变形和其他原因而破坏了晶内联系的恢复。这样,随着明显的体压缩的增加,金属变得更为致密,其各种显微破坏得到修复,甚至其宏观破坏(组织缺陷)也得到修复。而拉应力则相反,它促使各种破坏的发展。

　　(3)体压缩能完全或局部地消除变形物体内数量很小的某些夹杂物甚至液相对塑性的不良影响。反之,在拉应力作用下,将在这些地方形成应力集中,促进金属的破坏。

　　(4)体压缩能完全抵偿或者大大降低由于不均匀变形所引起的拉伸附加应力,从而减轻了拉应力的不良影响。

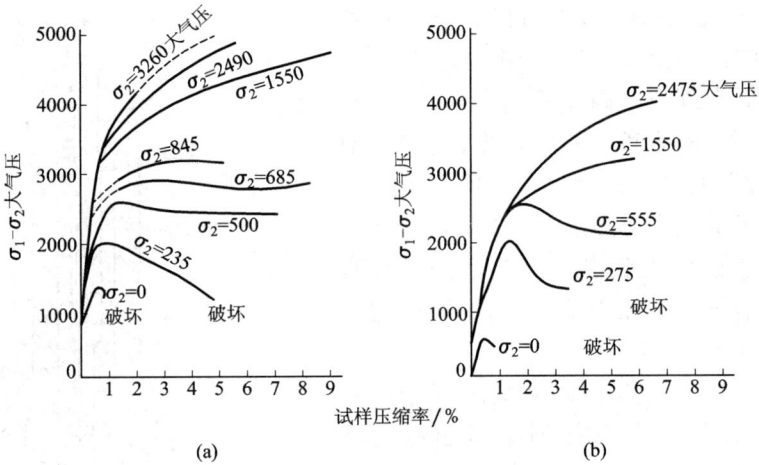

图 9 – 17　脆性材料的各向压缩曲线

（a）大理石；（b）红砂石；σ_1—轴向压力；σ_2—侧向压力

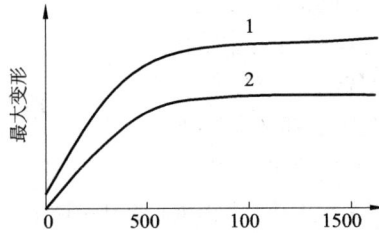

图 9 – 18　最大变形与静水压力的关系曲线

1—大理石；2—砂石

　　在塑性加工中，人们通过改变应力状态来提高金属的塑性，以保证生产的顺利进行，并促进工艺的发展。例如，在加工低塑性材料时，曾有人用包套的办法（图 9 – 19）增加径向压力（包套用塑性较高的材料制成）。用此法可使淬火后变得很脆的材料能够产生塑性变形。类似这种方法，也可用包套轧制低塑性材料，用作外套的材料和其厚薄需选择适当，否则会因外套变形大，对芯材产生很大的附加拉应力，反而拉裂低塑性芯材。另外，在制造加工设备时也采取了许多措施，以增加三向压应力中应力球张量的比重，提高材料的塑性，减少开裂现象，譬如利用限制宽展孔型或 Y 型三辊轧机来轧制型材，用三辊轧机穿孔和轧管来生产管材，用四个锤头高速对打（冲击次数为 400 次/分以上）进行旋转精锻（图 9 – 20）等均可提高材料的塑性，以防裂纹产生。

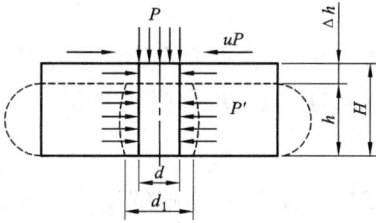

图 9 – 19　在包套内压缩

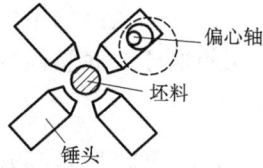

图 9 – 20　高速精锻机

5. 变形状态

关于变形状态对塑性的影响,一般可用主变形图来说明。因为压缩变形有利于塑性的发挥,而延伸变形有损于塑性,所以主变形图中压缩分量越多,对充分发挥金属的塑性越有利。按此原则可将主变形图排列为:两向压缩一向延伸的主变形最好,一向压缩一向延伸次之,两向延伸一向压缩的主变形图最差。关于主变形图对金属塑性的影响可做如下的一般解释:在实际的变形物体内不可避免的或多或少存在着各种缺陷,如气孔、夹杂、缩孔、空洞等。如图 9 – 21 所示,这些缺陷在两向延伸一向压缩的主变形的作用下,就可能向两个方向扩大而暴露弱点。但在两向压缩一向延伸的主变形条件下,此缺陷可成为线缺陷,使其危害减小。

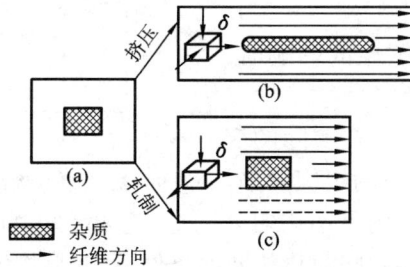

图 9 – 21　主变形图对金属中缺陷形状的影响
(a)未变形的情况;(b)经两向压缩一向延伸变形后的情况;
(c)经一向压缩两向延伸后的情况

由于主变形图会影响到变形物体内杂质的分布情况,所以在实际的塑性加工中往往会因加工方法的不同(主变形图不同),而使变形金属产生各向异性。例如,在拉拔和挤压的变形过程中,因主变形图为两压一拉,所以随着变形程度的增加,其内部的塑性夹杂物会被拉成条状或线状,脆性夹杂物会被破碎成串链状,这时会引起横向的塑性指标和冲击韧性下降。在镦粗和带宽展的轧制时,其主变形图为两向延伸一向压缩,这会造成杂质沿厚度方向成层排列,而使厚度方向的性能变坏。

综上所述,三向压缩的主应力图和一向延伸两向压缩的主变形图组合的变形力学图,是最有利于金属塑性变形的加工方法,如挤压、旋锻、孔型轧制等。

6. 尺寸因素

尺寸因素对加工件塑性的影响,基本规律是随着加工件体积的增大而塑性有所降低。

实验表明,小体积试件的塑性总是较高的,例如,在室温下,当其他条件相同时,用平锤头压缩锌试件,试件尺寸为 $\phi20\ mm \times 20\ mm$ 时,最大压下量(即出现第一条宏观裂纹时的变形量)约为 35% ~ 40%;而试件尺寸为 $\phi10\ mm \times 10\ mm$ 时,最大压下量可达 75% ~ 80%。对于黄铜柱体塑压的尺寸为 $\phi20\ mm \times 20\ mm$,最大压下量是 50%;而 $\phi10\ mm \times 10\ mm$ 时,最大压下量是 70% ~ 75%。

产生上述结果的原因是:实际金属的单位体积中平均有大量的组织缺陷,体积越大,不均匀变形越强烈,在组织缺陷处容易引起应力集中,造成裂纹源,因而引起塑性的降低。就铸件来说,小铸件容易得到相对致密细小和均匀的组织,大铸件则反之。

图 9 – 22 示出尺寸因素对金属塑性的影响。一般地,随着物体体积的增大,塑性下降,但当体积增大到一定程度后,塑性不再减小。

在研究尺寸因素对塑性的影响时,应从两方面考虑。

(1)组织缺陷的影响。在实际的变形金属内,一般都存在大量的组织缺陷。这些组织缺陷在变形物体内是不均匀分

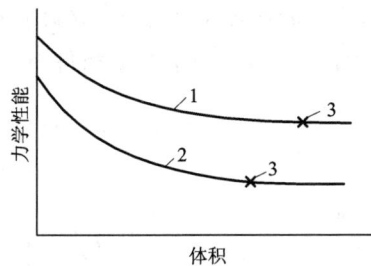

图 9 – 22 变形物体体积对力学性能的影响
1—塑性;2—变形抗力;3—临界体积点

布的。在单位体积内平均缺陷数量相同的条件下,变形物体的体积越大,它们的分布越不均匀,使其应力的分布也越不均匀,因而引起金属塑性的降低。因此,大钢锭的塑性总比小钢锭的塑性低。

(2)表面因素的影响。表面因素可用物体的表面积与体积之比来表示,有时也采用接触表面积与体积之比来表示。变形物体的体积越小,上述比值越大,对塑性越有利。

表面因素对塑性和变形抗力的影响也取决于金属表面层和内层的力学状态和物理 – 化学状态。例如,一般来说,大锭的表面质量较差,会使其塑性降低。此外,周围介质对塑性也会产生影响,此问题下面再讨论。

7. 周围介质

周围介质对变形体塑性的影响表现为如下几方面。

(1)周围介质和气氛能使变形物体表面层溶解并与金属基体形成脆性相,因而使变形物体呈现脆性状态。

镍及其合金在煤气炉中直接加热,热轧时易开裂是由于炉内气氛中含有硫,硫被金属吸收后生成 Ni_3S_2,此化合物又与 Ni 形成低熔点(625~650℃)共晶,并呈薄膜状分布于晶界,使镍及其合金产生红脆性。若盖上铁皮加热,可避免含硫气氛的直接作用。当镍及其合金在 600℃以上加热时,要特别注意气氛中是否含有硫。

钛在铸造和在还原性气氛中加热以及酸洗时,均能吸氢而生成 TiH_2,使其变脆。因此,钛在加热和退火时要防止在含氢的气氛中进行。对于已经吸氢的钛,应在 900℃以上的真空炉中退火,以降低其含氢量,提高其塑性。

周围介质的溶解作用,通常在有应力作用下加速,并且作用的应力值越大,溶解作用进行得越显著。因此,对于易与外部介质发生作用而产生不良影响的金属与合金,不仅加热、退火时要选用一定的保护气氛,而且在加工过程中也要在保护气氛中进行。

(2)周围介质的作用能引起变形物体表面层的腐蚀以及化学成分的改变,使塑性降低。

黄铜的脱锌腐蚀与应力腐蚀都和周围介质有关。黄铜在加热、退火,以及在温水、热水、海水中使用时,锌优先受腐蚀溶解,使工件表面残留一层海绵状(多孔)的纯铜而损坏。这种脱锌现象,在 α 相和 β 相中都能发生,当两相共存时,β 相将优先脱锌,变成多孔性纯铜,这种局部腐蚀,也是黄铜腐蚀穿孔的根源。加入少量合金元素(砷、锡、铝、铁、锰、镍)能降低脱锌的速度。

(3)有些介质(如润滑剂)吸附在变形金属的表面上,可使金属塑性变形能力增加。

金属塑性变形时,滑移的结果可使表面呈现许多显微台阶,润滑剂活性物质的极性,沿着台阶的边界或者沿着由于表面扩大而形成的显微缝隙向深部渗透,滑移束细化,正好像把表面层锄松了一样。因此可以使滑移过程来得更顺利,不仅可以提高金属的塑性,而且可以使变形抗力显著降低。

9.3.3 提高金属塑性的主要措施

为提高金属的塑性,必须设法促进对塑性有利的因素,同时要减小或避免不利的因素。归纳起来,提高塑性的主要途径有以下几个方面:控制化学成分、改善组织结构,提高材料的成分和组织的均匀性;采用合适的变形温度-速度制度;选用三向压应力较强的变形过程,减小变形的不均匀性,尽量造成均匀的变形状态;避免加热和加工时周围介质的不良影响等,在分析解决具体问题时应当综合考虑所有因素,要根据具体情况来采取相应的有效措施。

9.4　金属的超塑性

9.4.1　超塑性的基本概念

究竟什么是金属的超塑性,到目前为止,人们仅从各种角度粗略地定义为:金属材料在受到拉伸应力时,显示出很大的延伸率而不产生缩颈与断裂现象,把延伸率 δ 能超过100%的材料统称为“超塑性材料”,相应地把延伸率超过100%的现象叫做“超塑性”。根据超塑性的宏观变形特性,可将金属超塑性归纳为以下几方面的特点:大延伸、无缩颈、小应力、易成形。

1. 大延伸

所谓大延伸是指拉伸试验的延伸率可达百分之几百甚至百分之几千的变形(据目前国外报道,有的可高达5000%)。因此,超塑性材料在变形稳定方面比普通材料要好得多。这样使材料成形性能大大改善,可以使许多形状复杂,一般方法难以成形的材料(如某些钛合金)变形成为可能。如人造卫星上使用的钛合金球形燃料箱,其壁厚为0.71~1.5 mm,采用普通方法几乎无法成形,只有采用超塑性成形才有可能。在民用工业方面,各种汽车外壳、箱板等,以及形状复杂的工艺制品、家用电器制件等等,如用超塑性成形均可一次制成,使生产成本大大降低。所以超塑性金属的特点之一是宏观变形能力极好,抗局部变形能力极大,或者说对缩颈的传播能力很强。

2. 无缩颈

一般金属材料在拉伸变形过程中,当出现早期缩颈后,则由于应力集中效应使缩颈继续发展,导致提前断裂。拉断后的样品具有明显的宏观缩颈。超塑性材料的变形却类似于粘性物质的流动,没有(或很小)应变硬化效应,但对应变速度敏感,有所谓“应变速率硬化效应”,即当应变速度增加时,材料会强化。因此,超塑性材料变形时虽有初期缩颈形成,但由于缩颈部位应变速度增加而发生局部强化,而其余未强化部分继续变形。如此反复,得以使缩颈传播出来,结果获得巨大的宏观均匀的变形。因此说,抗局部变形能力极大,或者说抑制缩颈的传播能力很强,超塑性材料的变形具有宏观“无缩颈的特点”。

3. 小应力

由于超塑性金属具有粘性或半粘性流动的特点,在变形过程中,变形抗力很小,往往是非超塑性状态下的几分之一或十几分之一乃至几十分之一。例如,在最佳变形条件下,Zn－22%Al 的最大流变应力仅 0.2×10 MPa,Ti－6Al－4V 合金的

最大流变应力则仅 0.15×10 MPa,GCr15 钢也仅 3×10 MPa 左右。因此,超塑性材料成形时,压力加工的设备吨位可以大大减小。

4. 易成形

由于超塑性材料具有以上几个特点,而且变形过程中基本上没有或只有很小的应变硬化效应,所以超塑性合金易于压力加工,流动性和填充性极好,可以进行多种方式成形,而且产品质量可以大大提高,如体积成形,板材、管材的气压成形,无模拉丝、无模成形等。所以说超塑性成形为金属压力加工技术开辟了一条新的途径。

9.4.2　超塑性的分类

随着对超塑性研究的不断深入和发展,人们发现了超塑性金属本身所具有的一些特殊规律,按照超塑性实现的条件(组织、温度、应力状态等)可将超塑性分为以下几类。

(1)恒温超塑性或第一类超塑性。根据材料的组织形态特点也称之为细晶超塑性。

一般所指超塑性多属这类,其特点是材料具有稳定的超细等轴晶粒组织,在一定的温度区间($T \geqslant 0.4T_{\mathrm{M}}$)和一定的应变速度($10^{-4} \sim 10^{-1}$ 分$^{-1}$)条件下出现超塑性。晶粒直径多在 5 μm 以下,且晶粒越细越有利于塑性的发展。但对有些材料来说,例如钛合金,其晶粒尺寸达几十微米时仍有良好的超塑性能。应当指出,由于超塑性是在一定的温度区间出现,因此,即使初始组织具有微细晶粒的尺寸,如果热稳定性差,在变形过程中晶粒迅速长大,仍不能获得良好的超塑性。

(2)相变超塑性或第二类超塑性,又称为动态超塑性或变态超塑性。

相变超塑性,并不要求材料具有超细晶粒组织,而是在一定的温度和应力条件下,经过多次循环相变或同素异构转变而获得大延伸率。产生相变超塑性的必要条件,是材料应具有固态相变的特性,并在外加载荷作用下,在相变温度上下循环加热与冷却,诱发产生反复的组织结构变化,使金属原子发生剧烈运动而呈现出超塑性。

相变超塑性不要求微细等轴晶粒,这是有利的,但要求变形温度反复变化,给实际生产带来困难,故使用上受到限制。

(3)其他超塑性或第三类超塑性。

近年来发现,普通非超塑性材料在一定条件下快速变形时,也能显示出超塑性。例如标距25 mm 的热轧低碳钢棒快速加热到 $\alpha + \gamma$ 两相区,保温 5 ~ 10 秒,快速拉伸,其延伸率可达到100% ~300%。这种短时间内的超塑性可称为短暂超塑性。关于短暂超塑性目前研究还不多。

有些材料在消除应力退火过程中,在应力作用下也可以得到超塑性,Al – 5%

Si 及 Al - 4% Cu 合金在溶解度曲线上下施以循环加热可以得到超塑性。此外,国外正在研究的还有升温超塑性,异向超塑性等。

有人把上述的第二类及第三类超塑性统称为动态超塑性,或环境超塑性。

9.4.3 细晶超塑性

细晶超塑性又称为组织超塑性,在试验中已发现细晶超塑性有许多重要特征,归纳起来有以下几个方面的内容。

1. 变形力学特征

具有超塑性的金属与普通金属的塑性变形在变形力特征方面有着本质的区别。普通金属在拉伸变形时易于形成缩颈而断裂,而超塑性金属由于没有(或很小)加工硬化,在塑性变形开始后,有一段很长的均匀变形过程,最后达到百分之几百或甚至百分之几千的高延伸率,其工程应力 - 应变曲线如图 9 - 23(a)所示。当应力超过最大值后,随着应变的增加,应力缓慢地连续下降。实际上,此时的试样截面也在缓慢地连续缩小,如果换算成真应力与真应变的情况,则可以得到几乎恒定的应力 - 应变曲线,如图 9 - 23(b)所示。变形量增加时,应力变化很小。若材料与温度不变,应变速度不同时,在获得同等应变情况下,其应力就不同,应变速度高的所需的应力明显增加。

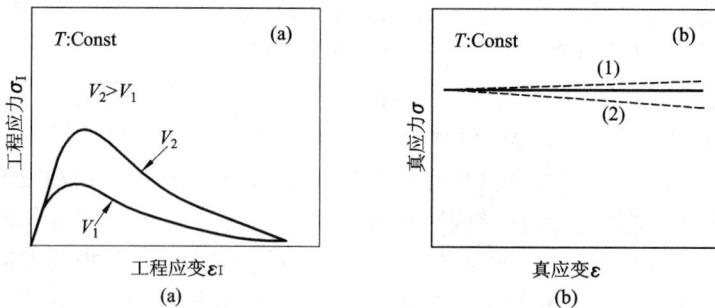

图 9 - 23 超塑性金属的应力 - 应变曲线
(a)工程应力 - 应变;(b)真实应力 - 应变

试验表明,超塑性变形对应变速率极其敏感。超塑性变形时,应力与应变速率的关系为

$$\sigma = K \dot{\varepsilon}^{m} \tag{9-8}$$

式中,σ——真实应力;

$\dot{\varepsilon}$——真实应变速度;

m——应变速率敏感性系数;

K——决定于试验条件的常数。

由此,应变速率敏感性系数可定义为

$$m = \frac{\mathrm{dln}\sigma}{\mathrm{dln}\varepsilon} \tag{9-9}$$

m 为图 9-24(a)曲线上任何特定应变速率的斜率。图 9-24(b)示出,m 随应变速率的变化情况。

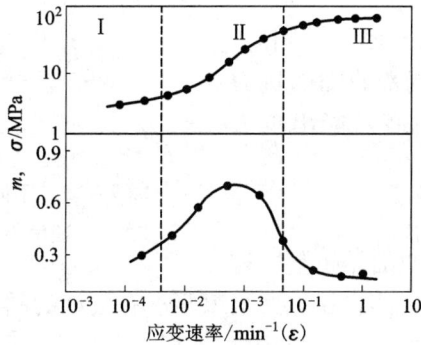

图 9-24　Mg-Al 共晶合金的应变速率 $\dot{\varepsilon}$ 与
(a)流变应力 σ,(b)系数 $m = \mathrm{dln}\sigma/\mathrm{dln}\varepsilon$ 的关系
晶粒尺寸 10.6 μm,变形温度 350℃

应变速率敏感性指数 m 是表达超塑性特征的一个极其重要的指标。对于普通金属,$m = 0.02 \sim 0.2$;而对于超塑性材料,$1 > m > 0.3$。由试验得知,m 值越大塑性越好,对此可做如下分析。

设试样截面积 A 上受拉伸载荷 P 的作用,则 $\sigma = P/A$,由前式可得

$$\sigma = K \dot{\varepsilon}^m = P/A \tag{9-10}$$

又因试样塑性变形时体积不变,则根据应变速率定义有

$$\dot{\varepsilon} = -\frac{1}{A}\frac{\mathrm{d}A}{\mathrm{d}t} \tag{9-11}$$

式中,t——时间。

由(9-10)式与(9-11)式可得

$$\frac{\mathrm{d}A}{\mathrm{d}t} = -\left(\frac{P}{K}\right)^{1/m} \cdot A^{1-1/m} \tag{9-12}$$

式(9-12)中 m 与 $\frac{\mathrm{d}A}{\mathrm{d}t}$ 的关系可作图表示于图 9-25 所示。当 $m = 1$ 时,$\frac{\mathrm{d}A}{\mathrm{d}t}$ 是常数,与截面 A 的大小无关,亦就是属于牛顿粘性流动行为。m 值减小时,其数值

越小,则在小截面处,截面的变化越快。

从图 9 - 25 中可以看出,同一截面 A 处, $m = \dfrac{1}{4}$ 的截面变化速度 $\left(\dfrac{dA}{dt}\right)$ 比 $m = \dfrac{3}{4}$ 的要快得多,也就是说,如果试样某处由于某种原因(例如发生了缩颈)使截面变小了的话,则 m 值小的(如图中 $m = \dfrac{1}{4}$)的材料,截面便迅速小直至断裂。相反,具有大 m 值的材料,对局部收缩的抗力增大,截面变化平缓,就有可能出现大延伸。

2. 金属组织特征

到目前为止所发现的细晶超塑性材

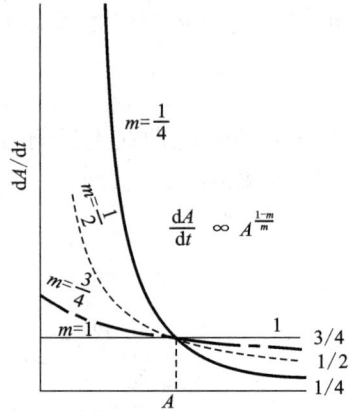

图 9 - 25　不同 m 值时,截面变化
速度与 A 值的关系

料,大部分是共析和共晶合金,其显微组织要求有极细的晶粒度、等轴、双相及稳定的组织。要求双相,是因为第二相能阻止母相晶粒长大,而母相也能阻止第二相的长大;稳定,是指在变形过程中晶料长大的速度要慢,以便有充分的热变形持续时间;超塑性变形过程中,晶界起着很重要的作用,要求晶粒的边界比例大,并且晶界要平坦,易于滑动,所以要求晶粒细小、等轴。在这些因素中,晶粒尺寸是主要的影响因素。一般认为直径大于 10 μm 的晶粒组织是难于实现超塑性的。最近在弥散合金和单相合金中也发现其中一些合金具有超塑性,超塑性材料的范围有扩大的趋向。

材料发生超塑性变形以后,虽然获得巨大的延伸率,但晶粒根本没有被拉长,仍然保持着等轴状态;发生显著的晶界滑移、移动及晶粒回转,几乎观察不到位错组织;结晶学的织构不发达,若原始为取向无序的组织结构,超塑性变形后仍为无序状态;若原始组织具有变形织构,经过超塑性变形后,将使织构受到破坏,基本上变为无序化。上述现象在普通塑性变形时是难于理解的。

9.4.4　细晶超塑性变形的机理

用一般的塑性变形机理已不能解释金属超塑性的大延伸特性。不少科学研究工作者进行了大量的试验研究工作以求解释超塑性变形机理,但到目前为止,仍处于研究探讨阶段。虽然如此,已提出的某些超塑性机理也可以用来解释有关的超塑现象。现仅就其中的几个予以讨论。

1. 扩散蠕变理论

1973 年 M. F. Ashby 和 R. A. Verrall 提出了一个由晶内 - 晶界扩散蠕变过程共

同调节的晶界滑动模型。这个模型由一组二维的四个六方晶粒组成。在拉伸应力σ作用下，由初态 a 过渡到中间态 b，最后达到终态 c。在此过程中，晶粒 2、4 被晶粒 1、3 所挟开，改变了它们之间的相邻关系，晶粒取向也都发生了变化，并获得了$\varepsilon = \ln\sqrt{3} = 0.55$ 的真应变（按晶粒中心计算），但晶粒仍保持其等轴性（图 9 – 26）。在从初态 a 到终态 c 的过程中，包含着一系列由晶内和晶界扩散流动所控制的晶界滑动和晶界迁移过程。图 9 – 26（d）和（e）表示晶粒 1 和 2 在由初态 a 过渡到中间态 b 时晶内和晶界的扩散过程。

扩散蠕变理论应用于超塑性变形时，有两种现象不能解释：①在蠕变变形中，σ 与 ε 成正比，$m = 1$，而在超塑性变形中，m 值总是处于 0.5 ~ 0.8 之间；②在蠕变变形中，晶粒沿着外力方向被拉长，但在超塑性变形中，晶粒仍保持等轴状。因此，经典的扩散蠕变理论不能完全说明超塑性变形时的基本物理过程，也解释不了它的主要力学特征。所以该理论能否作为超塑性变形的一个主要机理，目前还不十分清楚。

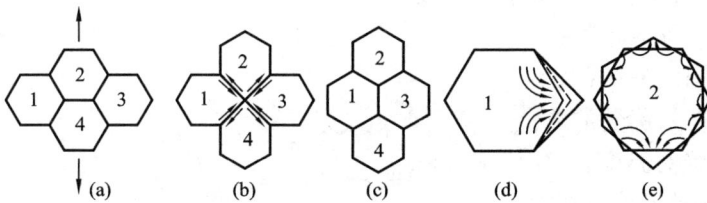

图 9 – 26　晶内 – 晶界扩散蠕变共同调节的晶界滑动(Ashby – Verral 模型)

2. 晶界滑动理论

超细晶粒材料的晶界有异乎寻常大的总面积，因此晶界运动在超塑性变形中起着极其重要的作用。晶界运动分为滑动和移动两种，前者为晶粒沿晶界的滑移，后者为相邻晶粒间沿晶界产生的迁移。

在研究超塑性变形机理的过程中，曾提出了许多晶界滑动的理论模型。下面仅就 A. Ball 和 M. M. Hutchison（1969）提出的一个较为著名的位错运动调节晶界滑动的理论模型作一介绍。此模型并由 A. K. Mukherjee（1971）加以改进。

在 Ball 和 Hutchison 所得出的模型中，将图 9 – 27 所示的几个晶粒作为一个组态来考虑。在图 9 – 27 中，假定两晶粒群的晶界滑移在遇到了障碍晶粒时，被迫停止，此时引起的应力集中通过障碍晶粒内位错的产生和运动而缓和。位错通过晶粒而塞积到对面的晶界上，当应力达到一定程度时，使塞积前端的位错沿晶界攀移而消失，则内应力得到松弛，于是晶界滑移又再次发生。

此模型表示了晶界区位错的攀移控制变形过程。晶界滑移过程中晶粒的转动

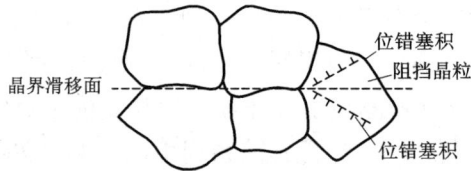

图 9 - 27　Ball - Hutchison 位错蠕变机制示意图

不断地改变晶内滑移最有利的滑移面以阻止晶粒伸长。若应力高到足以形成位错胞或位错缠结的话,则此机制便停止作用,因为此时位错已无法穿越晶粒了。

根据此模型推导出来的状态方程为

$$\varepsilon = \frac{2ax^2b^2R^2\sigma^2}{d^2GkT}D_2\exp(-Q_{Nb}/kT) \tag{9-13}$$

式中,R——容易滑移晶粒数与障碍晶粒数之比;

x,a——常数;

d/x——攀移距离;

b——柏氏矢量;

k——玻尔兹曼常数;

T——绝对温度;

D_2——晶界扩散系数;

σ——应力;

d——晶粒尺寸;

G——切变模量。

Mukherjee 在此基础上作了些修改。他认为晶粒并不以晶群形式滑移,且攀移距离为 d 的数量级,结果得

$$\left(\frac{\dot{\varepsilon}kT}{D_2Gb}\right) = k'(\sigma/G)^2(b/d)^2 \tag{9-14}$$

$$k' = \frac{2a}{b} \approx 2$$

这种机制也有些地方与实际不符,例如此机制中认为在一些晶粒中有位错塞积,而实验中没有观察到;Mukherjee 计算的 $\dot{\varepsilon}$ 比实际的小得多等。

3. 动态再结晶理论

晶界移动(迁移)与再结晶现象密切相关。这种再结晶可使内部有畸变的晶粒变为无畸变的晶粒,从而消除其预先存在的应变硬化。在高温变形时,这种再结晶过程是一个动态的、连续的恢复过程,即一方面产生应变硬化,一方面产生再结

晶恢复(软化)。如果这种过程在变形中能继续下去,好像变形的同时又有退火,就会促使物质的超塑性。

对此机理仍存在一些争议,在超塑性变形后仍保持非常细小的等轴晶,而恢复再结晶后,晶粒总要变得粗大一些。但大多数研究者认为,这一过程的超塑性变形时确实存在。在一定条件下,可以把超塑性看做是同时发生变形与再结晶的结果。

以上简述了超塑性变形的三个主要理论,但没有一个理论能完满地解释在各种金属中发生的超塑性现象。因为超塑性变形是一个复杂的物理化学 – 力学过程。各种结构超塑性材料虽有其共性,但又都有区别于其他材料的特性。这些特性一方面由其内部组织结构状态所决定,另一方面又受外部变形条件的制约。对于同一种金属或合金,在某些具体的变形条件下,也可能同时存在着几个过程互相补充,于是又有人提出了复合机制的变形理论,在此就不一一详述。

相变超塑性产生的原因,早期解释为:①由于原子移向新的点阵位置,原来原子间的粘合作用消失;②当铁素体 – 奥氏体转变时,由于体积变化,产生了许多缺陷(加热时的空位,冷却时的隙缝),加速了蠕变,从而提高了塑性。

以上这些解释还都是定性的。有关相变超塑性的产生机构,还有很大争议。要获得超塑性的统一理论,必须从更广泛的方面进行深入、细致的综合研究。

9.4.5　超塑性的应用

金属材料在超塑性状态下塑性变形能力会显著地提高,而变形抗力却大大降低,这些特点将塑性成形开辟了新的领域,因此,从 20 世纪 60 年代起,世界各国在研究超塑性材料和超塑性变形机理的同时,投入更大的人力和物力开展超塑性成形工艺的研究,以便不断扩大超塑性成形在工业中的应用。

1. 几种典型超塑性合金的制备

目前人们已知的超塑性金属及合金已超过 200 种,按基体区分有 Zn、Al、Ti、Mg、Ni、Pb、Sn、Zr、Fe 基等合金,其中包括共晶合金、共析合金、多元合金等类型的合金。一般说来,共析、共晶合金由于比较容易细化晶粒及获得均匀的组织状态,所以容易实现超塑性。

(1)Zn – 22% Al 合金的制备及超塑性获得的方法。Zn – 22% Al 合金属共析合金自问世以来,以优异的塑性变形特征引起了人们的极大关注。这种合金的室温综合机械性能很不理想,如抗蠕变性和抗腐蚀性较差,但由于有巨大的无缩颈的延伸,极小的变形抗力和高的应变速率敏感性指数,充分表现了超塑性的特点,成了典型的超塑性合金。

Zn – 22% Al 合金可在石墨坩埚或其他熔炼炉熔炼。精炼温度 550 ~ 590℃,可用硬模浇铸铸锭,须经 355 ~ 375℃保温 8h 以上的固溶处理。以后可用两种工艺制作。第一种工艺在固熔处理后随即炉冷,然后加热到 290 ~ 360℃,保温 2h,挤压成棒材或轧成板材,然后再经超塑处理。超塑处理工艺为加热温度 310 ~ 360℃,保温超过 1h。淬入冰水(冰盐水或流动水低于 18℃),保持 1h 后,再加热到 250 ~ 260℃保温 0.5h,即可具备超塑性。第二种工艺,铸锭固溶处理后直接淬入水中(水温低于 18℃),保温 1h,再加热到 250℃,保温 1.5h,并在此温度轧制成板材或棒材。轧后不再经超塑处理,即具备超塑性。

按上述工艺所获得的组织为等轴细晶粒两相($\alpha + \beta$)组织。

(2)Al – Zn – Mg 系合金。Al – Zn – Mg 系合金是一种高强度的时效硬化合金。一般强度 $\sigma_b = 36 ~ 40$ kgf/mm²①,强度最高的可达 60 kgf/mm²,延伸率 > 10%。工业上用的普通 Al – Zn – Mg 合金中 Zn 和 Mg 的含量都不高,Zn 约为 3.5% ~ 5.0%,Mg 约为 1.0% ~ 3.6%。为了获得超塑性的 Al – Zn – Mg 合金,通常需要提高合金化元素含量,主要是提高 Zn 的含量(~ 10%),以获得更多的第二相组织和提高 Zr 的含量(0.2% ~ 0.5%),Zr 能细化晶粒。

Al – 9.3% Zn – 1.03% Mg – 0.22% Zr 合金具有超塑性。试样制备方法为:在 800 ~ 900℃下浇铸。为了细化组织和 Zr 的均匀弥散分布,需要快速冷却,以水冷模或连续或半连续铸造。铸锭经 500 ~ 520℃固溶处理 12 ~ 14h,然后在 450 ~ 500℃热轧,最后再冷轧,总压下量 > 90%。试件在变形前再经过 520℃退火处理,可得到 < 10μm 的细晶粒组织,从而获得超塑性。

2. 超塑性的应用

组织超塑性已在实际生产中得到应用,形成了一些成熟的工艺,主要有:

(1)真空成形法。真空成形法有凸模法与凹模法(图 9 – 28),凸模法是将加热后的毛料,吸附在具有零件内形的凸模上的成形方法,用来成形要求内侧尺寸精度高的零件。凹模法则是把加热过的毛料,吸附在具有零件外形的凹模上的成形方法,用于要求外形尺寸精度高的零件成形。一般前者用于较深容器的成形,后者用于较浅容器的成形。其实真空成形也是一种气压成形,只是成形压力只能是一个大气压,所以它不适于成形厚度较大、强度较高的板料。

(2)气压成形。气压成形是最能体现超塑性成形全部特点一种新工艺,也是超塑性加工中最有前途的工艺。

与挤压成形相似,气压成形不需要传统胀形的高能量、高压力。气压成形是自体变形,气体压力几乎全部作用于金属变形。由于超塑材料的变形应力很小(Zn – 22% Al 的 σ_b ~ 0.2 kg/mm²),成形压力比传统的压力降低了 2 到 3 个数量级。即由传统成形的几千个、几百个大气压,降低到几十个、几个大气压。而且可以一次进行很大的变形,制成轮廓清晰、形状复杂的零件。而且成形表面精致,几乎与

---

① 注:kgf/mm² 为非法定单位,法定单位为 Pa,1kgf/mm² = 9.806 × 10⁶ Pa = 9.806 MPa。

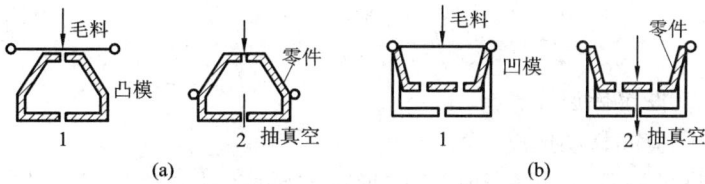

图 9 - 28　真空成形法

(a)凸模法;(b)凹模法

1—成形前;2—成形后

接触模具具有同等的表面质量。用于气压成形的材料主要有:锌铝合金、钛合金、不锈钢和铜基合金等。

(3)超塑性模锻和挤压。超塑性模锻和挤压过程均为等温压缩变形过程,故又称超塑性等温模锻和等温挤压。这种工艺是使被压缩金属处于最佳超塑性温度与速度范围内变形。同时在成形过程中模具与工件是等温的,或接近等温的。这样可改善金属流动性和降低成形力,一次压缩中可得到变形量大、形状复杂的零件,减少了中间热处理等辅助工序,零件组织均匀,无残余应力。

等温模锻和等温挤压过程是在封闭模具中进行。零件的几何形状和摩擦因素起着重要作用,有可能引起金属不能充满型腔。但成形保压时间一延长,则可克服上述缺点,能从模具上复制出精细的制品,包括很薄的筋条和清晰的棱角形状。

(4)无模拉拔。无模拉拔是利用超塑性材料对温度及应变速率的敏感性,用一感应线圈进行局部加热,使变形部分材料处于超塑性状态下被拉拔,同时控制拉拔速度,就可进行无模拉拔加工。可拉拔成光滑的等截面,如棒状制品,也可以拉成不等截面的制品,其工作原理如图 9 - 29 所示。将被加工的超塑性材料一端固定,另一端加上载荷,中间有一个可移动的感应线圈。当线圈通电,材料被加热成超塑状态,通过控制线圈移动速度与拉伸速度,可制出图 9 - 30 所示的任意断面的棒材与管材的零件。

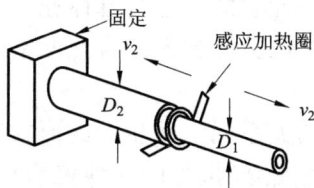

图 9 - 29　无模拉拔示意图

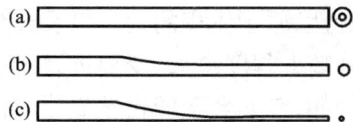

图 9 - 30　用无模拉拔加工的产品

在变形过程中,断面收缩率 ψ 为

$$\psi = \frac{100v_1}{v_1 + v_2}(\%)$$

式中,v_1——试件拉拔速度;

　　v_2——感应圈移动速度。

根据相同的原理,也可以利用不同形状的感应线圈将材料的不同部位加热到不同温度,并控制不同的移动速度,再利用通—断—通—断等方式制出零件。

以上只是超塑性成形应用的几个方面,此外,还有薄板模压成形(偶合模成形)、模具型腔的超塑成形、超塑性拉深、超塑成形与扩散连结(SPF/DB)等工艺。随着超塑性技术的发展,超塑性将对塑性加工领域产生重要的影响。

9.5　变形抗力及其影响因素

引发金属发生塑性变形的外力称变形力,而金属为保持原形而抵抗塑性变形的力称为变形抗力,二者大小相等,但方向相反。可见,变形抗力与应力状态有关。不同的应力状态,有不同的变形抗力,例如,单向拉伸、单向压缩时的变形抗力为 σ_T(流变应力),平面应变压缩时的变形抗力为 K_f,纯剪状态时的剪切变形抗力的 k 等,其中 $K_f = 2k = \dfrac{2}{\sqrt{3}}\sigma_T$。

变形抗力的大小与材料、变形程度、应变温度、应变速度、应力状态有关,而且实际变形抗力还与接触界面条件有关,但材料的变形抗力中不计摩擦的影响,而将接触摩擦的影响放到加工过程变形力的解析中具体考虑。

9.5.1　化学成分的影响

化学成分对变形抗力的影响非常复杂。一般情况下,对于各种纯金属,因原子间相互作用不同,变形抗力也不同。同一种金属,纯度愈高,变形抗力愈小。组织状态不同,抗力值也有差异,如退火态与加工态,抗力明显不同。

合金元素对变形抗力的影响,主要取决于合金元素的原子与基体原子间相互作用特性、原子体积的大小以及合金原子在基体中的分布情况。合金元素引起基体点阵畸变程度愈大,变形抗力也越大。

例如,二元合金的化学成分与抗力指标之间的关系同二元相图的形式有某些规律。图9–31(a)是形成无限固溶的二元合金之硬度(抗力的一种表示)随成分而变化的图示,它表明固溶体的硬度比纯金属的高。变形抗力的最大值对应于固溶体的最大饱和度,从而对应于点阵的最大畸变。图9–31(b)指出了形成共晶体二元合金的硬度随成分变化的情况。共晶体混合物可由纯金属构成,也可由其他

化合物或固溶体构成。该图为由固溶体构成共晶混合物的情况。现分析由直线 $a''a'$ 与 $b''b'$ 限定的中间部分。图中 a'' 点是极限溶解度时 α 固溶体的硬度值,而 b'' 点是极限溶解时 β 固溶体的硬度值,那么硬度随共晶混合物成分的变化大致可按连接 $a''b''$ 二点的线性规律来描述。应当指出,这一线性规律是指平衡状态而言,也有例外。图 9 – 31(c) 是形成化合物的二元合金的硬度随成分变化的图示。化合物具有与其组元完全不同的独特性质,并具有独特的结晶点阵,在合金内可以视为一个独立的组元,这种具有化合物的复杂相图,可以把它当作化合物与每一金属所形成的两个单独相图来研究。

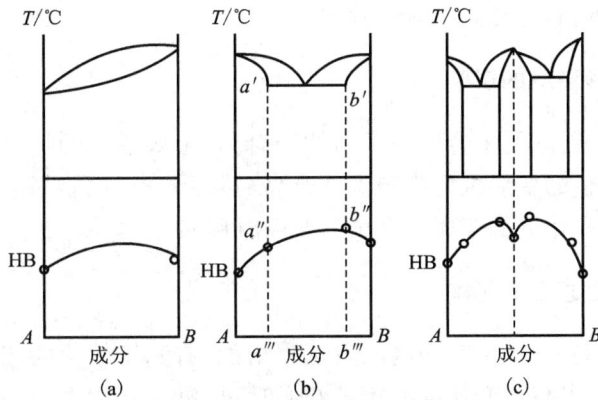

图 9 – 31 化学成分对抗力的影响

杂质含量也对变形抗力有影响,含量增大,抗力显著增大。但也有些杂质也会使抗力下降,如青铜中的含砷量为 0.05% 时,$\sigma_b = 190$ MPa,而当砷含量提高到 0.145% 时,$\sigma_b = 140$ MPa。

杂质的性质与分布对变形抗力构成影响。杂质原子与基体组元组成固溶体时,会引起基本组元点阵畸变,从而提高变形抗力。杂质元素在周期表中离基体愈远,则杂质的硬化作用愈强烈,因而变形抗力提高愈显著。若杂质以单独夹杂物的形式弥散分布在晶粒内或晶粒之间,则对变形抗力的影响较小。若杂质元素形成脆性的网状夹杂物,则使变形抗力下降。

9.5.2 组织结构的影响

1. 结构变化

金属与合金的性质取决于结构,即取决于原子间的结合方式和原子在空间排布情况。当原子的排列方式发生变化时,即发生了相变,则抗力也会发生一定的变化。

2. 单组织和多组织

当合金为单相组织时,单相固溶体中合金元素的含量愈高,变形抗力则愈高,这是晶格畸变的后果。当合金为多相组织时,第二相的性质、大小、形状、数量与分布状况,对变形抗力都有影响。一般而言,硬而脆的第二相在基体相晶粒内呈颗粒状弥散分布,合金的抗力就高。第二相越细,分布越均匀,数量越多,则变形抗力越高。

3. 晶粒大小

金属和合金的晶粒愈细,同一体积内的晶界愈多。在室温下由于晶界强度高于晶内,所以金属和合金的变形抗力就高。

9.5.3　变形温度的影响

由于温度升高,降低了金属原子间的结合力,金属滑移的临界切应力降低,几乎所有金属与合金的变形抗力都随温度升高而降低。对于那些随着温度变化产生物理－化学变化和相变的金属与合金,则存在例外。

9.5.4　应变速度的影响

应变速度的提高,单位时间内的发热率增加,有利于软化的产生,使变形抗力降低。另一方面,提高应变速度缩短了变形时间,塑性变形时位错运动的发生与发展不足,使变形抗力增加。一般情况下,随着应变速度的增大,金属与合金的抗力提高,但提高的程度与变形温度密切相关。冷变形时,应变速度的提高,使抗力有所增加,或者说抗力对速度不是非常敏感。而在热变形时,应变速度的提高,会引起抗力明显增大。

9.5.5　变形程度的影响

无论在室温或高温条件下,只要回复和再结晶过程来不及进行,则随着变形程度的增加必然产生加工硬化,使变形抗力增大。通常变形程度在 30% 以下时,变形抗力增加显著。当变形程度较大时,变形抗力增加变缓,这是因为变形程度的进一步增加,晶格畸变能增加,促进了回复与再结晶过程的发生与发展,也使变形热效应增加。

变形抗力与应变量的关系常用变形抗力(真实应力－真实应变)曲线,或等效应力－等效应变曲线描述(见第 2 章)。

9.5.6　应力状态的影响

变形抗力是一个与应力状态有关的量。例如,假设棒材挤压与拉拔的变形量一样,但变形力肯定不一样。从主应力图与主应变图上可知,挤压抗力为 σ_3,拉拔抗力也为 σ_1,由 Tresca 屈服准则,$\sigma_1 - \sigma_e = \sigma_s$ 或 $\sigma_1 = \sigma_s + \sigma_3$,不难看出:挤压变形抗力 σ_1 在叠加一同号压应力 σ_3 之后,变得更负,即绝对值增加;而拉拔变形抗力在叠加一异号压应力 σ_3 之后,有所减小,即绝对值减小。再如,平面应变压缩的抗力为 K_f,而单向压缩的抗力为 σ_s,而纯剪的变形抗力为 k,它们均不相同。因此,不同的应力状态,变形抗力必不相同。

9.5.7　接触摩擦的影响

实际上变形抗力受接触摩擦的明显影响,由于接触摩擦阻碍金属的流动,使变形区内的应力状态发生改变。因而,摩擦力增大,会引起变形抗力升高。所以,成形过程变形力解析时,必须将接触摩擦的影响进行具体考虑。

思考题

1. 何谓金属塑性? 塑性高低如何度量? 有哪些常用测定方法?
2. 多晶体金属塑性变形的主要特点和主要机制有哪些?
3. 合金塑性变形的主要机理有哪些?
4. 何谓金属塑性变形机制图,有何用途?
5. 影响金属塑性的因素有哪些?
6. 改善金属材料的工艺塑性有哪些途径?
7. 何谓超塑性? 超塑性变形的基本特点有哪些?
8. 细晶超塑性产生的基本条件是什么? 它有何重要变形力学和组织结构特点?
9. 细晶超塑性的主要机制是什么? m 值的物理意义是什么?
10. 何谓金属的变形抗力? 影响金属塑性抗力的内外因素有哪些?

第 10 章　塑性变形过程的组织性能变化和温度-速度条件

10.1　金属的冷变形及其组织与性能变化规律

发生在低于金属回复温度以下,而且变形过程中只出现加工硬化现象,而无回复与再结晶现象的变形状态称为冷变形或冷加工。加工硬化是指金属变形抗力随着所承受冷变形程度的增加而持续上升,金属的塑性则随着变形程度增加而逐渐下降的现象。但经退火处理后,其变形抗力与塑性均能恢复(见图 10-1)。

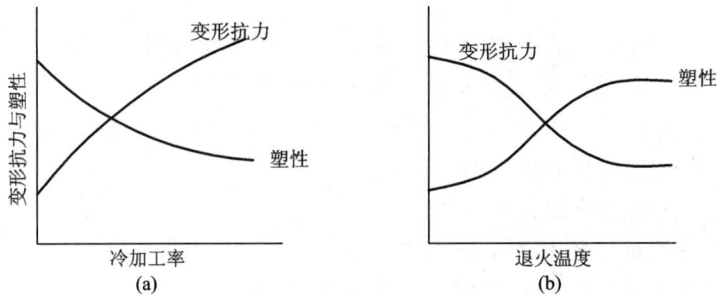

图 10-1　金属材料冷加工与退火时性能变化

(a)冷加工后性能;(b)退火后性能

10.1.1　冷变形时金属显微组织的变化

1. 纤维组织

多晶体金属经冷变形后金相组织的观察发现,原来等轴的晶粒沿着主变形的方向被拉长,金属中的夹杂物和第二相粒子也沿延伸方向拉长或链状排列。变形量越大,拉长的越显著。当变形量很大时,各个晶粒已不能很清楚地辨别开来,沿最大主变形方向呈现纤维状,故称纤维组织(见图 10-2)。纤维组织的存在使变形后的金属横向与纵向的力学性能不同,一般纤维横向的力学性能降低。

晶粒被拉长的程度取决于主变形图和变形程度。两向压缩和一向拉伸的主变形图最有利于晶粒的拉长,其次是一向压缩和一向拉伸的主变形图。变形程度越大,晶粒形状变化也越大。

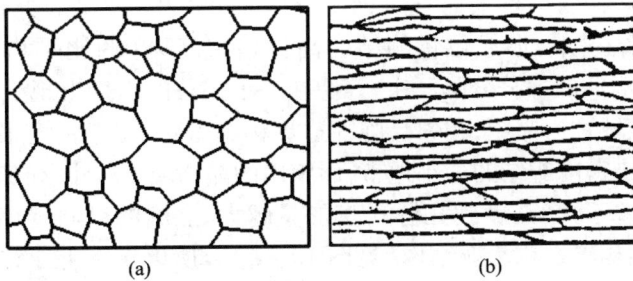

图 10 - 2　冷轧前后晶粒形状变化

(a)变形前的退火状态组织;(b)变形后的冷轧变形组织

2. 亚结构

多晶体金属塑性变形时,因各晶粒取向不同,晶界制约变形,既相互阻碍又相互促进,一般塑性变形开始时就有多滑移产生,形成分布杂乱的位错缠结,但初期缠结区域内部的位错密度仍低,晶格畸变也很小。随着冷变形的进行,金属中的位错密度迅速提高。经强烈冷变形后,位错密度可由原来退火状态的 $10^8 \sim 10^9/mm^2$ 增至 $10^{13} \sim 10^{15}/mm^2$,甚至更高。金属冷变形时,其位错密度 ρ_w 与应变量 ε 的关系可近似表示为

$$\rho_w = 10^{-10} \varepsilon \tag{10 - 1}$$

冷变形过程中,位错密度和分布的变化如图 10 - 3 所示。随着冷变形量增加到 0.1(10%) 左右时,位错浓缩成许多缠结,形成胞状亚结构,如图 10 - 3(a) 所示,其胞壁由位错缠结组成,胞内的位错密度很低。随着冷变形量的加大,胞壁的位错缠结变厚、密度增加,即胞状结构的平均尺寸减小,如图 10 - 3(b) 和(c) 所示。

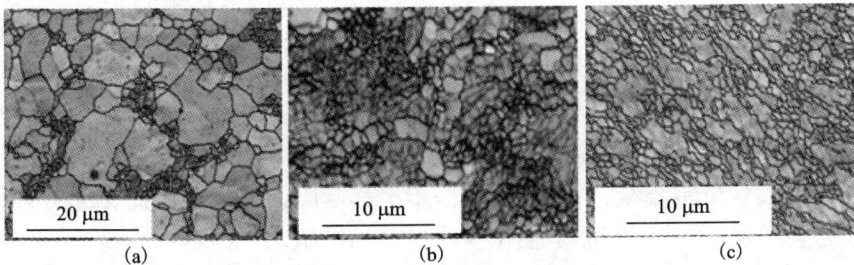

图 10 - 3　冷变形过程中位错密度和分布的变化示意图

而且位错在变形晶粒中的分布很不均匀。只有在变形量比较小或者在层错能

低的金属中,由于位错的可动性较差,难以产生交滑移和攀移,因而位错的分布比较分散与均匀。在变形量大而且层错能较高的金属中,位错的分布便很不均匀。紊乱的位错纠结起来,形成位错缠结的高位错密度区(约比平均位错密度高五倍),将位错密度低的部分分隔开来,好像在一个晶粒的内部出现了许多"小晶粒"似的,每个小区域称为晶胞,相邻晶胞的边界称为胞壁,位错密度很大。因而胞壁所指就是高位错密度缠结的微小地带,而胞内的晶格畸变较小,位错密度很低。相邻晶块的取向差不大(几度到几分),变形量越大,晶胞的尺寸越小。这些晶胞称为亚晶,这种结构组织称为亚结构(见图 10-4)。所以实际上亚结构是位错缠结的空间网络。强烈的冷变形后,胞的外形将沿着最大主变形方向被拉长,形成大量的排列很密的长条状的"形变胞"。

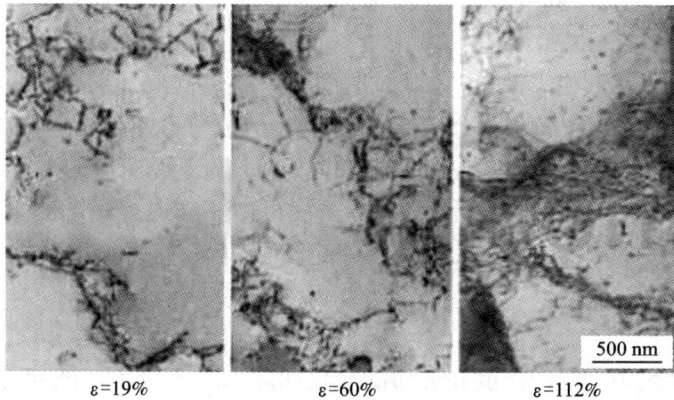

图 10-4 纯铝冷变形的亚晶形态(应变速率为 $10^2 s^{-1}$)

亚晶的大小、完整的程度和亚晶间的取向差随材料的纯度、变形量和变形温度而异。当材料含有杂质和第二相时,在变形量大和变形温度低的情况下,所形成的亚晶小,亚晶间的取向差大,亚晶的完整性差(即亚晶内晶格的畸变大),在相反的情况下所产生的亚晶的完整性好且尺度较大。

冷变形过程中形成亚结构是许多金属(例如铜、铁、钼、钨、钽、铌等)普遍存在的现象。一般认为亚结构对金属的加工硬化起重要作用,由于各晶块的方位不同,其边界又为大量位错缠结,对晶内的进一步滑移起阻碍作用。因此,亚结构可提高金属和合金的强度,利用亚晶是强化金属材料的措施之一。

对于低层错能金属,如不锈钢和黄铜等,由于扩展位错很宽,位错灵活性差,这些材料中易观察到位错的塞积群,不易形成胞状亚结构。

经冷变形的金属的其他晶体缺陷(如空位、间隙原子以及层错等)也会有明显增加。

3. 变形织构

多晶体塑性变形时,各个晶粒滑移的同时,也伴随着晶体取向相对于外力有规律的转动。尽管由于晶界的联系,使晶体转动受到一定的约束,但当变形量较大时,原来为任意取向的各个晶粒也会逐渐调整。引起多晶体中晶粒取向大体趋于一致的过程叫做"择优取向"。具有择优取向的金相组织称为"变形织构"。

金属及合金经过挤压、拉拔、锻造和轧制以后,都会产生变形织构。塑性加工方式不同,可出现不同类型的织构。通常有丝织构和板织构两类。

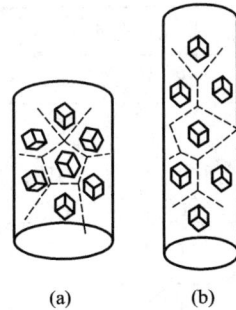

图 10－5　丝织构示意图
(a)拉拔前;(b)拉拔后

(1)丝织构　丝织构系在拉拔和挤压加工中形成,这些塑性加工的主变形图为两向压缩一向拉伸。变形后晶粒有一共同晶向趋近平行于最大主变形方向(即拉拔或挤压方向),形成丝织构,采用晶向指数表示(见图 10－5)。实验表明,对金、银、铜、镍等面心立方金属,经较大变形拉拔后,所获得的丝织构为[111]和[100]。这两种丝织构的组成变化与试样内杂质、加工条件及材料内原始取向有关。对体心立方金属,不论其成分和纯度如何,其丝织构一般是相同的,如铁、钼、钨等金属拉拔后具有[110]丝织构。

(2)板织构　板织构是某一特定晶面平行于轧制板面,某一特定晶向平行于轧制方向(图 10－6),因此,板织构需采用其晶面和晶向指数共同表示。例如体心立方金属,当其(100)晶面平行于轧面,[011]晶向平行于轧向时,此板织构可用(100)

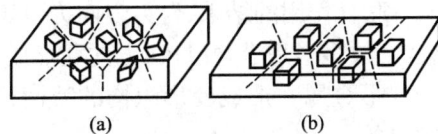

图 10－6　板织构示意图
(a)轧制前;(b)轧制后

[011]来表示。根据实验资料,铜、铝、金、镍等面心立方金属,其轧制织构为$\{110\}$[112]＋$\{112\}$⟨111⟩＋$\{123\}$[634]。体心立方金属的硅钢片,二次冷轧织构为(100)[011]＋(112)[1$\overline{1}$0]＋(111)[11$\overline{2}$]。

具有冷变形织构的材料退火时,由于晶粒位向趋于一致,总有某些位向的晶块易于形核及长大,在退火再结晶过程,形成一种新择优取向(金相组织观察为等轴的晶粒,但它们的取向趋于一致),这种退火后的择优取向,称再结晶织构。

各类金属主要滑移系,变形织构及再结晶织构,如表 10－1 所示。

表 10 – 1　各类金属主要滑移系、变形织构及再结晶织构

晶 格 类 型		体心立方	面心立方	密排六方
滑 移 系		(110)[111]	(111)[110]	(0001)[11$\bar{2}$0]
变形织构（主要的）	丝织构	[110]	[110][111],少量[100] (110)[112]	[10$\bar{1}$0]
	板织构	(100)[110]	有时少量的 (112)[111]	(0001)[$\bar{1}$2$\bar{1}$0] (0001)[$\bar{1}$2$\bar{1}$0] 与轧向接近 20°
再结晶织构（易于产生的）	丝织构	钨丝[110] 钼丝[100] (110)[001] 大变形量下	{123}[634]	(0001)[$\bar{1}$2$\bar{1}$0]
	板织构	(001)[110]	(100)[001]	少量(0001)[10$\bar{1}$0]

从表 10 – 1 可看出,变形时的滑移系与变形织构往往不同,这是由于当变形程度较大时(一般变形程度越大,越易产生织构),产生了复杂的滑移所致。例如密排六方晶格金属的滑移方向,开始时是[11$\bar{2}$0]方向,当变形程度大时,出现沿着[2$\bar{1}$$\bar{1}$0]方向的双滑移,两者联合作用的结果,即出现了沿着[10$\bar{1}$0]的丝织构,如图 10 –7(a)所示。又如体心立方滑移系为(110)[111],但其丝织构为[110],很少为[100]。因为在滑移面(110)上有两个可能的滑移方向[111],当产生双滑移后,则由于两者联合作用的结果,合力方向为[110]或[100];但是[110]与[111]的夹角小,合力较大,故多半是沿着[110]方向而形成丝织构,如图 10 –7(b)所示。

冷变形金属中形成变形织构的特性,取决于变形程度,主变形图和合金的成分与组织等等。

变形程度越大,变形状态越均匀,则织构表现得也越明显。

主变形图对产生织构有决定性的影响。在轴对称变形的情况下,如圆棒的拉伸、拉丝以及圆棒挤压等。因为三者的主变形图相同(主变形均为拉伸型),对于同一金属材料,可能得到相同的丝织构。一般轧制较宽的板材、带式法生产带材和通过矩形模孔自由宽展较小的扁带的拉伸,由于三者的主变形图都接近平面变形型(三者的宽展量都极小,横向变形近似于零),同一金属变形时,也可得到相似的板织构。

合金元素对变形织构的影响小,形成固溶体的合金一般产生与纯金属相同的变形织构。两相合金,由于彼此相的结构不同,各自择优取向影响不一,织构的完整性往往削弱,如两相合金的织构往往是以塑性好的相为主。当两相塑性差别比较大时,如 Al – Si 合金,难变形的晶体强烈地阻碍易变形晶体有规律的变形,而使得织构无法显现出来。

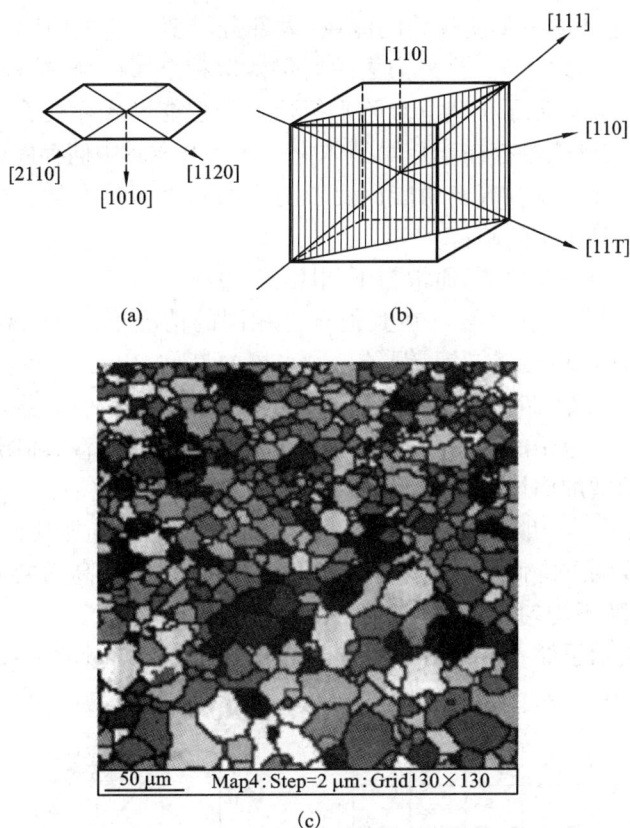

图 10 - 7　织构与滑移系的相互关系

(a)密排六方;(b)体心立方;(c)镁合金 AZ31 热轧板 EBSD 照片

除上所述,镦粗时有镦粗织构,深冲时有深冲织构,其型式主要取决于主变形图与金属的晶体结构,例如镦粗织构,面心立方金属是[110] + [100](双织构),而体心立方金属钨是[111] + [100],密排六方金属,如镁的是[0001]。

应指出,上面虽给出了织构的晶向和晶面,但每个晶粒一致转向织构的取向只是一种理想情况,实际上晶粒只是趋向于这些取向,亦即它们的取向只是大体汇集在理想取向附近。观察织构的方法背反射电子衍射技术(EBSD)能清楚显示出晶体取向和晶界取向差[见图 10 - 7(c)]。织构取向强弱的分析与定量描述,则需采用 X 射线衍射的方法测定、取向分布分析技术(ODF)和取向成像电子显微技术(OIM)等。

4. 晶内及晶间的破坏

冷变形过程,因滑移(位错的运动及其受阻、双滑移、交叉滑移等)、双晶等过程的复杂作用,以伴随的晶粒相对转动与晶界移动,造成了在晶粒内部及晶粒间界出现一些显微裂纹、空洞等缺陷使金属密度减少等,是导致金属损伤与断裂的根源。

　　综上所述,金属冷变形所耗费的能量,大部分转变成热能向四周散失,只有一小部分(不超过百分之十)。当外力去除后仍残留在金属内部,被称为金属的储存能(或残留能)。它以原子偏离其点阵平衡位置的位能形式存在着,即储存能以点缺陷、位能和层错形式等存在于金属晶体中。冷变形金属中储存能的存在,标志着金属经冷成形后,内能增加(自由能比变形前增加),处于热力学不稳定状态,有自发地恢复到变形前状态的趋势。

　　冷变形金属中的储存能,通常与下列因素有关:

　　(1)金属材料的内在因素　在其他条件相同的情况下,几种常见金属的储存能按下列顺序而降低:锆、铁、镍、铜、铝、铅。显而易见,金属的储存能是随其熔点的降低而减少。此外,储存能还与溶质原子的多少、晶粒大小及第二相性质有关。储存能通常随溶质原子的增多而增大,随晶粒度的减小而增高,随第二相与基体变形的不协调性的增加而增加。

　　(2)工艺条件　一般来说,凡能引起加工硬化的因素,均能使储存能增大。储存能随变形温度的下降而增大(图10-8),随应变速度的提高而增加,随变形程度的增加而增加,随不均匀变形程度的增大而增大。

　　图10-9表示了储存能所占总变形能的百分数与变形量的关系。当变形量较大时,该比值变小。

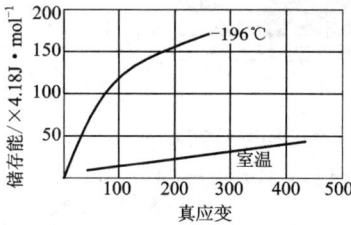

图 10-8　Au-Ag 合金拉拔加工时的储存能

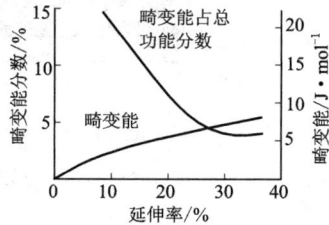

图 10-9　纯铜冷加工后畸变能及畸变能分数随变形量变化关系

10.1.2　冷变形时金属性能的变化

1. 物理化学性能

　　(1)密度　金属经冷变形后,由于晶内及晶间物质的破碎,出现了显微裂纹、裂口、空洞等缺陷,使金属的密度降低,且变形程度越高,降低的也越多,如图10-10所示。青铜退火后密度为 $8.915g/cm^3$,经80%冷变形后密度降至 $8.886g/cm^3$(降低不超过0.4%)。相应的铜的密度是由 $8.905g/cm^3$,降至 $8.89g/cm^3$(不超过0.2%)。

　　(2)电阻　晶间物质的破坏使晶粒直接接触、晶粒位向有序化、晶间及晶内的破裂等,均对电阻的变化有明显影响。
前两者使电阻随变形程度的增加而减
少,后者则相反,其结果使电阻随变形
程度变化的表现不一。一般而言,冷变
形使金属比电阻有所增加(约百分之
几),但增加的程度则随金属而异,例
如冷变形量达 82% 的铜丝,比电阻增
加 2% ,冷拔镍丝增加 8% ,钼增加
18% ;经过冷变形量为 99% 的钨丝,比
电阻增加 50% 。另外,金属经冷变形
后其电阻温度系数下降。

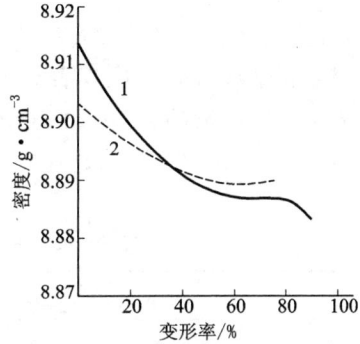

图 10 - 10　变形程度与密度的关系

1—青铜;2—铜

　　(3)化学稳定性　冷变形后,金属
的残余应力和内能增加,从而使化学不稳定性增加,耐蚀性能降低。例如,冷变形
的纯铁在酸中的溶解速度要比退火状态快。冷变形所产生的残余应力是导致金属
易腐蚀(应力腐蚀)的一个重要原因,在实际应用中它是相当普遍而又严重的问
题。例如,冷加工后的黄铜,由于存在内应力,在氨气、铵盐、汞蒸气以及海水中会
发生严重的腐蚀破裂(又称"季节病");高压锅炉、铆钉发生的腐蚀破裂等等。应
力腐蚀的主要防止方法有退火等,消除内应力。

　　除此之外,冷变形还会使金属的导热性降低。如铜冷变形后,其导热性降低到
78% 。冷变形还可能改变磁性。如锌和铜,冷变形后可减少其抗磁性。高度冷加
工后,铜可以变为顺磁性的金属,对顺磁
性金属冷变形会降低磁化敏感性等等。

　　2. 力学性能

　　由于发生了晶内及晶间破坏,晶格
产生了畸变以及出现第二、三类残余应
力等,故经受冷变形后的金属及合金,其
塑性指标随所承受的变形程度的增加而
急剧下降,在极限情况下可达到接近于
完全脆性的状态。另外,由于晶格畸变、
出现应力、晶粒的长大、细化以及出现亚
结构等,金属的强度指标则随变形程度
的增加而明显提高。金属力学性能与变
形程度的曲线称硬化曲线,如图 10 - 11
所示。

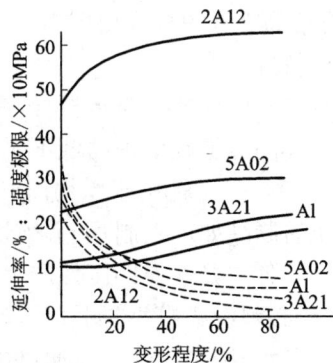

**图 10 - 11　几种铝合金的延伸率(虚线)
和强度极限(实线)与冷变
形程度的关系曲线**

(其中 2A12 为淬火状态)

3. 织构与各向异性

金属材料经塑性变形以后,在不同加工方式下,会出现不同类型的织构。织构的存在使金属呈现各向异性。表 6 - 2 为一些常用金属在[100]、[111]方向上的弹性模量与剪切模量的数值。由表 10 - 2 可见,在不同结晶学方向上的力学性能是有差异的。

表 10 - 2　一些金属的力学各向异性

金属	弹 性 模 量 E				剪 切 模 量 G			
	$E_{最大}$		$F_{最小}$		$G_{最大}$		$G_{最小}$	
	晶向	GPa	晶向	GPa	晶向	GPa	晶向	GPa
铝	[111]	74.5	[100]	53	[100]	28.4	[111]	24.5
金	[111]	111.7	[100]	41.2	[100]	40.2	[111]	17.6
铜	[111]	190	[100]	22.5	[100]	75.5	[111]	30.4
银	[111]	114.7	[100]	43.1	[100]	43.6	[111]	19.3
钨	[111]	392	[100]	392	[100]	151.9	[111]	151.9
铁	[111]	284.2	[100]	132.3	[100]	115.6	[111]	59.8

J. Weerts 对冷轧和再结晶铜板的弹性模量进行了测定,并与理论值作了比较。如图 10 - 12 所示,冷轧板为(110)[11$\bar{2}$]和(112)[11$\bar{1}$]织构,退火后,为(100)[001]再结晶立方织构。由图 10 - 12 可见,不同取向的弹性模量的理论值与实验值符合得较好。

具有各向同性的金属板材,经深冲后,冲杯边缘通常是比较平整的。具有织构的板材冲杯的边缘则出现高低不平的波浪形(图 10 - 13)。把具有波浪形凸起的部分称为"制耳"。把由于织构而产生的制耳现象称为"制耳效应"。

冲压后制品如产生制耳,必须切除。这样不仅增加了金属的损耗和切边工序,而且还会因各向异性使冲压件产生壁厚不均匀,影响生产效率与产品质量。因此,在生产上,必须设法避免"制耳效应"的发生。

为了避免各向异性,可以通过恰当地选择塑性加工变形工艺和退火制度,或者通过适当地调整化学成分来消除或减轻制耳效应。一些研究者指出,不同压下量和不同退火温度对黄铜板的制耳效应是有影响的。由于工艺制度不同,制耳可出现在离轧制方向 45°处,60°或 120°处,55°或 120°处。一般情况是,最后退火温度高,制耳大;成品前的最后一次中间退火温度低,则制耳小。制耳的分布与黄铜的(111)极图的取向强度位置基本相应。

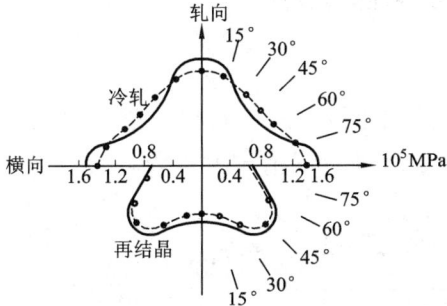

图 10 – 12　冷轧和再结晶铜片的弹性模量值

虚线—测量值;实线—计算值

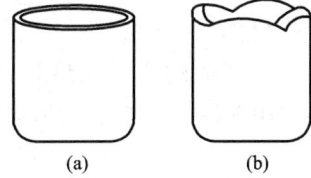

图 10 – 13　深冲件上的制耳

同样,铜板的退火温度也影响制耳位置的变化。

铝也有这样的影响。冷轧后,铝的变形结构为(110)[1$\overline{1}$2] + (112)[11$\overline{1}$] + (123)[634]。冲压后形成与轧向成 45°方向上的制耳。退火后铝为立方织构,则在与轧向成 0°,90°制耳,如退火后为(100)[001] + (124)[211]织构,则产生与轧向成 30°和 90°位置上产生制耳。当变形织构与退火织构共存时,各向异性小。

事物总是一分为二的,在某些情况,方向性也有好处,例如变压器用硅钢片含硅大约 3%(重量百分数)的铁 – 硅合金,具有体心立方结构的铁素体组织。当采用适当的热轧、中间退火、冷轧及成品退火工艺时,可以获得所希望具有(011)[100]织构的变压器用硅钢片板材。因为沿着[100]方向磁化率最大,如果将这种板材沿轧制方向切成长条,使织构轴与磁场平行而堆垛成芯棒或拼成矩形铁框,可得到磁化率最高的铁芯,使铁损大大减少,显著提高变压器的功率;或者在一定的功率下,可以大大减小变压器的体积。又如在使用条件下零件承受各向不同载荷时,若使材料的方向性特征与负载的特性相协调,则可提高零件的承受能力与使用寿命。又如雷管紫铜带需要尽量避免方向性,过去在生产中,采用控制成品前的总变形程度不超过 80%的方法,这样加多了中间退火与酸洗工序,不但生产率低而且造成许多浪费。后来采取了热轧后直接冷轧至成品的方法,使冷变形程度达 99%以上,这时铜带产生了(100)[11$\overline{2}$]和(112)[11$\overline{1}$]的变形织构,然后采用低温退火的合理终止退火过程,使之产生(100)[001]再结晶织构。结果使再结晶织构与变形织构并存以抵偿相互的不良作用,经深冲及力学性能检验,完全符合要求。另外,弹性合金也是利用织构材料的各向异性来获取优异弹性元件的例子,例如面心立方金属[111]方向弹性模量 E 最大,故可以顺[111]方向来截元件。可见利用一定的织构,也是提高材料潜力的一个有效方法。

10.1.3 冷变形金属在加热时的组织性能变化规律

1. 概述

冷变形后的金属加热时,通常将依次发生回复、再结晶和晶粒长大三个阶段(见图 10 - 14)。这三个阶段不是完全分开的,而是常有部分重叠。

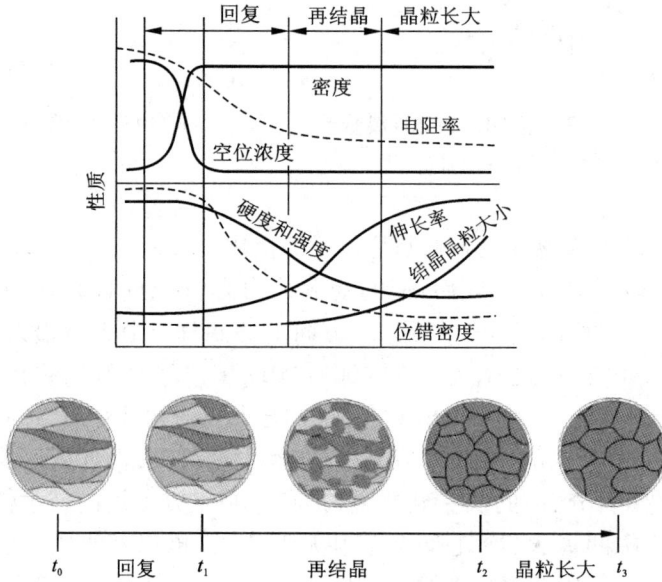

图 10 - 14　冷变形金属加热时组织性能变化规律

回复指经冷变形金属在加热时,金相组织发生新的组合变化之前(即再结晶晶粒形成前),所产生的某些亚结构和性能的变化阶段。

再结晶指将经过大冷变形的金属加热到大约 $0.5T_溶$(金属熔点温度)的温度,经过一定时间保温后,冷金属内部的晶粒缺陷密度大大降低,新的等轴晶粒在基体内形核并逐渐长大的过程,直至冷变形有缺陷的晶粒完全替换为止,这个过程叫做再结晶。再结晶完成后,这些晶粒将以较慢的速度合并而长大,进入晶粒长大过程。

冷变形金属回复时,显微组织不发生根本性变化,但是晶体密度及其分布状况有所改变。回复阶段发生的不涉及大角度晶面的迁动,仅使变形材料的结构完整化。这个过程是通过点缺陷、位错的对消湮没和重新排列来完成的。对于冷变形材料,后一过程是最主要的,位错重新排列形成小角度晶界,并使小角度晶界迁动。这些结构变化在变形基体的各处或多处或多或少地同步进行,发生较均匀。

2. 回复过程及组织结构变化

（1）内应力的消除

回复阶段，由于温度升高，金属的屈服极限下降，在内应力作用下将发生局部塑性变形，从而使第一类内应力得以消除。加热温度越高，屈服极限下降越多，第一类应力消除越彻底。回复阶段第一类内应力大部分被消除，但此时硬度基本不变，说明造成加工硬化的第三类内应力变化很小。第二类内应力在回复阶段的消除程度介于第一类内应力和第三类内应力之间。冷变形中第一类内应力有时会使零件自动开裂。

（2）组织结构的变化

冷变形后，在不同的温度范围内加热时，金属将发生不同的组织和性能变化。

a. 在低温（$0.1 \sim 0.3 T_{熔}$）的回复。由于温度低，不能产生位错的攀移、交滑移和脱钉。此时主要变化是点缺陷（空位）密度减少，从而引起电阻率下降。

b. 在中温（$0.3 \sim 0.5 T_{熔}$）和高温（高于 $0.5 T_{熔}$）的回复。由于退火温度较高，热激活将引起位错的滑移、攀移、交滑移和脱钉。此时晶粒细微结构的主要变化有多边形化和亚晶粒的形成和长大。

3. 再结晶与第一类再结晶全图——冷变形晶粒度的控制

静态回复进行到一定程度后，随着加热温度的升高或退火时间的延长，将出现材料强度的急剧降低，这就是静态再结晶的征兆。再结晶是通过形核与晶粒长大产生的新晶粒（位错密度约为 $10^{10}/m^2$）来取代冷变形材料原有晶粒（高位错密度 $10^{16}/m^2$）的过程。

再结晶阶段上，金属的组织和性能将发生最显著的变化，因而，再结晶是消除加工硬化的重要软化手段，也是控制晶粒大小、形态、均匀程度，获得或避免晶粒择优取向的重要手段。通过各种影响因素对再结晶过程进行控制，将对金属材料的强韧性、热强度（每千克金属温度每升高 1℃ 所散发的热量）、冲压性和电磁性等产生重大的影响。

（1）影响再结晶的主要因素

a. 变形程度的影响。变形程度越大，再结晶温度越低。随着变形程度的逐渐增大，金属的再结晶温度趋近于某一恒定值，即所谓金属的再结晶温度限（T_z）。对于纯金属，变形程度相当大时，再结晶温度与金属熔点之间存在如下关系。

$$T_z = (0.35 \sim 0.4) T_{熔} \qquad (10-2)$$

式中，T_z 为以绝对温度表示的再结晶温度限；$T_{熔}$ 为以绝对温度表示的金属熔点温度。

b. 保温时间的影响。在一定的变形温度下，保温时间越长，或加热时间越长，再结晶温度越低。

c. 金属中杂质的影响。在固溶体中加入少量（万分之一或十万分之一）的第二相元素,能强烈地使纯金属的再结晶开始温度升高。

(2)再结晶形核机制的三种方式:

a. 晶界凸出形核。冷变形量较小的金属,一般利用变形晶粒中大角度晶界的迁移形成再结晶核心,称为晶界弓出或凸出形核机制。该机制认为当晶界两侧晶粒中的单位体积储存能之差大到一定程度时,才能发生弓出形核。

b. 亚晶合并形核。两亚晶之间的亚晶界消失,使相邻的两亚晶合并而成较大的新亚晶,适用出现冷变形较大或层错能高的金属材料,容易以亚晶合并的方式形成新再结晶核心。

c. 亚晶蚕食形核。通过亚晶界的迁移,吞并邻近变形基体和亚晶而长成较大的新的亚晶。适用冷变形很大或层错能高的金属,容易以蚕食的方式形成新再结晶核心。

(3)冷变形金属再结晶晶粒度的控制——第一类再结晶全图

晶粒大小对金属力学性能有很大的影响,控制再结晶晶粒长大在生产中是很重要的。影响再结晶过程和晶粒尺寸的主要因素有:退火温度、冷变形量、原始晶粒大小、微量溶质原子、弥散相粒子。实际上,恒温下的正常晶粒长大,经过不长的时间后即停止,这是因为晶界上存在着阻碍晶粒长大的因素。这种情况下,晶粒尺寸便成为退火温度的函数。描述金属冷变形程度、退火温度与再结晶晶粒大小的关系图形称第一类再结晶图。温度越高,晶粒越粗大。

金属中存在杂质时,对再结晶的晶粒度也有影响。通常杂质妨碍晶粒长大,杂质分布在晶界形成连续网膜时,造成的障碍作用最大。金属中的内吸附现象(金属中微量可溶性粒子常偏聚在晶界上,这种现象叫做内吸附),第二相颗粒及金属薄板的板厚都影响到晶粒的正常长大。

4. 再结晶晶粒的长大

冷变形金属完成再结晶后,继续加热时会发生晶粒长大。晶粒长大是通过大角度晶界的移动,使一些晶粒尺寸增大,另一些晶粒尺寸缩小以及消失的方式进行的。晶粒的长大是靠晶界的迁移完成的。晶界的迁移可定义晶界在其法线方向上位移,它是通过晶粒边缘上的原子逐步向毗邻晶粒跳动而实现的。实践表明,晶界移动速度与晶界移动驱动力成正比。

将再结晶完成后的金属继续加热至某一温度以上时,发现少数晶粒突然长大,其直径甚至长大若干厘米,其周围的小晶粒全被逐步吞并掉,最后使整个金属中的晶粒都变得十分粗大,这种现象便称为异常晶粒长大或二次再结晶。再结晶晶粒长大的驱动力是界面能的降低和界面曲率的减小,是热力学上的自发过程。发生二次再结晶时,大晶粒一旦形成,便迅速长大。

目前一般认为初次再结晶后,大多数晶粒具有明显的织构,晶粒间的取向差很小,晶界不易迁移。但难免仍有一些晶粒取向不一,其中更有少数具有特殊取向,其晶界很容易迁移,因而能够长大。

二次再结晶常在金属中存在分散细小的第二相颗粒,或在薄板上存在热蚀沟等阻碍正常晶粒长大的因素发生,即只有在正常晶粒长大十分缓慢时,才能发生二次再结晶。

10.2　金属的热变形及其组织与性能变化规律

10.2.1　热变形的概念

所谓热变形(又称热加工)是指变形金属在完全再结晶条件下进行的塑性变形过程。一般在热变形时金属所处温度范围是其熔点绝对温度的$(0.75 \sim 0.95)$ $T_{熔}$,加工硬化与高热软化同时进行,且软化进行十分充分,使得变形后的材料内部毫无加工硬化痕迹。

热变形的主要特点是:

(1)变形抗力较低,消耗能量较少。

(2)金属的热塑性高,断裂倾向小。

(3)热变形启动的滑移系较多,滑移面与滑移方向不断变化,不易产生织构,工件择优取向或方向性小。

(4)不需像冷加工那样的中间退火,简化生产工序,生产效率提高。

(5)改善工件的组织性能,以符合生产要求

热加工不足之处有:

(1)由于散热较快,不适宜制备薄、细金属材料。

(2)表面易氧化严重影响到表面质量,以及冷却收缩不均易造成组织性能不均。

(3)具有热脆性的金属,不便进行热加工。例如,钢中含有较多的 FeS,或铜中含有 Bi 时,这些杂质所组成的低熔点共晶物易偏聚于晶界,削弱晶间连接易引起金属纹裂与断裂。

10.2.2　热变形对金属组织性能的影响

热变形是在高于再结晶温度条件下进行的塑性变形,因此,不论在变形进行的同时,还是变形终止后,金属所具有的温度都相当高,变形金属可及时产生充分的软化,故经过热变形的产品,不显示硬化的后果。

(1)铸态组织改善

一般来说,金属在高温下塑性高、抗力小,加之原子扩散过程加剧,伴随有完全再结晶时,更有利于组织的改善。故热变形常用于铸态材料的初加工。

凝固过程带来的铸锭组织上晶粒大小和形态不一,成分不均匀,以及内部存在较多的气孔、分散缩孔、疏松及裂纹等缺陷降低密度等,是铸锭塑性差、强度低的基本原因。

在三向压缩应力状态占优势的情况下,热变形能最有效地改变金属和合金的铸锭组织。给予适当的变形量,可以使铸态组织大大得以改善。

a. 一般热变形是通过多道次的反复变形来完成,能使破碎的粗大柱状晶粒通过反复的热变形使之锤炼成较均匀、细小的等轴晶粒,还能使某些微小裂纹得到愈合。

b. 由于应力状态下静水压力分量的作用,可使铸锭中存在的气泡焊合,缩孔压实,疏松压密,变为较致密的结构。有实验表明,热加工能使铸坯的致密度提高10%或更多。

c. 由于高温下原子热运动能力加强,在应力作用下,借助原子的自扩散和互扩散,可使铸锭成分的不均匀性相对减少。

d. 金属中的空穴(包括凝固时的缩孔和气眼等),在变形时也会被拉长,当变形量很大、温度足够高时,这些孔穴可能被压紧、焊合,如果变形量不够大,这些孔穴就形成了头发状的裂纹称为"发裂"。

综合上述结果,可使铸态组织改造成变形组织(或加工组织),它比铸锭有较高的密度、均匀细小的等轴晶粒及比较均匀的化学成分,因而塑性和变形抗力的指标都明显提高。

(2)热变形的纤维组织

金属内部所含有的杂质、第二相和各种缺陷,在热变形过程中,将沿着最大主变形方向被拉长、拉细而形成纤维组织或带状结构。这是一系列平行主变形方向的带状结构条纹,常称流线(它是相关的一系列质点,在某流动瞬间的连接线,完全不同于某质点的流动轨迹)。

一般在纵向断面上,杂质、第二相、缺陷等性脆、低强度部分的相对面积小,因此沿纤维方向的强度高于垂直方向的强度。纤维组织的材料使用时,应尽可能使纤维方向符合承受重载荷的方向,即利用合理流线来提高承载能力。如图 10 - 15 所示,锻造的曲轴将比由切削方法所生产的曲轴有更高的力学性能。

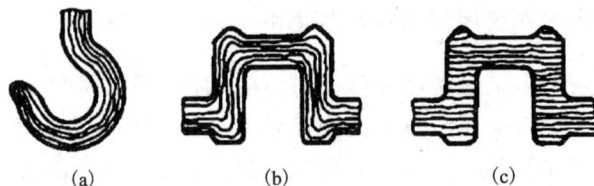

(a)　　　　(b)　　　　(c)

图 10 - 15　吊钩和曲轴中的流线示意图
(a)吊钩;(b)锻压成形曲轴;(c)切削成形曲轴

形成纤维组织有各种原因,最常见的是由非金属夹杂或化合物所造成。这种夹杂物的再结晶温度较高,在热变形的过程中难于发生再结晶,同时在高温下它们也可能具有一定的塑性,沿着最大延伸变形方向被拉长,因此完工后可以保持原来的被拉长状态,形成连续的长带(条)状纤维。纤维组织一般只能在变形时,通过不断地改变变形的方向来避免,很难用退火的方法去消除。当夹杂物(或晶间夹杂层)数量不多时,可用长时高温退火的方法,依靠成分的均匀化和组织不均匀状态的消失而消除。在个别情况下,当这些晶间夹杂物能溶解或凝聚时,纤维组织也可以消失。

多相合金在热变形时也会形成一定的带状结构,这主要是由于各相的分布不均匀,它们的塑性变形能力不同所致。

显著的纤维组织将引起分层,使变形金属的断口呈现层状或板状,例如 HPb59 – 1,QAL10 – 3 – 1.5 的层状断口,消除的方法是细化铸造晶粒,改善铅、Al_2O_3 分布状况,防止氧化吸气以减少 Al_2O_3 的生成。

另外,热变形时也可能同时产生变形织构及再结晶织构,使热变形材料出现方向性以及性能各处的不均匀性。

(3)热变形晶粒度的控制——第二类再结晶全图

描述晶粒大小与变形程度及变形温度之间关系图形称为第二类再结晶全图,见图 10 – 16 所示。根据这种图即可确定为了获得均匀的组织和一定尺寸晶粒时,所需要保持的加工终了温度及应采用的变形程度。从 2A12 的再结晶全图(图 10 – 16)可知,在完全软化的温度范围内加工这种合金时,为了获得均匀细小的晶粒,其每道次的变形量应大于 10%。同时也可看到应变速度的作用,2A12 的临界变形程度,冲击变形时(即应变速度大时)为 2% ~ 8%,在压力机上压缩时(应变速度较小)增大 10%。因此,在压力机上加工这种合金时,应采用比锻锤加工时大一些的道次变形程度。

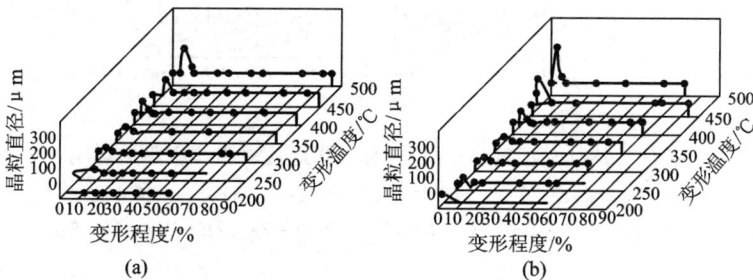

图 10 – 16　第二类再结晶全图(2A12)

(a)在压力机上压缩;(b)在锻锤下压缩

10.2.3　热加工温度范围的确定

确定热变形的温度范围,至少需要该合金的相图[图 10 – 17(a)]、塑性图[图 10 – 17(b)]及变形抗力随温度而变化的图形(图 10 – 18)等资料。

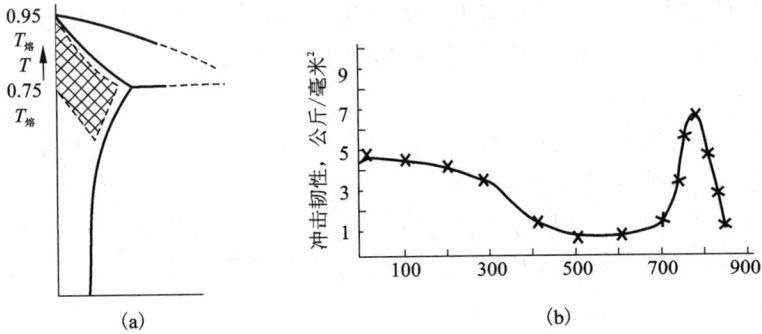

图 10 – 17　确定热变形温度的必需资料

(a)相图;(b)塑性图(HPb59 – 1)

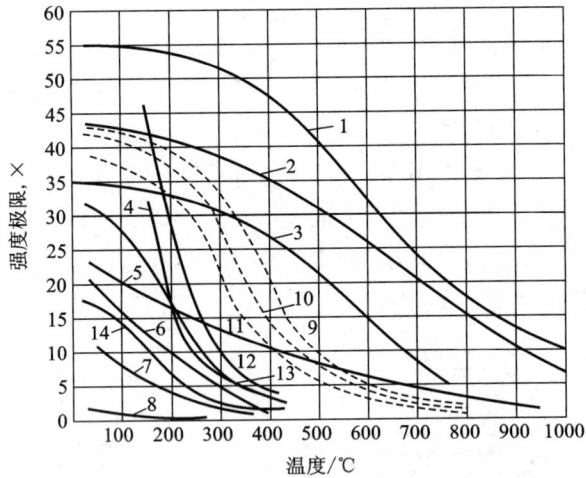

图 10 – 18　常用有色金属、合金加热温度对强度极限的影响

1—铜镍合金;2—镍;3—锡青铜 QSn7—0.4;4—2A11;5—铜;6—锰铜;
7—锌;8—铅;9—H68;10—H62;11—H59;12—2A12;13—MB5;14—铝

根据合金相图及塑性图,可这样来选择热变形温度范围:

(1)温度的上限,大致取该合金熔点绝对温度(T_m)的 0.95 倍,即应比液相线低 50℃左右。这样可保证不致熔化,也可避免产生过度的氧化。若该合金中含有低熔点物质,则应比其熔点温度稍低,以免易熔物质的熔化破坏晶间联系,造成变形材料的脆裂(有时晶间层内仅有少量的低熔点成分,也可因温度稍高而使变形金属脆成小块),从塑性图看,最高温度应取在塑性最大的区域附近。

(2)温度的下限,是要求保证在变形的过程中再结晶能充分迅速地进行,并且整个变形过程是在单相系统内完成。若产生了相变,则因变形材料性能的不一致而显著降低塑性。这里需要指出,对于某些合金,在相变温度呈现塑性特别高的异常现象——超塑性,反而可以承受极大的变形量。

另外还应注意,金属和合金再结晶开始的温度与金属所承受的变形程度的大小有关,变形程度越大,开始再结晶的温度越低。考虑到上述一些情况,取热变形温度的下限,约在 $0.7T_{熔}$ 左右,并且应比相变线稍高。

根据相图确定了变形温度范围后,尚需用抗力图来校核,应设法保证整个热变形过程在金属变形抗力最小的区间内完成。在安排每道次变形的大小时,尚需参考第二类再结晶图(即变形温度、变形程度与晶粒大小的立体再结晶图),选择能保证获取最小晶粒尺寸的道次变形量。

为了获取晶粒较细小的产品,热变形多道次作业的最后道次,一般应将变形温度降低到可以及时充分进行再结晶,完工后的冷却又不致再发生晶粒长大的温度,即热变形的完工温度(或终了温度)应选取稍高于开始再结晶的温度(约 $0.5T_m$ 以上)。另外,也应采用较大的终了变形程度以求再结晶后晶粒的尺寸最小。

10.2.4　热变形过程中的回复与再结晶

金属材料在热变形过程中,发生的回复与再结晶过程,称为动态回复与动态再结晶。

根据材料在变形中产生组织变化的不同,可将它们分为两类:第一类有铝及其合金,α – 铁、铁素体钢和铁素体合金以及锌、锡等。一般认为这些材料的堆垛层错能较大,自扩散能较小。在高温下,位错的交滑移和攀移比较容易进行,因此,回复是它们在热变形过程中发生软化的基本机制。这类材料的流变曲线如图 10 – 19(a)所示。随着变形的增加,净加工硬化率逐渐减少,最后趋近于零,流变应力变为一个恒定值 σ_s,而对应此应力的最小变形量为 ε_s。第二类主要是铜、镍、γ – 铁、Mg 及其合金,区域提纯的 α – 铁等。这些材料具有较低的层错能,其滑移面上的不全位错之间的层错带(扩展位错)较宽,这种相距较远的不完全位错很难汇聚成全位错,因而交滑移和攀移均很困难,故动态回复的速度比较慢,而不能在变形的瞬时内完成,对加工硬化的减小贡献不大。但是,随着变形量的增加,局部将产生足够高的位错密度差,可促使再结晶的发生,其流变曲线如图 10 – 19(b)所示。由图可以看出,在变形的开始阶段,应力随变形而增加,达到某一峰值 σ_p(对应于此应力的变形标为 ε_p)后,由于发生了动态再结晶,流变应力又下跌至某一恒定值 σ_s[图 10 - 19(b)曲线 1],这时加工硬化与动态软化达到平衡,这个状态即为热变形的平稳态。在高温或低速下,由动态再结晶引起软化后,紧跟着又重新出现硬化,结果稳定态被应力随变形而周期性波动变化的曲线所代替,如图 10 - 19(b)曲线 2 所示。

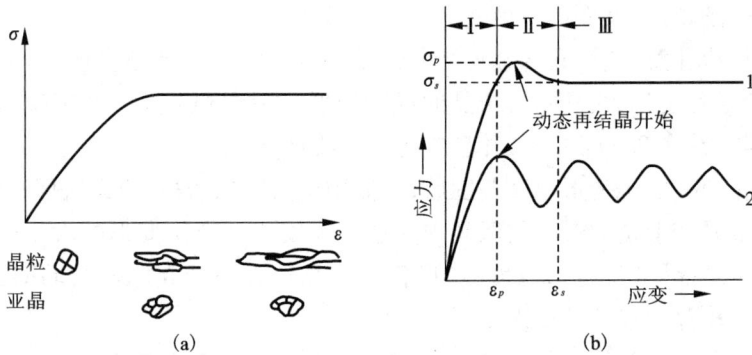

图 10 - 19　材料的动态流变曲线

(a)动态回复应力 - 应变曲线各阶段晶粒形状和亚晶变化;(b)动态再结晶时的应力 - 应变曲线

10.2.5　动态回复

1. 动态回复的应力 - 应变曲线

金属在热变形时,若只发生动态回复的软化过程,其应力 - 应变曲线,如图 10 - 19(a)所示。曲线明显地分为三个阶段。第一阶段为微变形阶段。此时,试样中的应变速率从零增加到试验所要求的应变速率,其应力 - 应变曲线呈直线。该阶段上位错密度由 $10^{10} \sim 10^{11}/\mathrm{mm}^2$,增至 $10^{11} \sim 10^{12}/\mathrm{mm}^2$。当达到屈服应力以后,变形进入了第二阶段,位错密度由 $10^{11} \sim 10^{12}/\mathrm{mm}^2$,增至 $10^{14} \sim 10^{15}/\mathrm{mm}^2$,随后加工硬化率逐渐降低。最后进入第三阶段,称为稳定变形阶段。这阶段上,由于动态回复的缘故,由变形所引起的位错增加速率与动态回复所引起的位错湮灭速率几乎相等。达到了动态平衡。因此,最后一段曲线接近于一水平线。

2. 动态回复的亚晶组织与实验观察

位错密度的增大导致了回复过程的发生,位错湮灭的速度随应变的增大而增大,最后达到位错增殖与湮灭相平衡,不再发生加工硬化的稳定流变阶段。在这一阶段,亚晶的一些主要特征,例如胞壁之间的位错密度、胞壁的位错密度、位错间的平衡距离、胞状亚晶粒之间的取向差,始终保持不变。亚晶的完整程度、尺寸以及相邻晶粒的位向差取决于金属类别、应变速率和变形温度。此外,虽然晶粒的形成随工件外形的改变而异,但晶粒却始终保持为等轴状,即使变形量很大也是如此,这被认为是动态回复过程中亚晶粒的迁移和再多边形化的结果。

稳态流变阶段亚结构的形态不再变化,尽管晶粒本身仍被拉长或变扁,即使在大变形量下亚晶仍为等轴状。具有这种组织的材料强度,比具有再结晶组织的材料高得多。目前,生产上已成功将动态回复组织保持下来,用以提高建筑用铝 - 镁合金挤压型材的强度。

为了证实动态回复的存在,通常在高温变形后迅速冷却,以抑制静态回复或静态再结晶,然后在室温下进行金相组织观察。通过实验观察,发现动态回复有以下现象:

（1）发生动态回复有一个临界变形程度,只有达到此值才能形成亚晶。形成亚晶的最低限度变形量与变形温度和应变速度有关,它随应变速度的增加,或变形温度的降低而增大。

（2）当变形达到平稳态后,亚晶也保持一个平衡形状。在低的变形温度（$0.3 \sim 0.6T_m$）下,变形量很小,亚晶形状为长条状;而在高的变形温度（$0.6 \sim 0.7T_m$）下,即使变形量很大,亚晶也能构成等轴的形状。

（3）亚晶间的取向一般分散在 $1° \sim 7°$ 的范围内,而且和变形量、变形温度关系不大。

（4）热变形达到平稳态后,亚晶的平均尺寸有一个平衡值,并随变形温度的增加或应变速度的增加而下降。对于某一平稳态的屈服应力,则对应有一个平均的亚晶尺寸。

3. 影响动态回复的因素

（1）金属的点阵类型。动态回复是通过位错攀移、交滑移和位错结点的脱离面进行的。因此,动态回复过程与金属层错能密切相关。对于高层错能金属（如铝、α 铁、低碳钢等）,由于扩展位错的宽度很窄,位错容易发生交滑移、攀移和容易从位错网中解脱出来,从而使异号位错相互抵消,使亚晶组织中的位错密度降低,使储存能下降,不足以引起动态再结晶。因此,这类金属在热变形过程容易发生动态回复。胞状亚组织的轮廓清晰,胞壁规整。溶质原子通常能降低层错能,使扩展位错变宽,使交滑移、攀移困难,因而会阻碍动态回复增加了动态再结晶的可能性。例如,在 Zr - Sn 合金中,Sn 增加到 5% 时,堆垛层错能从 240 MJ/m^2 减少到 60 MJ/m^2,堆垛层错宽度从 25b（b 为柏氏矢量）增加到 100b,所以在相同的温度和应变速率下,随着 Sn 含量的增加,这些合金的平均亚晶尺寸从 3.5 μm 减小到 0.7 μm,这样使动态回复更加困难。

（2）应变速率和温度。回复和再结晶的驱动力是储存能,而热激活是激发回复与再结晶的条件。温度控制着热激活,因而影响到位错湮灭的速度,而应变速率是位错密度增加速度的函数。因此,应变速率的变化直接影响到动态回复过程的位错密度,从而也影响着热变形的亚晶尺寸,从宏观上表现为对流变应力的影响。

变形温度越高,应变速率越低,则在高温变形时形成的亚晶越大,其晶内的位错密度也低,故流变应力也低,反之亦然。

(3)溶质元素的影响。溶质元素对动态回复的影响有影响金属层错能、影响界面扩散系数、影响晶界迁移、影响晶体结构稳定性。

(4)第二相的影响。第二相对动态回复的影响与第二相的尺寸、分布、性质有关。

(5)原始亚结构的影响。热变形过程中,如热轧和热锻常遇到遗存有原始亚结构材料的再度热加工,这时原始亚结构对热变形过程的动态回复影响分为以下两种情况。

a. 原始亚结构比稳定亚结构软(粗),如果继承的原始亚结构比稳定亚结构软,则其初始流变应力比连续变形时低,为了达到稳定亚结构尺寸,其变形量应比连续变形时大。

b. 原始亚结构比稳定亚结构硬(细),由于位错湮灭较容易,则由软结构调整到硬结构时所需增加的应变量小。

10.2.6　动态再结晶

1. 概述

动态再结晶是热加工过程中实现组织细化的一种有效手段,如钢铁生产上的的控制轧制与控制冷却工艺(TMCP),首先便是通过动态再结晶过程细化奥氏体,最终实现了铁素体晶粒的细化。动态再结晶现象在众多晶体材料中,如纯金属、合金材料、金属间化合物、金属基复合材料,乃至非金属材料中均可以发生,在一定条件下还可导致超塑性变形。

(1)动态再结晶发生过程的三个基本阶段

动态再结晶发生过程的应力 – 应变曲线如图 10 – 19(b)所示,明显分为三个阶段:

第一阶段为加工硬化阶段:应力随应变上升很快,金属出现加工硬化($0 < \varepsilon < \varepsilon_p$)。

第二阶段为动态再结晶开始阶段:应变达到临界应变量 ε_p 时,动态再结晶开始,其软化作用随应变的上升的幅度逐渐降低,当 $\sigma > \sigma_{max}$ 时,动态再结晶的软化作用超过加工硬化,应力随应变增加而明显下降($\varepsilon_p \leqslant \varepsilon < \varepsilon_s$)。

第三阶段为稳定流变阶段:随真应变的增加,加工硬化和动态再结晶引起的软化趋于恒定(见曲线 1)。但是当热变形以低应变速度方式进行时,曲线出现波浪状,即所谓多峰状,这种情况下,动态再结晶是间断进行的,称之为不连续动态再结晶(见曲线 2)。

(2)动态再结晶的应力 – 应变关系曲线

典型材料热变形过程发生动态再结晶时,其应力 – 应变曲线可能出现单峰也可能出现多峰,一般当应变速率减小或者变形温度增加时,应力 – 应变曲线会从单峰过渡到多峰形状。

Zener 和 Hollomon 于 1944 年提出并实验证实了钢材高温拉伸实验下的应力 – 应变为

$$\sigma = \sigma(z, \varepsilon) \tag{10-3}$$

式中,Z 称为热加工参数(或 Zener-Hollomon 参数),它综合描述了热变形过程中变形温度与应变速率对材料热应变行为的影响作用,其定义式为

$$Z = \dot{\varepsilon} \exp\left(\frac{Q_0}{RT}\right) = f(\sigma_f) \tag{10-4}$$

式中,$\dot{\varepsilon}$——应变速率;

　　Q_0——热变形激活能(几乎与应力无关);

　　R——气体常数;

　　T——变形温度;

　　σ_f——应力 – 应变曲线第一个峰的流变应力值。

研究表明,Z 与 σ_f 之间服从以下关系

$$Z = A_1 \left[\sinh(\alpha \sigma_f) \right]^n \tag{10-5}$$

式中,A_1、α——材料系数;

　　n——实验待定参数。

(3)Z 参数的意义与作用

Z 参数反映了材料热变形的难易程度,它的高低对热变形过程的组织性能变化至关重要:当 Z 值大于 Z_p(发生动态再态结晶的临界 Z 值)条件下,热变形材料仅发生回复;当 Z 值小于 Z_p 时,热变形时的应变值达到临界应变量时,变形材料才发生动态再结晶。

同时 Z 参数的高低决定了热变形过程中发生动态再结晶的类型,在低的 Z 值条件下发生不连续动态再结晶,高 Z 值条件下发生连续动态再结晶。随着 Z 值的降低,应力 – 应变曲线由单峰型向多峰型转变,其转变点为 Z_c。一般认为,单峰型应力 – 应变曲线对应着组织细化,而多峰型应力 – 应变曲线对应于组织粗化。这是由于高 Z 值条件下,亚晶界不易迁移,亚晶界处发生的位错间交互作用导致亚结构的形成和发展;随着 Z 值的降低,亚晶界的迁移变得容易,亚晶界迁移引起亚晶界的粗化,导致真正晶界(大角度晶界)的形成,也就是形成了新晶粒。

当动态再结晶过程进入稳定阶段(即动态再结晶导致的应力软化与加工硬化

达到动态平衡)时,稳定动态再结晶的晶粒的平均尺寸($\bar{d}$)与热加工参数 Z 也存在一定的关系

$$\bar{d} = A \cdot Z^{-p} \tag{10 - 6}$$

式中,A、p 均为材料系数。对于碳素钢 A 约为 4×10^4,对于合金钢 A 约为 10^5,对于钢 $p = 0.3 \sim 0.4$。生产实践中通过选择适当的热加工温度和应变速率,即选择适当的 Z 值,来达到控制热加工后的材料晶粒大小的目的。

2. 动态再结晶的基本类型

在低应变速率下,动态再结晶原晶界的弓出机制形核,与其对应的应力 - 应变稳态曲线呈波浪变化。这是由于位错增殖速率低,在发生再结晶软化后,继续进行再结晶的驱动力减小,再结晶软化作用减弱,以致不能与新的加工硬化平衡,从而重新发生硬化,曲线重新上升。等到位错密度积累到一定程度,使再结晶又占上风时,曲线又重新下降。这种反复变化过程将不断进行下去,周期大致不变,但振幅逐渐衰减。在这种情况下,动态再结晶与加工硬化交替进行,使应力 - 应变曲线呈现波浪式。层错能低的铜及铜合金、奥氏体钢等易出现动态再结晶,是这类材料热变形的主要软化机制。

在高应变速率下,亚晶以聚集长大方式进行,随变形量的增加,位错密度不断增加,使动态再结晶加快,软化作用逐渐增强。当软化作用开始大于硬化作用时,曲线开始下降。当变形造成硬化与再结晶引起的软化达到平衡态时,进入稳定阶段。

(1)不连续动态再结晶

动态再结晶现象首先在具有较低层错能的面心立方金属(如铜、镍、铁、不锈钢等)中被发现的,其典型特征是通过大角度晶界的迁移来实现,再结晶晶粒形核和核心长大的两个阶段相当明显,故称为"不连续动态再结晶"[见图 10 - 20(a)]。

这是因为它们的层错能较低,扩展位错比较宽,难以从不完全位错节点和位错网中解脱出来,也难以通过交滑移和攀移而与异号位错相互抵消,动态回复过程受到抑制,亚结构中位错密度很高,剩余的形变储能足以引发再结晶。因此,这类金属材料热加工时,容易发生不连续动态再结晶。

材料发生不连续动态再结晶过程大体经历以下三个过程:

a. 在低应变下,高密度位错区的应力不平衡使晶界发生局部迁移,形成"凸出"。

b. 随着应变量增加,晶界塞积的位错将引起局部出现强烈的应变梯度,迫使晶界位错源向晶内发射位错,一般它们是不同于原滑移系的非基面位错系统。

c. 继续增大应变量,上述非基面位错与基面位错相互作用形成亚晶界,亚晶界切断晶粒的"凸出"部分,这些亚晶随着应变的进行不断吸收晶内位错而提高其位向差,最后发展成大角度晶界,形成再结晶新的晶粒。

不连续动态再结晶的基本特点有

a. 不连续动态再结晶过程经历了重复的、持续的动态再结晶的形成和晶粒长大,导致早期动态再结晶与后期形成的动态再结晶晶粒尺寸不一,从而晶粒组织不均匀;

b. 不连续动态再结晶达到稳定时的应变量不高(小于1),而发生连续动态再结晶的铝和铁素体材的稳定应变量一般要大得多(大于10)。

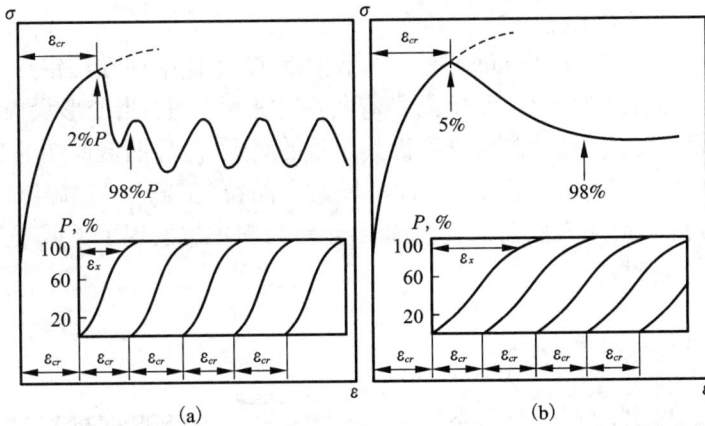

图 10 – 20 发生动态再结晶时的两种真应力 – 真应变曲线,P 为再结晶分数
(a)不连续动态再结晶($\varepsilon_{rc} > \varepsilon_x$);(b)连续动态再结晶($\varepsilon_{rc} < \varepsilon_x$)

(2)连续动态再结晶

材料的连续动态再结晶是通过位错亚晶晶界持续吸收位错,亚晶晶界位向差角的逐渐增大,促使亚晶从小角度向大角度转变,湮灭变形位错,从而使亚晶直接形成动态再结晶晶粒。这个过程几乎不涉及到动态再结晶晶粒的迁移,导致原始组织细化,这也是一种动态再结晶过程,称为连续动态再结晶。其应力 – 应变曲线不呈波浪型,而呈单峰型或动态回复型[见图 10 – 20(b)]。当应力 – 应变曲线呈现单峰型时,稳态流变应变往往非常大。因此。连续动态再结晶具有与不连续动态再结晶完全不同的再结晶行为特征。连续动态再结晶主要发生在高层错能的金属与合金材料,如铝、镁及其合金等,它们热变形时不易出现不连续动态再结晶。

连续动态再结晶的基本特征:

a. 应力 – 应变曲线呈现单峰或动态回复特征,曲线的稳态应变量非常高,一般只有扭转时才能达到如此高的应变量($\varepsilon > 5$),此后流变应力和晶粒大小与应变无关;

b. 在小应变时,晶粒内部产生小角度晶界,随着应变增加到 1 左右,小角度晶

界持续吸收位错而转变成大角度晶界,进而形成动态再结晶晶粒;

c. 在大应变下,动态再结晶组织具有强烈的冶金织构。

通过上述分析,发现连续动态再结晶与不连续动态再结晶的重要区别在于新晶的形核与晶界迁移方式的不同。当晶界迁移速率较快时,发生不连续动态再结晶,而当晶界迁移速率较慢时,发生连续动态再结晶。

研究还发现,低、中层错能金属在高温、高应变速率条件下,其绝热剪切带中同样可发生连续动态再结晶,并可获得超细晶粒组织。

（3）几何动态再结晶

几何动态再结晶是 McQueen 等人于上世纪 80 年代中期在纯铝热变形中发现的,随着热变形过程的进行,原始晶界弯曲得越来越严重,当变形量极大（真实应变达到 60）时,原始大角度晶粒受到极其严重的畸形,晶界两侧原始晶粒的弯曲相互错结到一块,晶界变成"锯齿状",而将原始大晶粒"掐断"、"掐碎",并形成新晶粒（图 10 - 21）。后来人们在铝、镁及锆合金等材料中也发现了类似现象。人们称它为几何动态再结晶。

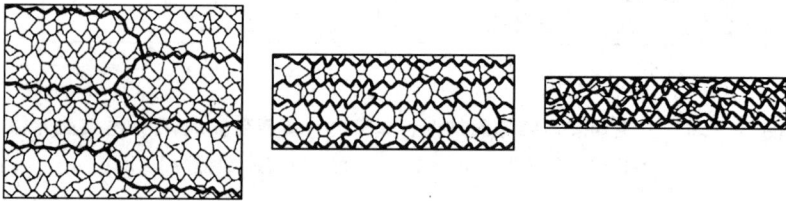

图 10 - 21　几何动态再结晶时晶粒形态及其亚结构转变示意图

虽然这种晶粒与动态再结晶晶粒形状上非常类似,但它只是原始晶粒转化而得的产物,缺乏动态再结晶必备的新的大角度晶界核心形成与迁移长大过程。因此,有人认为几何动态再结晶仍属动态回复过程。

3. 影响动态再结晶的主要因素

动态再结晶的影响因素大致可分为内因,外因。前者包括层错能,晶界扩散速度。后者包括变形温度,应变速度,变形程度,晶粒度等。

（1）金属层错能　因为金属的层错能低,全位错易于分解为部分位错,其扩展位错的宽度也大,因此不易产生交滑移、攀移,难于通过交滑移和攀移而相互抵消,变形开始阶段形成的亚组织回复得很慢,所以动态回复难以进行,胞状亚结构位错密度很高,易促进再结晶形核与长大,且亚晶尺寸很小,胞壁中有较多位错缠结,故动态再结晶容易发生在层错能较低的金属及合金中（如铜、黄铜、γ - 铁、不锈钢等）。在一定的应力和变形温度条件下,当材料在变形中储存能积累到足够高时,就会导致动态再结晶的发生。

（2）动态再结晶的能力除与层错能有关外，还取决于晶界迁移的难易。金属越纯发生动态再结晶的能力越强。例如，经真空熔炼和区域提纯的铁能发生动态再结晶，而一般工业纯度的铁和钢中就没有观察到动态再结晶。固溶于合金中的溶质原子，虽能减小回复的可能性，增加动态再结晶的能力，但溶质原子能防碍晶界迁移，减慢动态再结晶的速度。弥散的第二相也能阻止晶界迁移，防碍动态再结晶的进行。图 10 – 22 就是一个典型的实例，在 500℃的变形温度下，当压缩的应变速率是 $1.8 \times 10^{-2}/s$，真应变为 0.1 时，在

图 10 – 22　三种铜合金的动态再结晶的应力 – 应变曲线

99.999%的纯铜中，动态再结晶就开始了，流变应力迅速下降。在很小的应变范围内，就达到了稳定变形阶段，应力应变曲线变得平缓。在含氧 0.05%的韧铜中，由于弥散的 Cu_2O 粒子阻碍晶界运动，使动态再结晶滞后。在铜镍合金中，可以看到更大的差别。加入 9.5% Ni 大大减小了动态回复的速度，加工硬化率比前两者都高，直到达到 0.7 时，动态再结晶仍未得到充分发展。

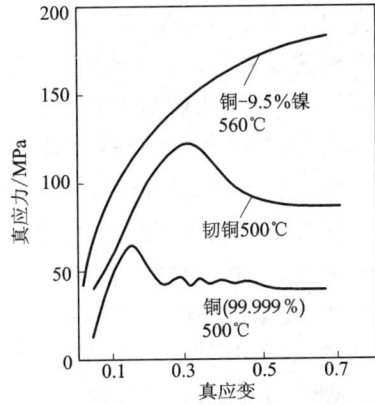

（3）变形温度是影响金属再结晶的一个重要因素。以铜为例，温度升高加剧了原子振动，提高了扩散速率，导致位错的滑移，攀移等过程容易进行，进而提高了形核速率，同时晶界迁移能力增强，故再结晶能力增强（图 10 – 22）。

（4）变形速度几乎与形核无关，但对新晶粒的大小有明显影响（图 10 – 23）。根据 Zener-Hollomon 公式，适当增大 Z 参数，即增大应变速度或降低变形温度，可以用来细化晶粒。

从动态再结晶的特点可知，动态再结晶的发生以一定的变形量为先决条件。当实际变形程度达到临界值时，亚晶才会形成，动态再结晶才能发生。同时，变形程度也对动态再结晶晶粒尺寸有很大影响。增大变形量可以增加晶内畸变，增加储存能，从而提高新晶粒的形核速率，从而达到细化

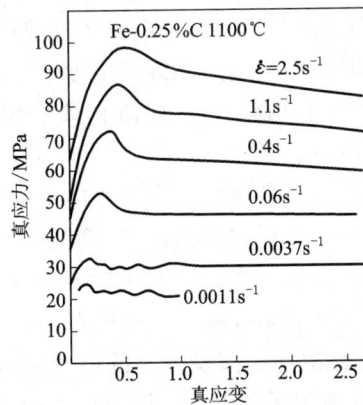

图 10 – 23　应变速度对动态再结晶的影响

晶粒的效果。

在奥氏体碳素钢、低合金钢、不锈钢、工具钢以及黄铜、蒙乃尔、镍基高温合金中都发现了动态再结晶,其中合金元素起了延迟动态再结晶、增加强度的作用。在热加工温度较低时,一般不发生动态再结晶,但导致韧性的降低。

应当指出,热变形结束后由于温度还较高,组织会继续发生变化,即产生静态回复、静态再结晶和亚动态再结晶。热加工后的静态回复,一般发生在变形量较小和应变速度低的热变形之后,或者发生在静态再结晶前的孕育期内。热变形时以动态回复为主的金属,变形后经过一定的孕育期会产生静态再结晶;以动态再结晶为主的金属,变形后发生无孕育期的亚动态再结晶,这些都使变形后的金属继续软化。因此,在工业生产条件下很难把动态再结晶的组织保持下来。

总之,动态再结晶后的晶粒越小,变形抗力越高。变形温度越高,应变速度越低,动态再结晶后的晶粒就越大。因此,控制变形温度、应变速度及变形量就可以调整热加工材的晶粒大小与强度。动态再结晶与静态再结晶一样,也是一个大角度晶界(或亚晶界)向高位错密度区域移动的过程。这里只要把应变速率($\dot{\varepsilon}$)比作形变量(ε)就可以了。但是在稳定态时,再结晶形核、生长的同时还处在形变过程中,因此动态再结晶的组织形态有如下特征:

a. 再结晶晶粒中出现位错缠结构成的亚结构(形变胞),使再结晶区与未再结晶区的储存能差别减小。特别在大热应变时,这种影响更为显著。

b. 随热应变量提高,再结晶晶粒中心的位错密度积累到足够发生另一轮再结晶时,新的一轮再结晶便又开始,而再结晶晶核只能发生有限长大,晶粒始终保持微细状态,与静态再结晶晶粒相比,要细小得多。

c. 再结晶后每个晶粒的中心部分仍处于形变状态,在晶粒内会存在着应变量从零到稍大于 ε_p 的区域,这种组织状态比静态再结晶组织有更高的流变应力。如果晶粒平均尺寸相同,则动态再结晶组织有较高的强度和硬度。

d. 提高应变温度和降低应变速率,与动态回复相似,会形成比较大而完整(位错密度低)的晶粒。反之,降低应变温度和提高应变速率,则得到比较细小、位错密度较高的晶粒。

动态再结晶需要一定大小的驱动力(储存能),由于热形变过程中的动态回复随时在进行,储存能随时在释放,不容易积累到再结晶所要求的水平,所以往往要在比静态再结晶临界形变量耗费更高的形变量下,才能发生动态再结晶。

动态再结晶过程也同样受晶界迁移难易(可动性)的影响。凡是阻止晶界迁移的因素,都会提高稳衡态的流变应力。如果材料是固溶体合金或含有杂质,则溶质原子虽能减小金属的回复能力而增加动态再结晶的倾向,但往往严重地阻碍晶界迁移,即降低晶界可动性,减慢动态再结晶的速率。如果材料是弥散型合金或含有夹杂物,那么细小分散的第二相能稳定基体中的亚组织和阻止晶界移动,遏止动态再结晶的进行。在材料生产中,微合金化低碳建筑钢的发展,其主要依据就是利用微量强碳化物形成元素(V、Ti、Nb)在低碳钢中形成细小分散的碳化物,以阻碍动态再结晶。

10.2.7　热变形后的静态回复和静态再结晶

热变形后,由于温度还较高,组织会继续发生变化,即产生静态回复和再结晶。

热变形后的静态回复和再结晶,一般发生在变形量小于临界变形程度和应变速度低的热变形之后,或者是变形量较大的变形之后,静态回复和静态再结晶的孕育期内。热变形时,以动态回复为主的金属,变形后经一定的孕育期后产生静态再结晶。以动态再结晶为主的金属,热变形后发生无孕育期的亚动态再结晶,这些都使变形后的金属断续软化,软化的程度主要取决于

(1)变形后的温度;

(2)二次变形间停留时间;

(3)热变形的变形程度和应变速度;

(4)材料的成分及层错能的高低等因素。

从上面可以看出,热变形中的硬化和软化与变形温度、变形程度、应变速度、金属的层错能和化学成分等因素密切相关。近几十年来,对热变形过程的试验研究已取得了不少进展,利用控制热变形的温度、变形程度、应变速度、多道次变形的停留时间和冷却速度等参数来获得性能良好的材料和零件,这些方法主要应用在控制轧制、热锻淬火(形变热处理)以及控制零件晶粒度等方面。例如,用普通速度锻造的铝合金零件,在成形后的热处理加热中,在某些区域容易因再结晶引起局部晶粒粗大,如果将温度提高并进行慢速变形,则能够形成稳定的动态再回复组织,这样再结晶只能在高于热处理加热温度时才会发生,从而使热处理后的零件有比较均匀的组织。

10.3　金属的温变形及组织与性能变化规律

温变形是指在回复温度以上、再结晶温度以下进行的变形过程,如钢铁材料常见的温挤压、温锻和温轧等,铜、铝及其合金材的温轧,以及钨、钼丝的温拉等。

与冷变形相比,金属的温变形所需的变形力大幅度下降,对设备的要求较低,同时所用模具的寿命可大大提高,有时甚至可以提高近百倍。另外,对于一些冷变形难以加工的金属材料,使用温变形时,可以省去期间的退火工艺,大大提高生产效率。与热变形相比,温变形加热温度低,氧化、脱碳现象比较轻,甚至可以做到基本不产生氧化皮,零件的表面光洁度和精度大幅提高。温变形时,金属坯料的余量较热变形小得多。此外,采用温变形的制品,其晶粒度的控制较为容易,一般来说,

制品晶粒较为细小。可见,采用温变形一方面能改善材料的成形性、工艺性和经济性,另一方面又能改善制品的使用性能。

采用温变形工艺时,最重要一点就是合理的确定变形温度范围。温度太高,氧化和脱碳比较严重,温度太低,变形抗力大大增加。对于钢铁材料温变形一般在200～850℃,温挤压为700℃左右,成形质量较好。奥氏体不锈钢温变形温度常取200～400℃。对于铝用合金材一般采用室温至250℃,铜或铜合金是室温至350℃。但是对于具体材料温变形温度范围的选择,应根据应变速度、变形程度以及对制品性能的要求进行综合考虑。

钢铁材料温变形温度范围的选择,应注意避免金属的脆性区,因为钢在蓝脆范围内,强度达极大值,塑性为极小值。如果在这一温度范围进行加工,钢的抗力大、塑性低,不利于加工进行。应注意的是,随着应变速度的增加,蓝脆温度向高温侧转动,如一般应变速度下,蓝脆的温度范围通常为250～400℃,高应变速度时可达400～600℃。合金元素对蓝脆性也有影响,充分脱硫和脱氮的纯铁不存在蓝脆温度区。又如高速钢在700℃和900℃时,以及低于500℃时,钢材温挤压时出现明显的脆性,而在750～850℃时,润滑条件合适、应变速度适宜时,不易出现裂纹。

但在生产实践中,硅钢片的轧制,有时特意在蓝脆温度范围内进行变形,因为在该温度范围内成形时,会产生大量的位错钉扎。经温变形时所产生大量亚结构,无论在形态上,还是分布上都是不均匀的,其中大多数亚晶粒为长条状,有个别内部位错密度仍很高。与同种硅钢热轧制品相比,温轧后形成的织构较强。

其次,温变形过程中合理选择润滑剂也是一个重点。一般以固体润滑剂为主,如温挤压时,常采用石墨加低黏度机油润滑剂,润滑效果良好。随着温变形所需加工的材料多样化,如何选择适合各种金属材料温变形的润滑剂和润滑方式,已成为有待进一步研究的重要课题。

金属材料发生温变形后,与冷变形类似,晶粒形状大小均将发生变化,某一晶向趋近最大主变形方向,也会发生位错缠结,晶粒内产生亚结构。变形量大时,还会出现纤维组织与变形织构,金属出现各向异性。在一定的变形温度下,随着变形量增加,金属内部晶粒细化越发明显,当变形量达到某临界点,温变形金属内部则开始发生再结晶。变形后,金属内部晶粒呈等轴状,加工硬化消失。生产中可以通过增加变形程度、降低变形温度的方法来得到细小的温变形再结晶晶粒。另外,在变形温度与变形应力的双重作用下,金属内部原子扩散运动加剧,从而可使铸造组织内的偏析得到部分消除,金属成分变得较为均匀,性能有所提高。

10.4　金属塑性变形的温度–速度效应

如前所述,金属在塑性变形过程中会发生一系列组织性能的改变,如变形抗力增加、塑性下降、电阻提高,在酸中的溶解度变大、扩散过程加速和磁性发生改变等。对同一种金属而言,引起上述变化的主要原因是变形温度、应变速度、变形程度,以及摩擦与润滑条件,而前三个因素则构成了金属塑性加工时的热力学条件。

10.4.1　变形温度

塑性变形时金属所具有的实际温度,称为变形温度,它与加热温度是有区别的。变形温度既取决于金属变形前的加热温度,又与变形中能量转化而使金属温度提高的温度有关,同时又与变形金属同周围介质进行热交换损失所引起的温降有关。

在塑性变形过程中,变形温度对金属的塑性和变形抗力有重大影响。就大多数金属而言,其总的趋势是:随着温度升高,塑性增加,变形抗力降低。但在某些特定的条件下,温度的升高也可使塑性降低和变形抗力增加(也可能降低)。由于金属和合金的种类繁多,温度变化所引起的物理 – 化学状态变化各不相同,因此很难用一种统一的规律来概括各种材料在不同温度下的塑性抗力行为,在生产实际中,必须综合各种因素来确定。

10.4.2　应变速度

应变速度是金属压力加工生产工艺中另一个很重要的工艺因素,它对变形金属的性能有较大的影响。

应变速度为单位时间内变形程度的变化或单位时间内的相对位移体积,即

$$\dot{\varepsilon} = \frac{d\varepsilon}{dt} = \frac{1}{V} \cdot \frac{dV}{dt} \qquad (s^{-1}) \qquad (10-7)$$

式中,$\dot{\varepsilon}$——应变速度;

　　ε——变形程度;

　　V——变形物体的体积;

　　t——完成变形所需要的时间。

一般用最大主变形方向的应变速度来表示各种变形过程的应变速度。但应注意把金属压力加工时工具的运动速度与应变速度严格区分开来,二者既有联系,又有量与质的不同。

应变速度对塑性和变形抗力的影响,是一个比较复杂的问题。随着应变速度

的增加,既有使金属的塑性降低和变形抗力增加的一面,又有作用相反的一面。而且在不同变形温度下,应变速度的影响程度亦不同。因此很难得到在任何温度下,对所有金属均适用的统一结论。在具体分析应变速度的影响时,要考虑到材料性质、工件形状、冷变形或热变形等因素,才能得到比较正确的结果。

10.4.3　变形中的热效应及温度效应

一般在较高的速度下使金属塑性变形时,都有明显的发热现象。这是因供给金属产生塑性变形的能量,消耗在弹性变形和塑性变形上,耗于弹性变形的能量,造成物体的应力状态;而消耗在塑性变形的能量,因塑性变形的复杂现象(滑移、晶间错移等)所致,变形后绝大部分转化为热能,当这部分热量来不及向外散发而积蓄于变形物体内部时,促使金属温度升高。可见,应变速度越大,亦即单位时间内变形量越大时,发热量越多,散发的时间越不够,造成变形金属温度的升高也越显著。所以,应变速度的影响,实质上是通过温度条件在起作用。应该注意,变形过程中的温度和速度条件是统一的和互相制约的,应将两者综合考虑。

所谓"热效应"是指变形过程中金属的发热现象。热效应可用发热率来表示:

$$\eta_A = \frac{A_T}{A}(\%) \tag{10-8}$$

式中,η_A——发热率;

　　A_T——转化为热的那部分能量;

　　A——使物体产生塑性变形时的能量。

不同金属的发热率是不相同的,如铝约为93%,铜为92%。一般认为在室温条件下镦粗时,纯金属的发热率为0.85~0.9,合金的发热率为0.75~0.85。

塑性变形过程中的发热现象,在任何温度下都发生,不过在低温下表现得明显些,发出的热量也相对地多些。随着温度的升高热效应减小,因为温度升高时变形抗力降低,单位变形体积所需要的能量小。

塑性变形过程中因金属发热而促使金属的变形温度升高的效果,称为温度效应,用 α_η 表示:

$$\alpha_\eta = \frac{T_2 - T_1}{T_1} \times 100\% \tag{10-9}$$

式中,T_1——变形前金属所具有的温度;

　　T_2——变形后因热效应的作用金属实际具有的温度。

按上式计算的 α_η 越大,则表示温度上升得越多。

1.影响温度效应的因素

变形过程中的温度效应,不仅决定于塑性变形功所排出的热量,而且也取决于接触表面摩擦所产生热量。因此,在某些情况下(如变形时不但应变速度高而且接触摩擦力大),变形过程中的温度效应可达到很高的数值。由此可见,要控制适当的温度,不但与应变速度有关,也应充分估计金属和加工工具接触表面间的接触摩擦在变形过程中所起的作用。概括起来,温度效应与下列因素有关。

(1)变形温度。温度越高,变形抗力及单位体积变形功就越小,转化为热的那一部分能量当然也越小。而且高温下热量往往容易散失,故热变形之温度效应小,而冷变形之温度效应大,例如,在 Conform 连续挤压机上进行铝的冷挤压时,由于接触摩擦的作用,工件的表面温度可高达 $400 \sim 500\,℃$。

(2)应变速度。应变速度越高,变形时间就越短,热量散失的机会也越少,因而温度效应越大。另外,从应变速度对变形抗力的最终影响来看,提高应变速度会使得变形抗力增加,故温度效应亦增加。常常可以看到这种现象:在完全锤下快速连击,毛坯温度不仅不会降低,反而会升高。

(3)变形程度。变形程度越大,所做的单位体积变形功就越多,转化为热的能量必然也越多。

(4)变形体与周围介质的温差及接触面的导热情况。

实际情况下,影响温度效应的因素是比较复杂的。如在塑性变形过程中接触表面外摩擦所产生的热,亦会直接使变形体的温度升高。

2. 变形热效应的后果

(1)改变变形抗力。一般热效应使变形抗力降低;但在特殊情况下,假如热效应引起温度的升高,达到了弥散相的温度范围内,而弥散相又来不及在变形过程中析出时,可使变形抗力提高。

(2)改变变形过程的型式。由于热效应使变形物体的温度升高,改变原来变形的型式。如在高速下进行冷变形时,因热效应力的作用而使冷变形过程转化为温变形。

(3)引起相态的变化。使物体(合金)的温度达到相变的温度范围内,而且时间又较充分时,则相变可以在变形过程内完成,引起相态的变化。

(4)改变合金的塑性状态。由于钨、钼的塑－脆转变温度高于室温,因而钨、钼丝的拉伸必须在加热的状态下进行。但由于再结晶的钨、钼是很脆的,所以,加工温度不能超过坯料的再结晶温度。又由于钨、钼具有加工硬化快的特点,为了避免丝料加工时迅速硬化而导致劈裂和硬脆,加工温度不应低于其应力回复温度。例如,在旋锻过程中,若因加大压缩率或提高应变速度而显著发热,以致使金属的温度升高到再结晶温度以上时,则结果因金属塑性的降低而造成脆断。反之,当加大压缩率或提高应变速度时,若将加热温度降低 $50 \sim 100\,℃$,则发热的影响可刚好补偿至正常温度,从而避免了温度升高到再结晶温度,故可在大压缩率情况下使变形顺利进行。

3. 变形热效应的有利作用

(1)制定加工工艺规程时,采用适当的应变速度、变形温度与变形程度,可以减少或取消中间退火(充分利用热效应);

(2)可以在低温下进行高速变形;

(3)可以提高金属的塑性与降低变形抗力,使较难变形的金属易于加工;

(4)实际操作中,用以控制工具孔型。

4. 热效应的不利影响

(1)使工具温度升高,造成金属粘结工具的现象。如粘模、缠辊等,大大降低工具的寿命与产品质量。

(2)使应变速度受到限制,影响生产率。如旋锻和拉丝过程中,由于变形温度升高显著,使之不能稳定(缩丝或断丝)进行,而必须采取一些必要的冷却措施。

(3)某些金属因热效应使之进入脆性状态,从而不能采用连续变形。

10.4.4　热力学条件之间的相互关系

塑性变形过程中的变形温度、应变速度、变形程度都使变形体的内能增加。温度升高是变形体中原子动能增加的反映,而其他两个条件也影响到变形体的温度变化。所以,变形温度、应变速度和变形程度(工艺上称"三度")是变形规程的基本参数,故又统称为变形规程。

制定良好的变形规程,直接关系到变形过程能否顺利进行,产品质量能否合乎要求。因为变形温度直接决定于变形型式,即决定硬化与软化的情况。而变形程度对软化温度范围及软化速度、晶粒度等又有影响。变形程度大时,再结晶速度加速,而且再结晶开始与终了温度有所降低,晶粒变细;同时在一定的工具速度下,变形程度的提高也引起应变速度的提高。变形程度与应变速度的变化,又同时影响变形温度的变化,从而影响到硬化与软化的效果,导致变形型式发生变化,这些都使金属组织发生变化,从而影响金属性能。在大多数情况下,变形规程对产品性能有决定性的影响,因此有必要综合考虑"三度"对变形型式的影响。

根据不可逆过程热力学理论,在一定的假设条件下,可得出变形抗力与"三度"的如下规律:

(1)变形温度和应变速度恒定时,变形程度 ε 与变形抗力 σ_s 的关系:

$$\sigma_s = \alpha \varepsilon^a \qquad (10-10)$$

(2)变形程度和应变速度恒定时,变形抗力与单相状态条件下的变形温度的

关系为

$$\sigma_s = \beta e^{-bT} \qquad (10-11)$$

（3）变形程度和变形温度恒定时，变形抗力与应变速度的关系为

$$\sigma_s = \gamma \, \dot{\bar{\varepsilon}}^{\, c} \qquad (10-12)$$

综合（10-10）式、（10-11）式、（10-12）式可写成

$$\sigma_s = A(\bar{\varepsilon})^a (\dot{\bar{\varepsilon}})^c e^{-bT} \qquad (10-13)$$

式中，A、a、b、c、α、β、γ——取决于变形条件和变形材料的常数，由实验确定；

$\bar{\varepsilon}^c$——平均变形程度；

$\dot{\bar{\varepsilon}}$——平均应变速度；

T——变形温度，K。

10.4.5 塑性变形对固态相变的影响

1. 应力与变形的作用

在应力的作用下，可使相变温度降低或使平衡状态下为固溶体的合金，发生新相的析出。例如，В·И·马劳维茨卡雅等用直径为 3mm，化学成分为 1.0% C、1.6% Cr、0.3% Mn 的钢，进行扭转变形，研究了塑性变形对奥氏体向珠光体转变的影响。发现塑性变形加速奥氏体的分解。在该扭转试验中，奥氏体转变的数量在试样的周边层较多。

金属在塑性变形时，常伴随有各种形式晶体点阵的畸变及应力的不均匀分布，使金属内能增加、原子激活能提高，这样就使金属原子的互扩散和自扩散过程变得容易。应力的数值及其分布的不均匀程度越大，则原子的扩散移动亦越强烈。在固溶体中，原子的扩散流动能够降低原子点阵的规则排列和引起浓度的偏聚，直至新相的析出为止。在多相系的晶体中由于扩散使应力分布的均匀化，不仅造成各相中原子的重新分布，而且也使相间原子发生交换。因此，在塑性变形过程中，可能改变其各相间的数量比和它们的化学成分。结果，在变形时可能大大改变合金的性质，其中包括变形抗力和塑性指标。同时，根据某些相的产生和某些相的消失，性能的变化可能有所不同。

由于在高的应力作用下原子扩散过程的加剧，可使相变温度有所降低，但是，在高的静水压力下、应力又妨碍产生相变，例如高温淬火的硬铝，在 10^4 kg/mm² 的各向压力下与大气压力下的时效相比，硬度增长得要慢，这可能是在各向相等压力下晶格中的原子很难移动的缘故。

另外，压力的增加也可使金属熔点有明显改变，一般是提高熔点的上限温度，

例如锌,当压力提高到 200 kg/mm^2 时,其熔点温度几乎提高 100℃,这意味着扩大了变形的温度范围,并可改善产品的质量(消除破断的裂纹)。

硬铝合金在冷变形时发生相变的情况,由图 10－24 可以看出,退火状态下进行冷变形,晶格常数没有变化,但同一合金在淬火后再进行冷变形时,发现晶格常数有变化,并且随着变形程度的增加而连续地改变,这说明在淬火后存在的过饱和固溶体承受冷变形时发生了分解,即形成新相所致。

М·И·札哈洛瓦在对含 0.5% 和 1% Be 的三元合金 Cu－Si－Be 和 Cu－Mn－Be 的研究中确定,在淬火和冷轧后的回火过程中

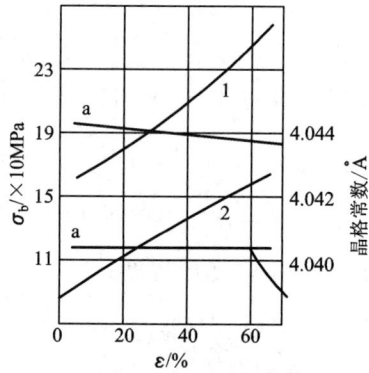

图 10－24　变形程度对硬铝相变的影响
1—淬火后的变形;2—退火后的变形

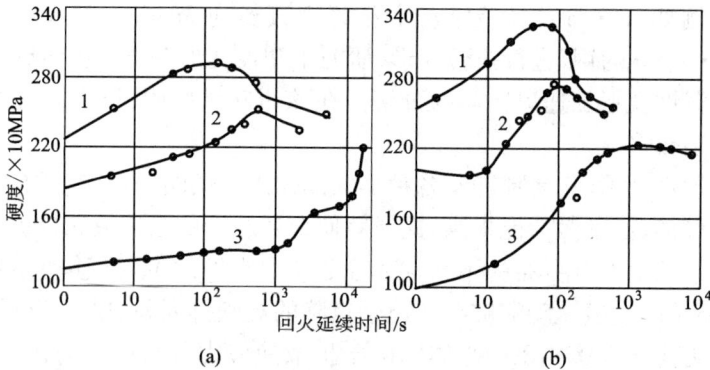

固溶体的分解加快,且冷变形程度越大,分解速度越大(图 10－25)。

图 10－25　含 0.5%Be 和 4%Si(a)和含 1%Be 和 2.75%Si(b)的
铜铍合金的硬度随变形程度和 350℃时回火时间的变化
1—变形程度 60%;2—变形程度 30%;3—未变形

2. 温度和应变速度的作用

由于在塑性变形过程中变形物体的温度发生了变化,相的转变可在下述条件下发生:

(1)在变形过程中物体被冷却到相变温度,并且相变是在变形的同一时间内完成的。

以 H60、H59、H58 黄铜为例,根据铜－锌状态图(图 10－26),这类黄铜的组织随温度的不同可能由下列相组成:在 100～453℃ 的温度下,含有 α 和 β′ 两种相。当温度从 540℃ 升到 750℃ 时,合金虽仍然保持两相状态,但发生了由 β′→β 的同素异型转变,这时合金由 α+β 组成。在高于 750℃ 时,又发生一次相转变、变成只有 β 相的单相组织。这类合金一般加热到 β 单相区内进行热变形(热锻和热轧温度是 730～820℃),但是,若在加工过程中温度降低至 730℃ 以下,则在变形过程中开始了固溶体的分解。从固溶体沉淀出的 α 相,在变形过程中再结晶并得到球化。变形黄铜的这种粒状组织,使其抗力指标降低。另外粒状结构在重复加热的情况下又能引起晶粒显著地长大。得到粒状组织是有害的。如果固溶体的分解是在变形完毕后发生的,则 α 相变成针状,这种针状组织有利于提高制品的抗力指标,并且在以后的重复加热过程中也不会引起晶粒的长大。所以,热变形时,控制恰当的完工温度以避免不希望的组织变化是很重要的。

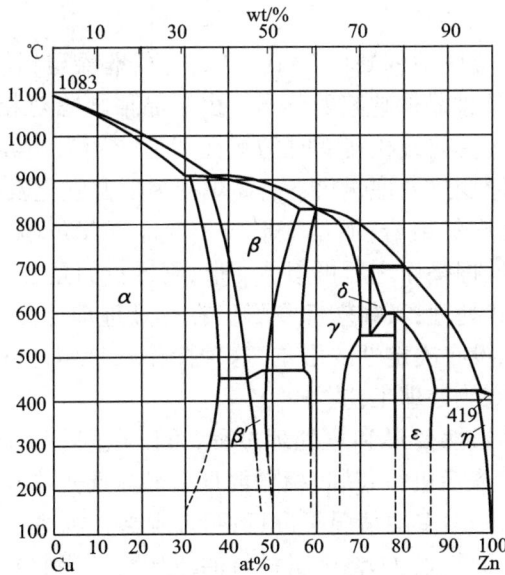

图 10－26　铜－锌状态图

(2)在变形过程中变形物体被加热到相变温度,并且相变是在变形过程中实现的。

金属在塑性变形过程中,在变形物体内的某些区域可呈现出强烈的塑性变形和热效应。因此,使此局部区域的温度有明显的升高,出现以再结晶方式而进行的组织变化或相转变。这种塑性变形局部化的位置可称为局部化夹层。在这里进行着某种组织的变化或相变,而这些变化是与金属基体中的变化不同的。这样的夹层,在实际中是可以观察到的。例如中碳钢和高碳钢进行冲击变形时,利用电子显微镜可以确定,在局部化位置上产生有夹层,其组织是隐针状马氏体。

关于应变速度对相转变的影响,可依情况的不同而异。在一些情况下,高应变速度可引起相的转变,而在另一些情况则相反,高应变速度阻碍相变的产生。因为在这种情况下,在变形过程中相变来不及进行。例如在静载荷条件下,铝青铜(约含9%Al及4%Fe的铜合金)在350~450℃的温度范围内,由于产生相变而呈现脆性,可是当受冲击载荷时,则表现了无脆性现象,因此在此情况下相变来不及进行。

10.5　形变热处理

形变热处理是形变强化和相变强化相结合的一种有效地综合强化工艺。它包括金属材料的塑性变形和固态相变两种过程,并将两者有机地结合起来,利用金属材料在形变过程中组织结构的改变,影响相变过程和相变产物,以得到所期望的组织与性能。

塑性变形增加了金属中的缺陷(如位错、空位、堆垛层错、小角度和大角度晶界等)密度和改变了各种晶体缺陷的分布。由于晶格缺陷对相转变时组织的形成有强烈影响,所以相转变前或相转变时的塑性变形能用来使经受热处理的合金获得最佳组织。因此,形变热处理强化不能简单视为形变强化及相变强化的叠加,也不是任何变形与热处理的组合,而是变形与相变能互相影响、互相促进的一种工艺。例如,在所有热处理操作之后再塑性变形,则进行的是普通热处理及其后的塑性加工,而不是形变热处理;又如塑性变形已在热处理前完成,并对合金在相转变时所形成的最后组织没有决定性的影响,这种操作则是塑性变形和热处理的简单组合,因此也不是形变热处理工艺。

形变热处理中的塑性变形和热处理过程,可以在同一工序中完成(即两者是同时进行的),也可以先后进行,其间相隔数日。最重要点在于相转变必须在塑性变形所形成的晶格缺陷增多的情况下进行,两者应当有机地结合。

形变热处理的主要优点:①将金属材料的成形与获得材料的最终性能结合在一起,简化了生产过程,节约能源消耗及设备投资。②与普通热处理比较,形变热处理后金属材料能达到更好的强度与韧性相配合的力学性能。例如,有些钢特别是微合金化钢,唯有采用形变热处理才能充分发挥钢中合金元素的作用,得到强度高、塑性好的性能。例如09MnNb钢正常轧制后屈服强度(σ_s)为38.2 MPa, -40℃梅氏(Mesnager)冲击值(α_K)为6.18 MPa·m/cm^2;经正火后, -40℃的α_K可提高到58.9~78.5 MPa·m/cm^2,而σ_s下降49 MPa;如采用控制轧制(形变热处理工艺之一),强度与韧性都可进一步提高:α_s约441 MPa, -40℃的α_K可达58.9~117.8 MPa·m/cm^2。

形变热处理工艺中的塑性变形,可以用轧、锻、挤压、拉拔等各种形式,已广泛应用于生产金属与合金的板材、带材、管材、丝材和各种零件,如板簧、连杆、叶片、工具、模具等的生产上;与其相配合的相变有共析分解、马氏体相变、脱溶等。形变与相变的顺序也多种多样:有先形变后相变;或在相变过程中进行形变;也可在某两种相变之间进行形变。

形变热处理按材料分为两类:①时效合金的形变热处理,包括铝铜合金、铝镁合金、镍基合金等,多用于有色金属,其工艺主要有三种:低温形变热处理、高温形变热处理,以及预形变热处理,如图 10－27 所示。图中齿形线表示塑性变形。②马氏体转变型的形变热处理。适用于各种存在马氏体转变的合金,也有低温形变热处理,高温形变热处理(含控制轧制和控制冷却技术),和复合形变热处理几种,应用最广泛的是钢铁材料的控轧、控冷技术。

本文限于篇幅,只介绍有色金属生产上广泛应用的时效型合金的形变热处理。

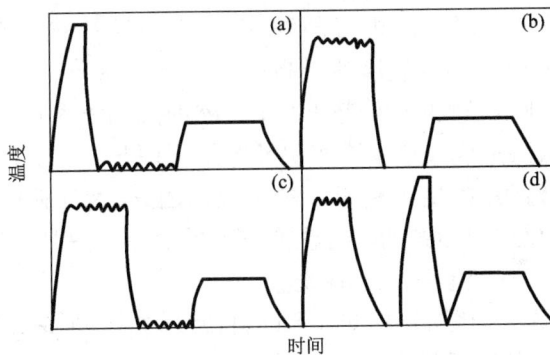

图 10－27　时效型合金形变热处理工艺图
(a)低温形变热处理;(b)高温形变热处理;
(c)综合形变热处理;(d)预形变热处理

10.5.1　低温形变热处理

时效合金的低温形变热处理早在 20 世纪 30 年代就已出现,且已广泛应用,主要用于提高合金的强度性能。其工艺方法是:合金首先用常规工艺淬火,然后在时效前加以冷变形。它与没有预变形的时效相比,低温形变热处理所得到的强度极限和屈服应力较高,但塑性指标较低。图 10－28 示出冷变形程度对淬火镍合金硬度的影响(曲线 1),以及对经变形和时效后的同样合金的影响(曲线 2)。

低温形变热处理对硬度的影响可用两个原因加以解释:①冷变形产生应变硬化,从而使随后的析出硬化从较高的初始合金硬度开始。②最重要的是冷变形使

析出硬化作用增强。例如,尼莫尼克 90
(一种铬镍耐热合金)若无冷应变硬化,则
通过 450℃时效所产生的硬化效应很小,
只有 147 MPa。随着冷变形程度的增加,
时效硬化效应不断增大(图 10 – 28 中曲
线 1 和 2 分离)。在 90% 冷拉收缩率下,
时效所增加的硬度可达 171.5 MPa。由此
可见,在一定条件下,时效前冷变形的作
用是十分明显的。

若冷变形前已进行了部分时效,则这
种预时效会影响最终时效动力学及合金
性质。例如,Al – 4% Cu 合金淬火后立即
冷变形并于 160℃时效,则经 20 ~ 30 h 硬
度达最高值。若经自然时效后进行同样
变形,160℃时效只需 8 ~ 10 h 硬度达最高

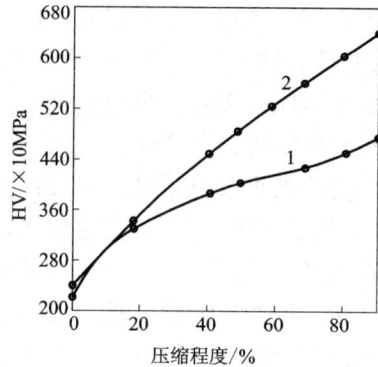

**图 10 – 28　Nimonic90 线材淬火后冷拉变
形与时效后硬度的关系**
($\varphi = 4$mm,1000℃淬火)
1—冷拉;2—冷拉 + 450℃时效 16h

值。后种情况,人工时效的加速可能是由于自然时效后 G·P 区对变形时位错运
动阻碍所致,这种阻碍造成大量位错塞积及缠结,有利于 θ' 的脱溶。此外,在位错
附近也存在铜原子富集区,也有利于 θ' 的形核。因此,为加速这种合金的人工时
效,变形前自然时效是有利的。这样,就形成了低温形变热处理工艺的一种变态,
即淬火—自然时效—冷变形—人工时效。

预时效也可用人工时效,根据同样原因将使最终时效加速,增加强化效果。这
样就形成了低温形成热处理工艺的另一种变态,即淬火—人工时效—冷变形—人
工时效。对不同基体的合金,可广泛试用不同的低温形变热处理工艺组合。

低温形变热处理亦可采用温变形。在温变形时,动态回复进行得较激烈,有利
于提高形变热处理后材料组织的热稳定性。

当前,低温形变热处理广泛应用于铝、镁、铜合金及铁基奥氏体合金半成品与
制品的生产中。例如,2A12 合金板材淬火后变形 20%,然后在 130℃时效 10 ~
20h;与标准热处理相比,经这种处理后 σ_b 可提高 60 MPa,$\sigma_{0.2}$ 提高 100 MPa,塑性
尚好。2A11 合金板材淬火后在 150℃轧制 30%,然后在 100℃时效 3h;与淬火后
直接按同一规程时效的材料相比,σ_b 可提高 50 MPa,$\sigma_{0.2}$ 提高 130 MPa,但 δ 值降
低 50%。Al – Zn – Mg 系合金按淬火—短时人工时效—冷变形在同一温度下再时
效这一工艺进行处理,合金具有较大的应力腐蚀抗力,强度降低不多。时效前冷轧
可使 QBe2.0 合金的 σ_s 提高 20%。

低温形变热处理工艺简单且有效,这是能广泛应用的主要原因。但因大多数
合金经此种处理后塑性降低,某些铝合金还可能降低蠕变抗力并造成各向异性等

弊端,在应用此种工艺时,应综合这些方面的要求进行考虑。

10.5.2　高温形变热处理

高温形变热处理工艺为热变形后直接淬火并时效[图 10 – 29(b)]。因为塑性区与理想的淬火温度范围既可能相同也可能有别,因而其形变和淬火工艺可能形成图 10 – 29 所示。总的要求是应自理想固溶处理温度下淬火冷却,其中(f)图表示利用变形热将合金加热到淬火温度。

进行高温形变热处理必须要求所得到的组织满足以下三个条件:①热变形终了的组织未再结晶(无动态再结晶);②热变形后可以防止再结晶(无静态再结晶);③固溶体必须是过饱和的。若前两条件不能满足而发生了再结晶,高温形变热处理就不能实现。

进行高温形变热处理时,由于淬火状态下存在亚结构,以及时效时过饱和固溶体分解更为均匀(强化相沿亚晶界及亚晶内位错析出),因而使强度提高。另外,固溶体分解均匀、晶粒碎化及晶界弯折使合金经高温形变热处理后塑性不会降低。对铝合金来说,塑性及韧性甚至有所提高。再有,因晶界呈锯齿状以及亚晶界被析出质点所钉扎,使合金具有较高的组织热稳定性,有利于提高合金的耐热强度。

若合金淬火温度范围较为狭窄(如 2A12 仅为 ±5℃),则实际上很难保证热变形温度在此范围内。这种合金就不易实现高温形变热处理。

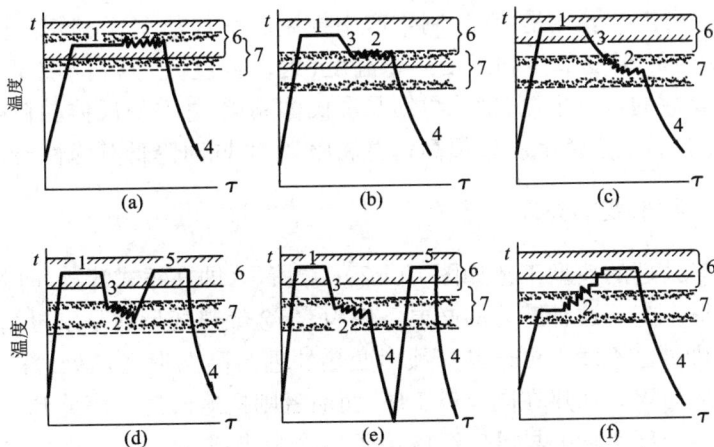

图 10 – 29　高温形变热处理工艺

1—淬火加热与保温;2—塑性加工;3—冷至变形温度;4—快冷;
5—重新淬火加热短时保温;6—淬火加热温度范围;7—塑性区

淬火后不发生再结晶的合金,过饱和固溶体分解较迅速,若这种合金淬透性不高,高温形变热处理时就难以保证淬透,因而也难实现高温形变热处理。

铝合金高温形变热处理工艺研究较多。铝层错能高,易发生多边形化。铝合金挤压时,因变形速率相对较低,往往易形成非常稳定的多边化组织,因此铝合金进行高温形变热处理原则上是可行的。但由于上述两个原因,目前只有 Al – Mg – Si 系及 Al – Zn – Mg 系合金能广泛应用。该两系合金具有宽广的淬火加热温度范围(Al – Zn – Mg 系为 350~500℃),淬透性也较好,薄壁型材挤压后空冷以及厚壁型材在挤压机出口端直接水冷均可淬透,因而简化了高温形变热处理工艺,使这种工艺能在工业生产条件下具体应用。

总的来说,高温形变热处理工艺较低温形变热处理工艺应用少得多。

作为高温形变热处理的一种改进,在生产中也可考虑采用高低温形变热处理,即热变形—淬火—冷变形—时效[图 10 – 29(c)]。这种工艺可使材料强度较单用高温形变热处理时有所提高,但塑性会有所降低。

钢铁材料的高温形变热处理,是将钢加热至稳定奥氏体区,保持一段时间,在该温度下变形,随后立即快冷到一定温度,以获得所需组织的一种综合工艺。如果形变后淬火获得马氏体组织,则称之为高温形变淬火;如果快冷至贝氏体转变区后空冷,最后获得贝氏体组织,则称之为高温形变贝氏体化;如果快冷至珠光体转变区,获得铁素体 – 珠光体组织,这就是通常所说的控制轧制和控制冷却工艺。

钢铁生产上,最成功的高温形变淬火是低碳钢板和钢材生产中采用的控制轧制技术。其主要工艺要点是:在轧制生产中控制轧前加热温度、形变量、形变开始温度(开轧温度)、形变节奏和形变终止温度(终轧温度)。其基本原理是,通过这些轧制工艺参数的合理控制,细化再结晶奥氏体晶粒,并在奥氏体晶粒内引入形变带,从而细化轧后铁素体晶粒以提高钢材屈服强度,同时降低其脆性转化温度。

10.5.3 预形变热处理

预形变热处理的典型工艺如图 10 – 29(d)所示,即在正式淬火、时效前预先进行一次热变形。实现这种工艺的必要条件为,合金经热变形后是未再结晶组织,在随后淬火加热时也不发生再结晶。预形变热处理与高温形变热处理的区别在于,后者的热变形与淬火加热在同一道工序,而前者则把这两道工序分开。

预形变热处理实际上早已广泛应用于铝合金半成品生产。从实践中发现,某些铝合金(如硬铝等)挤压制品的强度比轧制及锻造的都高。这种现象称为"挤压效应"。"挤压效应"的实质是挤压半成品淬火后还保留了未再结晶的组织,而轧制及锻造制品则已再结晶。不过后来又发现,一系列合金轧制与模压制品(如 Al – Zn – Mg 系合金制品)在适当的条件下同样可获得未再结晶组织,因而使合金强度提高。于是,由"挤压效应"概念发展到"组织强化效应"。即凡是淬火后能得到未再结晶组织,使时效后强化超出一般淬火时效后强化的效应,称为"组织强化效应"。这种强化效应不仅可通过挤压及其他压力加工方法和适当的工艺来获得,也可以通过添加各种合金元素的方法来达到。例如,锰、铬、锆等元素在铝合金中能生成阻碍再结晶的弥散化合物($MnAl_6$、$ZrAl_3$),因此使合金再结晶开始温度升高,在热变形时更不易发生再结晶。

　　比较起来,挤压最易产生组织强化效应,这与挤压时变形速率较小,变形温度较高(变形热不易放散),因而易于建立稳定的多边化亚晶组织有关。例如,挤压的 2A12 棒材,其强度与延伸率可由 $\sigma_b \geqslant 372$ MPa 及 $\delta \geqslant 14\%$ 提高到 $\sigma_b \geqslant 421$ MPa 及 $\delta \geqslant 10\%$。因此,为得到较高强度的制品,可考虑采用挤压方法。

思考题

　　1. 何谓冷变形、热变形和温变形?它们在变形过程中,其组织性能变化的基本特点和规律如何?

　　2. 何谓变形织构?它对制品性能有何影响?

　　3. 静态回复和再结晶有哪些基本的性能与结构特点?

　　4. 何谓第一类再结晶全图,有何实用价值?

　　5. 何谓动态回复与动态再结晶?有何基本性能与结构特点,试与静态回复和静态再结晶加以比较。

　　6. 何谓第二类再结晶全图?有何实用价值?

　　7. 何谓材料热变形的 Z 参数?其物理意义是什么?有何实用意义?

　　8. 何谓不连续动态再结晶?有哪些性能与结构基本特征?

　　9. 何谓连续动态再结晶?有哪些性能与结构基本特征?

　　10. 何谓塑性变形的热力学条件?

　　11. 何谓热效应与温度效应?它对塑性加工有何影响?

　　12. 金属塑性变形过程的温度 - 速度规程应如何确定?

　　13. 金属变形对固态相变有何影响?

　　14. 何谓形变热处理?它有哪些基本类型?其组织性能变化的特点如何?

　　15. 何谓控制轧制?

习题参考答案

第1章

1. 1

$$l_x = \frac{1}{3}, l_y = -\frac{2}{3}, l_z = \frac{2}{3}, \sigma_n = 22.\,2 \text{ MPa}, \tau_n = 13.\,66 \text{ MPa}$$

1. 2

$$\sigma_1(\sigma_2) = \frac{\sigma_a + \sigma_b}{2} \pm \frac{\sqrt{2}}{2}\sqrt{(\sigma_a - \sigma_b)^2 + (\sigma_c - \sigma_b)^2}$$

$$\tan 2\alpha = \frac{\sigma_a - 2\sigma_b + \sigma_c}{\sigma_a - \sigma_c}$$

1. 4　提示

$$\sigma_x = \frac{pR}{2l}$$

$$\tau_{x\theta} = \frac{M}{2R^2 t} \cdots\cdots$$

1. 5　提示

$$\sigma_x = \frac{pR}{2l}$$

$$\tau_{x\theta} = \frac{M}{2R^2 t} \cdots\cdots$$

1. 6

$$\varepsilon_x = \frac{3}{200}, \varepsilon_y = -\frac{3}{200}, \gamma_{xy} = 2\varepsilon_{xy} = \frac{13}{200}, \varepsilon_1 = 0.\,0358, \varepsilon_2 = -0.\,0358,$$

$$\tan 2\alpha_0 = -\frac{13}{6}, 2\alpha_0 = 114.\,7^0$$

1. 7

$$\varepsilon_1(\varepsilon_2) = \frac{\varepsilon_a + \varepsilon_b + \varepsilon_c}{3} \pm \frac{2}{\sqrt{3}}\sqrt{(\varepsilon_a - \varepsilon_b)^2 + (\varepsilon_b - \varepsilon_c)^2 + (\varepsilon_c - \varepsilon_a)^2}$$

$$\tan 2\alpha_0 = \frac{\sqrt{3}(\varepsilon_c - \varepsilon_b)}{2\varepsilon_a - \varepsilon_b - \varepsilon_c}$$

1. 10　$H = 4.\,0$ mm, $L = 48$ mm; $h_1 = 3.\,2$ mm, $l_1 = 60$ mm; $h_2 = 2.\,4$ mm, $l_2 = 80$ mm, $\varepsilon_{总} = 52\%$

第 2 章

2. 1

$$\varepsilon_b = \frac{n}{1-n}$$

2. 2

$\sigma_1 = 240 \text{ MPa}, \sigma_2 = 140 \text{ MPa}, \sigma_3 = -300 \text{ MPa},$

$\sigma_s(\text{Mises}) = 497.6 \text{ MPa}, \sigma_s(\text{Tresca}) = 540 \text{ MPa}$

2. 3

$p = 57.7 \text{ MPa}$

2. 4

$\varepsilon_e = 0.216, l = 276.5 \text{ mm}, d = \Phi 33.4 \text{ mm}, t = 1.21 \text{mm}$

$p = 46.88 \text{ MPa}, Q = 38.11 \text{ kN}$

2. 8

$t = 0.7 \text{ mm}, p = 1191 \text{ MPa}$。

第 3 章

3. 5

$f = 0.3$ 时$, P = 112.5 \text{ kN}; f = 0.5$ 时$, P = 119.4 \text{ kN}$

3. 7

$D_0 = 22.4 \text{ mm}, P = 1151 \text{ kN}.$

3. 8

$\lambda_{\max} = 103, d_{\max} = 60 \text{ mm}, d_{\min} = 16.75 \text{ mm}$

第 4 章

4. 8

$n_\sigma = 2.57$

4. 9

$\theta = 60°, \sigma_x = 292.32 \text{ MPa}, \sigma_y = -7.68 \text{ MPa}$

第 5 章

5. 7

a)$n_\sigma = 1.5,$b)$\sigma_\sigma = 1.3285$

5. 8

$$v_d = \sqrt{v_0 v_1} = v_1 \sqrt{\frac{h}{H}}$$

5. 9

$\tan\gamma = \dfrac{1}{5}, v_1 = 2.5 v_0 / \cos\gamma$

5. 10

$$n_\sigma = 1 + \frac{m}{4} \frac{W}{h} + \frac{1}{4} \frac{h}{W}$$

索　引

Equilibrium equation	平衡方程
Extrusion	挤压
Finite element method(FEM)	有限单元法
Flow rules	流动规律
Flow stress	流变应力
Forging	锻造
Formability	成形性
Forming limit diagrams(FLD)	成形极限图
Forming limits	成形极限
Fracture	断裂
Friction	摩擦
Friction factor	摩擦因子
Geometric dynamic recrystallization(GDRX)	几何动态再结晶
Sliding friction	滑动摩擦
Sticking friction	粘着摩擦
Fricational Work	摩擦功
Friction hill	摩擦峰
Coefficient of frietion	摩擦系数
Hencky stress equation	汉盖应力方程
Hodograph	矢端图(速端图)
Hot working	热加工
Ideal work	理想功
Inclusions	夹杂
Indentation	缺口
Isotropy	各向同性
Plane strain	平面应变
Inhomogeneity	不均匀性
Inhomogenous deformation	不均匀变形
Instability	不稳定性
Internal damage	内部损伤
Ironing	压印
Mises yield criterion	米塞斯屈服准则
Mohr circle	摩尔圆
Necking	缩颈
Normal	法向
Orange peel	桔皮

Normal stress	法向应力
Principal stress	主应力
Shear stress	切应力
Yield stress	屈服应力
Stretching strain	拉伸应变
Superplasticity	超塑性
Surface appearance	表面形貌
Tensile test	拉伸试验
Tensile strength	抗拉强度
Texture	织构
Torsion	扭转
Tresca yield criterion	屈斯卡屈服准则
Upper boundary method	上限元法
Upper bound analysis	上限分析法
Work hardening	加工硬化
Work hardening rate	加工硬化率
Wrinkling	起皱
Yield criterion	屈服准则
Zener-Hollomon parameter	Z 参数

参考书目

[1] 曹乃光. 金属塑性加工原理. 北京:冶金工业出版社,1983
[2] 王祖唐等. 金属塑性成形原理. 北京:机械工业出版社,1989
[3] 汪大年. 金属塑性成形原理. 北京:机械工业出版社,1986
[4] 万胜狄. 金属塑性成形原理. 北京:机械工业出版社,1995
[5] 赵志业. 金属塑性变形与轧制原理. 北京:冶金工业出版社,1980
[6] 陈森灿,叶庆荣. 金属塑性加工原理. 北京:清华大学出版社,1991
[7] 杨觉先. 金属塑性变形物理基础. 北京:冶金工业出版社,1991
[8] 王仁等. 塑性力学基础. 北京:科学出版社,1982
[9] 彭大暑. 金属塑性加工力学. 长沙:中南工业大学出版社,1989
[10] 赵志业. 金属塑性加工力学. 北京:冶金工业出版社,1991
[11] 何景素,王燕文. 金属的超塑性. 北京:科学出版社,1986
[12] Rowe G W. 张子公译. 工业金属塑性加工原理. 北京:机械工业出版社,1984
[13] Slater R A C. 王仲仁等译. 工程塑性理论及其在金属成形中的应用. 北京:机械工业出版社,1983
[14] Thomsen E G. 陈适先译. 金属塑性加工力学. 北京:知识出版社,1989
[15] Hoffman O and Sacgs G. 乔端等译. 工程塑性理论基础. 北京:中国工业出版社,1964
[16] C. N. 古布金. 高文馨译. 金属塑性变形(第一、二、三卷). 北京:中国工业出版社,1963
[17] 日本材料学合编,陶永发等译. 塑性加工学. 北京:国防工业出版社,1983
[18] 白井英治等,康元国译. 金属加工力学. 北京:国防工业出版社,1984
[19] M. B. 斯德洛日夫等,哈工大锻压教研室译. 金属压力加工原理. 北京:机械工业出版社,1980
[20] W F Hosford, R M Caddell. Metal Forming: Mechanics and metallurgy, Preatile-Hall, Englewood Cliffs, N J,1983
[21] T Altan, S Loh, H L Gegel. Metal Forming: Foundaments and Applications. ASM, 1983
[22] B Avitzur. Handbook of Metal Forming. Willey Interscience Publication, 1983

［23］杨雨甡,曹桂荣等.金属塑性成形力学原理.北京:北京工业大学出版社,1999

［24］王仲仁.塑性加工力学基础.哈尔滨:哈尔滨工业大学出版社,1989

［25］赵德文.材料成形力学.沈阳:东北大学出版社,2002

［26］王国栋,赵德文.现代材料成形力学.沈阳:东北大学出版社,2004

［27］王平,崔建忠.金属塑性成形力学.北京:冶金工业出版社 2006

［28］黄重国.金属塑性成形力学原理.北京:冶金工业出版社,2008

［29］俞汉清.金属塑性成形原理.北京:机械工业出版社,2011

［30］吕立华.金属塑性变形与轧制原理.化学工业出版社,2006

［31］任学平,黄重国.金属塑性成形力学原理.北京:冶金工业出版社,2008

［32］胡亚民.材料成形技术基础(第2版).重庆:重庆大学出版社,2008

［33］运新兵.金属塑性成形原理.北京:冶金工业出版社,2012

［34］周志明,张驰.材料成形原理.北京:北京大学出版社,2011

［35］董湘怀.金属塑性成形原理.北京:机械工业出版社,2011

［36］李尧.金属塑性成形原理.北京:机械工业出版社,2004

［37］W. F. Hosford, R. M. Caddell, Metal Forming: Mechanics and metallurgy(4th).
Cambridge University Press,32 Avenue of the Americsa,N. Y,2011

图书在版编目(CIP)数据

金属塑性加工原理 / 彭大暑主编. —2 版.
—长沙：中南大学出版社，2014.4（2021.1 重印）
ISBN 978 - 7 - 5487 - 1057 - 8

Ⅰ.金… Ⅱ.彭… Ⅲ.金属压力加工－高等学校－教材
Ⅳ.TG301

中国版本图书馆 CIP 数据核字（2014）第 056075 号

金属塑性加工原理

（第二版）

彭大暑　主　编

□责任编辑	周兴武	
□责任印制	周　颖	
□出版发行	中南大学出版社	
	社址：长沙市麓山南路	邮编：410083
	发行科电话：0731 - 88876770	传真：0731 - 88710482
□印　　装	长沙印通印刷有限公司	

□开　　本	720 mm×1000 mm B5　□印张 19.5　□字数 399 千字	
□版　　次	2014 年 4 月第 2 版　　□2021 年 1 月第 2 次印刷	
□书　　号	ISBN 978 - 7 - 5487 - 1057 - 8	
□定　　价	68.00 元	